# 现代科技馆体系实践与创新

## The System of Modern Science and Technology Museums：
## Practice and Innovation

束 为 主编

中国科学技术出版社
·北 京·

图书在版编目（CIP）数据

现代科技馆体系实践与创新 ／ 束为主编 . —北京：中国科学技术出版社，2020.4

（科普人才建设工程丛书）

ISBN 978 - 7 - 5046 - 8417 - 2

Ⅰ. ①现… Ⅱ. ①束… Ⅲ. ①科学馆—介绍—中国 Ⅳ. ①N282

中国版本图书馆 CIP 数据核字（2019）第 246535 号

| | |
|---|---|
| 策划编辑 | 王晓义 |
| 责任编辑 | 王 琳 |
| 责任校对 | 张晓莉 |
| 封面设计 | 孙雪骊 |
| 责任印制 | 徐 飞 |

| | |
|---|---|
| 出 版 | 中国科学技术出版社 |
| 发 行 | 中国科学技术出版社有限公司发行部 |
| 地 址 | 北京市海淀区中关村南大街 16 号 |
| 邮 编 | 100081 |
| 发行电话 | 010 - 62173865 |
| 传 真 | 010 - 62179148 |
| 投稿电话 | 010 - 63581202 |
| 网 址 | http://www.cspbooks.com.cn |

| | |
|---|---|
| 开 本 | 720mm×1000mm 1/16 |
| 字 数 | 372 千字 |
| 印 张 | 22 |
| 版 次 | 2020 年 4 月第 1 版 |
| 印 次 | 2020 年 4 月第 1 次印刷 |
| 印 刷 | 北京中科印刷有限公司 |
| 书 号 | ISBN 978 - 7 - 5046 - 8417 - 2/N·266 |
| 定 价 | 99.80 元 |

# 编　委　会

# 内容简介

中国特色现代科技馆体系是具有世界一流辐射能力和覆盖能力的公共科普服务体系。

本书系统梳理了中国特色科技馆体系的建设背景、内涵与构成、功能与特征、目标与任务等，研究分析了实体科技馆的场馆规划与建设、内容建设、信息化建设、特效影院建设，流动科技馆和科普大篷车运行管理面临的挑战及未来发展展望，农村中学科技馆、社区科普场馆和青少年校外科技活动场馆等基层科普设施的概况与发展趋势，数字科技馆的发展历程、现状及其品牌栏目和活动建设，以及科技馆体系中展览展品、教育活动与科普影视等展教资源与活动的开发原则、流程等。同时，从加强科技馆建设与内容创新、推动科技馆体系标准化建设、推进科技馆信息化升级、完善科技馆专业人才培养体系四方面提出科技馆体系创新与提升的对策与建议，探索科技馆体系未来发展的新路径。

本书是中国科学技术协会组织编写的《科普人才建设工程丛书》的一种，是全国科普人员培训的教材，对自然博物馆、科技馆的工作者、研究者，科普研究者、管理者，以及科协系统的工作者具有较高的参考价值。

# 前　言

我国科技馆建设始于 20 世纪 80 年代，21 世纪起进入快速发展时期，平均每年新建成开放的科技馆约 11 座，服务公众的数量不断增加。2000 年，为使尚未建设科技馆的县区的公众也能享受科技馆提供的科普服务，中国科学技术协会（以下简称"中国科协"）开始研制并向基层科协配发科普大篷车，根据基层的不同需要，先后研制了 4 种型号的科普大篷车。2006 年，中国科协联合教育部、中国科学院共同建设"中国数字科技馆"，集成和分享国内外优质科普资源，开展以网络为主要平台的科技教育；同时，通过其子站建设带动一批省级数字科技馆建设。2011 年，中国科协实施"中国流动科技馆"项目，把科技馆送到科普资源匮乏的老、少、边、穷地区。为了让经济欠发达农村的青少年学生和周边居民能够拥有一个留在他们身边的微型科技馆，2012 年中国科技馆发展基金会开始实施"农村中学科技馆公益项目"。至此，我国各类科技馆在实践中逐步探索，以建立一个具有中国特色、覆盖全国、遍及城乡、实用高效，以满足不同人群科普需求为宗旨的科技馆体系。

党的十八大提出完善公共文化服务体系、提高服务效能、促进基本公共服务均等化的要求。基于我国幅员辽阔、区域发展不平衡的实际情况，2012 年 11 月，中国科协提出在全国建设中国特色现代科技馆体系（以下简称"科技馆体系"）：在有条件的地方兴建实体科技馆；在尚不具备条件的地方，在县域主要组织开展流动科技馆巡展，在乡镇及边远地区开展科普大篷车活动，配置农村中学科技馆；开发基于互联网的数字科技馆网站，一方面为网民提供体验式的科技馆服务，另一方面集成科普资源，服务于基层科普机构和科普组织。

经过多年的发展，实体科技馆、流动科技馆、科普大篷车、农村中学科技馆和数字科技馆建设发展不断提速，科普资源开发、共享与服务的能力逐步增强，服务覆盖范围显著扩大，科技馆体系基本建成。

实践有赖于理论指导。2012年11月，中国科协启动了"中国特色现代科技馆体系建设研究"项目，清华大学、中国科普研究所、中国科学技术馆共同承担此项目，对体系建设的必要性、特点与面临的挑战等进行理论研究与分析，相关研究成果汇编为《中国现代科技馆体系研究》，于2014年11月出版，成为国内有关科技馆体系研究的第一本理论专著。

近年来，中国科学技术馆作为科技馆体系建设发展的主要推动者和组织者，开展了一系列相关科研项目和专题研究。承担中国科学技术协会有关科研项目，主要包括"中国特色现代科技馆体系'十三五'规划研究""科技馆发展研究""科技馆公共服务评价研究""中国流动科技馆发展对策研究""新时期我国科技馆展览展品开发策略研究""科技馆教育活动创新研究"等；自主设立馆级科研项目，包括"科技馆体系下中国科技馆教育活动的理论与实践研究""科技馆体系下科普大篷车发展对策研究""科技馆体系下利用网络和信息技术提升科普教育能力的研究""中国数字科技馆可持续发展规划研究""中国流动科技馆科普效果评估""科普影视在中国特色现代科技馆体系中的发展现状及问题""科技馆内容建设指导性规范研究""具有科技馆特色的科普活动室教育活动开发与应用研究""科技馆辅导员培训体系研究""科技馆展览教育管理规范研究"等。

本书内容主要来自上述研究成果及实践经验，撰写人员也以承担上述科研项目的中国科学技术馆业务骨干为主，同时还邀请了中国科普研究所、中国教育科学研究院的相关研究人员参与部分章节撰写。本书力图全面介绍科技馆体系的建设历程、发展现状、取得的成果经验以及发展过程中面临的挑战与应对之道，向业界同行展现科技馆体系的过去、现在与未来。

中国特色现代科技馆体系的建设发展，极大地弥补了科技馆在全国地区间分布不均衡的问题，提高了科普资源的利用率，使公共科普服务能够覆盖全国各地区、各阶层的人群，推动了科技馆科普服务的公平普惠与效能提升。展望未来，科技馆体系将继续致力于解决发展不平衡、不充分的问题，实现从数量规模增长向质量效益型发展方式的转变，在新时代推动科技馆体系的创新升级与治理能力现代化，进一步发挥科技馆在公共科普服务均等化、普惠化方面的独特作用，从而更好地满足人民群众不断增长的科普文化需求，开创新时代科普事业新局面。这是一项任务艰巨，使命光荣的事业，让我们接续奋斗，携手同行！

束为

2020 年 4 月

# 目　　录

# 第一章 现代科技馆体系发展概述

## 第一节 科技馆的内涵与功能

### 一、科技馆的内涵

#### （一）科技馆的性质与任务

科学技术馆简称"科技馆"，其英文名称虽然是"Science and Technology Museum"，但实际上特指那些相当于国际上被称为"科学技术中心"（Science and Technology Center，简称"科学中心"）或以科学中心展示教育方式为主的科技博物馆。[①]《科学与技术中心》的作者丹尼洛夫认为，科学与技术中心在很多方面与传统博物馆不同。它们旨在促进公众对自然科学、生命科学以及工程、技术、工业、卫生等方面的认识与了解，力图使博物馆既有启发性，又有趣味性。它们的目光是向着"现代"，而不是历史。它们强调参与式展览技术，而不靠文物的内在价值。[②] 而这也正是我国"科学中心"类型科技馆的重要特征。

我国于2007年颁布的《科学技术馆建设标准》指出："科技馆是组织实施科普展览及其他社会化科普教育活动的机构，是实施科教兴国战略、人才强国战略、可持续发展战略和公民科学素质建设的基础性设施，是我国科普事业的重要组成部分。科技馆以提高公众科学文化素质为目的，为宣传和贯彻科学发展观、建设创新型国家和构建社会主义和谐社会提供服务。"

---

[①] 朱幼文. 中国的科技馆与科学中心［J］. 科普研究，2009（2）：68.

[②] 丹尼洛夫. 科学与技术中心［M］. 中国科技馆，编译. 北京：学苑出版社，1989：序.

《科学技术馆建设标准》还指出，科技馆的任务是"通过组织实施科普展览及其他社会化的科普教育活动，普及科学知识，弘扬科学精神，传播科学思想和科学方法，激发公众对科学技术的兴趣，满足公众了解和学习科学技术的需求；帮助公众提高获取、运用科技知识的能力和科学生活、享受现代文明成果的能力；促进公众理解科学技术与自然、社会、经济、文化的相互作用，培育公众的探索创新能力和科学观念，逐步树立科学的世界观，从而帮助公众提高科学文化素质和个人全面发展的能力"。

《科学技术馆建设标准》已经对科技馆的性质和任务做出明确的规定。进一步而言，科技馆的本质是公益性科学教育机构，因为尽管科技馆是现代科技博物馆的一种类型，但它将博物馆的收藏、研究、展示三大功能之中的"展示"提升到"展示教育"的高度，并居于核心地位。科技馆和其他博物馆的最根本区别在于，科技馆通过参与体验型展品和基于展览展品的教育活动，模拟再现科技实践的过程，为观众营造从实践中探究科学并进而获得"直接经验"的情境，并促进"直接经验"与"间接经验"相结合，增强了展示教育的效果。此外，科技馆还开展培训、实验等多种形式的科普教育活动，扩大了博物馆的内涵。随着信息技术的发展，重视网络科普的科技馆越来越多。但是，无论科技馆如何发展，在建设科技馆的过程中，不要忘记科技馆的本质特性，否则，就有可能出现舍本求末甚至南辕北辙的现象。

**（二）对科技馆展览展品及教育活动的理解**[①]

科技馆不仅要注重通过互动展品展示其本身的原理和知识，更要重视展示科学的发现过程以及展品背后科技与社会的关系。

如前所述，科技馆的参与体验型展品及其营造的情境，为观众提供了"从实践中学习"、获得"直接经验"的途径，这不仅成为科技馆与其他教育、传播机构及传统博物馆的最大区别，而且是科技馆生存与发展的价值所在。由此可见，"互动""参与"和"体验"固然是科技馆展品所追求的性能，但它只是外在的表现形式；科技馆展品的核心应是模拟再现科技实践的过程，为观众营造从实践中体验和学习科技的情境。如果单纯追求"互动"

---

① 本部分内容主要参考了"全国科技馆现状与发展趋势研究"课题组，《全国科技馆现状与发展趋势研究报告》，2012，有改动。有关展览展品及教育活动的内容，后文将详细论述，在此不展开阐述。

"参与"和"体验",就落入了"为互动而互动""为参与而参与"和"为体验而体验"的误区,其展示教育效果就会大打折扣。

科技馆最根本的教育目的不应是普及科学知识,而是"激发科学兴趣,启迪科学意识"。

好的展览展品本身就能起到很好的教育作用,但囿于设计和制作水平,有的展览展品不能完成此重任。因此,如果只是单纯地展出展品而不配合以适当的科学教育活动,只是让观众简单地操作、观赏,大多数观众看到的只是一些有趣的科学现象而已,真正能够领悟到多少科技知识和科学的思想、观念不得而知。因为从严格意义上来讲,科技馆的展览和展品相当于教室、教具和教材,它们固然是开展教育的物质基础,但真正开展教育还须开发教案并付诸实施。换言之,展览只是为开展科学教育的"话剧"搭建了舞台,展品则是这场"话剧"中的道具或演员。仅有舞台、道具和演员,并不能自然而然地成为"话剧"本身。一场有声有色的"教育大戏"还要有好的剧本和好的导演,科技馆科学教育活动方案就相当于剧本,教育活动开发人员则相当于编剧和导演。依托展览资源的优秀教育活动,可以加深观众对于展览和展品科技内涵的理解,强化展览、展品的科普展教效果。多种多样的教育活动,还可以收到丰富科技馆科普展教内容与方式、适应公众不同层次和类型的科普需求、增强科技馆对公众的吸引力、延长公众在科技馆的参观时间、培育科技馆"回头客"等方面的多重功效。

需要注意的是,科技馆参与体验型展品的本质特点在于它模拟再现了科技实践的过程;科技馆展示教育的本质特点在于为观众提供了从实践中体验和学习科学并进而获得"直接经验"的情境。科技馆的教育活动(特别是包括讲解在内的依托展览展品资源的教育活动)也应充分利用和发挥上述特点,并将其作为开发具有科技馆特色的教育活动、实现"启发式教育"和"探究式学习"的着力点。依托展览展品资源的优秀教育活动不应是说教式地灌输知识或一味地让观众寻找答案,而应引导观众更好地参观展览、进入展品所营造的科技实践过程之中,通过体验和探究的过程获得"直接经验"。

### 二、科技馆的功能①

科技馆的主要功能包括展示教育功能、研究功能和服务功能。展示教育功能是科技馆的核心功能；研究功能、服务功能是科技馆的支撑性功能，是实现科技馆核心功能的保障。

科技馆的内容建设应遵循科技馆是科学教育机构这一基本属性，以实现其教育功能为宗旨，以展示教育功能建设为核心，同时建设与展示教育功能相配套的研究、服务等功能。

#### (一) 科技馆的核心功能

科技馆的核心功能是展示教育功能，包括展览展品、教育活动、网络科普、影视科普等。展览展品与教育活动是科技馆展示教育功能最主要的载体。

展览是最具科技馆特色的教育形式，包括常设展览、短期展览、即时展览、巡回展览等。科技馆的展览力求为观众营造再现科技实践的学习情境，强调以互动、体验的形式引导观众进入科学的探索与发现过程之中。

此外，科技馆特别是大型科技馆应结合自身的科普展教需要和本地特有的科技文化资源，加强科技文物、自然标本等的收藏和展示功能，进一步拓展科技馆的展示内容和形式，重点展现科技发展的历史及其社会文化背景，揭示人与自然、人与科技、科技与社会的相互关系，使之成为科技馆特色展示内容的一部分。

基于展品的教育活动是极具科技馆特色的基本教育活动形式，同时科技馆还开展科普培训、科普报告、科学表演、科技竞赛等拓展性教育活动和科普日、科技节、夏/冬令营、科技馆活动进校园等综合性教育活动。科技馆的教育活动在强调基于科技实践的探究式学习这一特色的同时，应实现教育活动的常态化，并力求教育活动种类与形式的多样化。

网络科普和影视科普是科技馆展示教育功能新的增长点，发展迅速，潜力巨大。科技馆的网络科普应通过线上线下相结合的方式，实现与展览、教育活动的协同增效、相互促进，拓展发展空间；影视科普应通过科普电影、科普视频、电视节目等手段，拓宽科技馆展示与教育活动的形式和传播渠道。

---

① 本部分内容主要参考了中国科技馆 2016 年起草的《关于加强科技馆内容建设的指导意见（征求意见稿）》。

## （二）科技馆的支撑性功能

研究功能：包括科技馆展教资源研发、展教与运行效果评估、科技馆理论研究等内容，是实现和提升科技馆展示教育功能的重要保障，是科技馆能够正常、稳定、高效运行的重要支撑。

服务功能：包括公众服务和辐射服务。前者是为了使公众更好地接受科技馆的科普教育，为其提供必要的休闲、游览和生活等方面的服务，是科技馆实现其核心功能、提升教育效果的基础保障性工作；后者是通过构建以科技馆为依托和核心的中国特色现代科技馆体系，为基层科技馆、科普机构和社会机构开展科普活动提供信息、技术、资源和培训等服务，是我国公共科普服务能力建设的重要组成部分。

## （三）各级科技馆应具备的功能和职责

省级科技馆必须具备展示教育、研究和服务功能中的全部内容。其中，要加强辐射服务，成为全省（自治区、直辖市）科技馆体系建设与发展的依托和核心；加强展教资源研发，成为全省展教资源研发、集散与服务中心；根据需要与条件设置收藏功能；加强对全省基层科技馆的业务指导和人才培训、培养工作，成为全省科技馆人才队伍的建设基地。

市辖区常住人口规模 100 万人以上城市的科技馆或地市级科技馆，必须具备展示教育功能和服务功能中的全部内容，有条件的科技馆可配置研究功能和收藏功能。其中，要加强短期展览和即时展览的开发和引进力度，大力推进常态化、特色化、多样化的教育活动；加强对当地基层科技馆以及基层科普设施的信息、技术、资源服务；加强展教资源的本地化开发、转化和应用实施，成为全省（自治区、直辖市）科技馆体系建设的重要枢纽。

市辖区常住人口规模 100 万人以下城市的科技馆或县级科技馆，必须具备基本的展示教育功能，保障常设展览的正常运行，开展常态化、特色化、多样化的教育活动；为公众参观展览和参加教育活动提供必要的服务，为流动科技馆、科普大篷车、农村中学科技馆等在当地的活动提供相应的服务及支撑。

本节执笔人：蔡文东　刘　琦
单位：中国科学技术馆

# 第二节 世界科技馆的发展

国际博物馆协会（The International Council of Museums，ICOM）将博物馆定义为："为社会及其发展服务的、向公众开放的非营利性常设机构，为教育、研究、欣赏的目的征集、保护、研究、传播并展出人类及人类环境的物质及非物质遗产。"①

有别于艺术、历史类博物馆，科学技术类博物馆（以下简称"科技类博物馆"）是一类通过展示自然科学最新研究进展与科学技术应用向公众进行科学传播和科普教育的设施和机构。② 科学技术类博物馆主要包括自然类博物馆（综合性自然博物馆、专业性自然博物馆）、科技馆（科学技术馆、科学中心、科学宫等科学中心类博物馆）、专业科技博物馆（各种专业和产业的科技博物馆）。③

## 一、科技类博物馆历史发展阶段

科技类博物馆脱胎于普通博物馆，亦有自身独立的发展路线：在不断丰富收藏与展示内容的同时，办馆理念和展教思想也随着科学技术的发展而不断创新。本节综合国内外学者维克多·丹尼洛夫、伯纳德·希尔、王恒、朱幼文等人的研究成果，以科技类博物馆的展示理念变迁作为线索，阐释科技类博物馆的历史起源与发展。

### （一）自然博物馆的诞生

人类收藏大自然的奇珍异宝的习惯已有两千多年的历史，寺庙作为古代欧亚各国王公贵族的收藏所，展示人类对自然的好奇、征服和控制，其藏品也包括具有艺术或科学价值的自然或者人工珍品，包括画作、动植物标本、武器等。这些标本收藏所往往不对广大公众开放。④ 17—18 世纪，受文艺复

---

① 宋向光. 国际博协"博物馆"定义调整的解读［N］. 中国文物报，2009 - 03 - 20：6.

② 希尔. 科学博物馆与科学中心——演化路径与当代趋势［J］. 高秋芳，译. 自然科学博物馆研究，2016（4）：79 - 89.

③ 程东红. 顺应大势、勇于担当、共同开辟"一带一路"科普场馆发展的光明前景［J］. 自然科学博物馆研究. 2018，3（1）：17 - 26.

④ 李大光. 科学传播简史［M］. 北京：中国科学技术出版社，2016.

兴和思想启蒙运动的影响，文物研究兴起，王公贵族、科学家、收藏家纷纷将私人藏品和科学标本赠予博物馆，博物馆被认为是个人收藏品最适宜的储藏室。1683 年在牛津建立的阿什莫林博物馆，其藏品最初主要来自约翰·德斯坎特父子的捐赠。① 1759 年，布鲁斯伯里博物馆向公众开放英国皇家学会会长斯隆医生捐赠的丰富藏品，希望"（其收藏）运用并完善医学及其他艺术和科学，并有益于人类"②。这一时期，欧洲出现一批自然历史博物馆：维也纳自然博物馆（1748 年）、伦敦自然博物馆（由大英博物馆的自然部从总馆中分离，于 1963 年正式独立）、西班牙国立博物馆（1771 年）等。其中，伦敦自然博物馆、法国自然历史博物馆（1742 年）、美国华盛顿的国家自然博物馆（1773 年）和美国纽约的自然历史博物馆（1869 年），并称世界四大自然历史博物馆。③ 这一时期博物馆的作用就是把动植物、古人类、矿物等标本进行收藏、陈列、研究，反映人类对外界自然环境的认识。博物馆作为博物学的研究基地，满足科学研究的需要，受益者主要是做研究的学者，教育功能还不突出。④

**（二）科学与工业博物馆的兴起**

19 世纪，科学思想不断涌现，科学技术飞速发展。科学家通过向公众演示惊人壮观的科学实验，向公众展示新的发明。法国巴黎艺术与工艺博物馆（1794 年）是最早的工业技术博物馆。国家艺术与工艺学院负责收藏，专门收藏科学仪器和技术发明，包括傅科摆原件、自由女神像原模、帕斯卡计算器原件、拉瓦锡的实验仪器这些极为珍贵的科学技术史遗产，博物馆负责对外布展。⑤ 1851 年，英国举办世界上第一次国际博览会——伦敦万国博览会，展示各国的技术发明、先进机械设备和珍贵的艺术品及其对人类生活、社会的影响。在此基础上，英国创立以"工业革命"为主题的博物馆——南肯辛顿博物馆，1857 年正式更名为"科学博物馆"。这一时期著名的科学工业博物馆德意志博物馆（1906 年）开创利用剖开的机器和活动的模型来展示和表

---

① 朱幼文. 科技博物馆教育功能"进化论"［J］. 科普研究，2014（4）：38－44.
② 亚历山大 E P，亚历山大 M. 博物馆变迁——博物馆历史与功能读本［M］. 陈双双，译. 南京：译林出版社，2014：110.
③ 王恒. 科学技术博物馆发展简史［J］. 中国博物馆，1990（2）：53.
④ 刘玉花，赵洋，龙金晶. 世界科技馆展教功能发展研究［M］∥程东红，任福君，李正风，等. 中国现代科技馆体系研究. 北京：中国科学技术出版社，2014：171－184.
⑤ 吴国盛. 走向科学博物馆［J］. 自然科学博物馆研究，2016（3）：62－69.

现各种科学和技术的原理，并以观众亲身操作各种实验设备作为新的教育手段。① 因此，许多人把德意志博物馆看作科学中心的起源或雏形。这一时期，科学技术博物馆通过丰富的藏品和展出，将科学技术带入大众视野，促进大众对科学技术基本概念、方法和社会影响的了解。

### （三）科学中心的涌现

20 世纪初，工业革命取得令人欣欣鼓舞的进步，为人们的日常生活带来了巨大便利。与此同时，公众对科学技术的崇拜达到顶峰状态。为了宣传工业革命成果而举办各种国际博览会，成为向公众展示科学技术、展示工业革命成果的新趋势，如 1933 年芝加哥世博会、1937 年法国巴黎世博会。② 巴黎世博会建造的发现宫将重点放在科学上，以传播科学知识和启发公众科学思维为任务，开启了科技类博物馆发展的新阶段。发现宫的创建人是法国著名物理学家和化学家、1926 年诺贝尔物理学奖获得者让·佩兰（1870—1942）。他提倡使用科学实验仪器对公众进行科学教育。展品再现了科学史上伟大的实验，是专门为演示科学原理或现象而研制的。观众通过触摸、操作展品时的发现、思考过程，对科学发现的路径有切身体会。这种做法突破了"展品的博物馆学"收藏、展示的局限，因而被认为是世界上第一座完全以科普教育为任务的科技博物馆，由此公众教育与知识普及的必要性逐渐深入人心。③

进入 20 世纪中叶，科技发展日新月异，智力密集型生产逐步取代劳动密集型生产，科学技术成为影响国家经济增长和劳动生产率提高的主要因素，而劳动者的科学素质成为其中的关键因素，这使对公众进行更有效的科学教育变得十分迫切。④ 所有人的知识都显得局限和贫乏，又不可能花太多时间和精力再回到学校进行系统学习。传统的科学工业博物馆难以解决上述问题，用趣味性手段表现科学原理和技术应用的科学中心就应运而生。⑤ 美国旧金山的探索馆（1969 年）、加拿大多伦多的安大略科学中心（1969 年）取消了观

① 亚历山大 E P，亚历山大 M. 博物馆变迁——博物馆历史与功能读本 [M]. 陈双双，译. 南京：译林出版社，2014：110.
② 刘玉花，赵洋，龙金晶. 世界科技馆展教功能发展研究 [M] // 程东红，任福君，李正风，等. 中国现代科技馆体系研究. 北京：中国科学技术出版社，2014：171–184.
③ 王恒. 科学技术博物馆发展简史 [J]. 中国博物馆，1990（2）：53.
④ 朱幼文. 科技博物馆教育功能"进化论"[J]. 科普研究，2014（4）：38–44.
⑤ 黄体茂. 世界科技馆的现状和发展趋势 [M] // 王渝生. 科技馆研究文选（1998—2005）. 北京：中国科学技术出版社，2006：20–29.

众与展品之间的障碍，积极创造条件鼓励参观者动手操作或实验，使观众能够在实践中体验科技、学习知识，实现对观众真正的开放。同时，在教育内容、教育形式、服务受众等方面进行深入挖掘和开发，对场馆的教育功能进行完善。先后开发出小型展览及展品、实验课程、科学表演剧目等更为灵活多样的教育资源。科学中心作为对正规教育系统的一个有益补充和公众理解科学的重要文化机制，受到越来越多国家和地区的关注，许多国家投入巨资兴建大型科学中心，在全世界又掀起了一股科学中心建设的新潮。20 世纪 60 年代和 70 年代相继建立了 20 多个科学与技术中心，如日本名古屋市立科学博物馆（1962 年）、荷兰埃因霍温工业演化馆（1966 年）、亚特兰大费班科学中心（1967 年）、加利福尼亚州伯克利劳伦斯科学厅（1968 年）、新加坡科学中心（1977 年）。[①] 这一时期的科学中心通过参与体验型和动态演示型展品使"探究式学习"和"直接经验"得以实现，同时将单纯的展品互动拓展为展品教育、活动教育等多种功能的互相结合[②]，上升为以"体验科学、探索科学"为核心的展教理念，贯彻到教育活动之中，这引起了一场科技博物馆教育理念和展品设计的革命。[③]

20 世纪 80 年代，出现了将传统博物馆的收藏、研究功能与科学中心相结合的科技博物馆，国际上称之为"Science Centrum"（《自然科学博物馆研究》主编朱幼文将之译为"泛科学中心"）。在这类科技博物馆中，既有现代科技的展示，也有年代久远的科技历史文物和自然标本的收藏；在展示方法上，则是参与体验型、动态演示型展示与静态陈列相结合；在教育方式上，更是展览与科教影像放映、科普讲座、科学实验等多种教育方式相结合。今天，在许多科技博物馆、科学中心身上均可看到"Science Centrum"的影子。如芝加哥科学工业博物馆、伦敦科学博物馆、日本国立科学博物馆等著名科技博物馆都引进了科学中心的展示方式；加拿大安大略科学中心增加了许多岩石、生物标本甚至是活体的展示。[④] 于 1986 年开放的巴黎维莱特科学与工业城以现代科学技术为主要内容，反映了科技与工业，以及各学科之间相互渗

① 丹尼洛夫. 科学与技术中心 ［M］. 中国科技馆，编译. 北京：学苑出版社，1989：26.
② 齐欣，龙金晶，蔡文东. 科技馆体系下科技馆科普功能研究 ［M］ // 程东红，任福君，李正风，等. 中国现代科技馆体系研究. 北京：中国科学技术出版社，2014：161–170.
③ 朱幼文. 科技博物馆教育功能"进化论"［J］. 科普研究，2014（4）：43.
④ 王恒，朱幼文. 关于科技馆的功能与展示内容 ［J］. 科技馆，1997（3）：13–17.

透的关系，重点突出了科学与社会之间的相互关系。两种不同的博物馆概念（收藏型科技博物馆和展示型科技博物馆）通过维莱特科学与工业城以一种创新的方式结合在一起。巴塞罗那科学博物馆（Cosmocaixa，2004 年）既有收集生物化石讲述历史故事的自然博物馆，同时又有探究科学原理、传播科学知识的科学中心，被称为"欧洲最好、科技水平最高也是最具动手性的科学博物馆"。①

随着信息科学、生命科学变革，基于新科学知识的重大技术突破层出不穷，引发了以航空、电子技术、核能、航天、计算机、互联网等为里程碑的技术革命，极大提高了人类认识自然、利用自然的能力和社会生产力水平。世界科技馆充分利用网络、数字等信息技术，将受众从馆内扩展到馆外，从青少年扩展为不同年龄的人群。近年来，世界科技馆的功能仍在不断延伸和拓展。将场馆教育与学校教育、社会教育和个人终身教育紧密结合，使科技馆在社会公众的科学教育中产生更为广泛的影响，并在全民科学素质的提升中扮演越来越重要的角色，逐渐成为全民科技文化的交流中心。世界科技馆逐渐发展成为以体验科学、激发兴趣、促进交流、启迪创新为宗旨，面向全体公众，特别是青少年等重点人群，以公众参与体验型展览展品、教育活动为主要形式，以基于科技实践的自主学习为主要特征，开展科学技术普及相关工作和活动的公益性社会教育与公共服务机构。

## 二、世界科技馆的现状与发展趋势

### （一）世界科技馆的现状

在新的科学发现和技术不断涌现的今天，公众对科学成就、热点问题缺乏足够的认识，提高年轻一代的科学素养迫在眉睫。基于科学的政策随着公众对科学理解的不断加深而得以日趋完善。延续科学技术发展的生命力，需要未来每一代人保持对科学的兴趣，推动科学持续稳步地前进。科技馆正在致力于使科学变得人人可理解、人人可享受。各地的科学中心和科学博物馆正在提供给人启发的、与生活相关联的科学项目，同时也在树立对科学界的信任和尊重。

---

① 中国家. 巴塞罗那 cosmocaixa 科技馆（全欧最好的）［EB/OL］.（2012 – 02 – 12）［2019 – 04 – 12］. http://blog.sina.com.cn/s/blog_67b805300101306z.html.

1. 科技馆与学校联手加强 STEM 基础教育（K-12 年级）

STEM 教育出现于 20 世纪 80 年代末的美国大学校园，是指科学、技术、工程与数学领域的学科集成和教育融合。由于美国主导了世界科技发展进程，其科学教育变革一直是世界科学教育发展的风向标。目前，STEM 教育覆盖了从学前教育到高等教育的各个学习阶段，包括正式和非正式学习两种形式。

1986 年，美国国家科学委员会发表报告，首次明确提出"科学、技术、工程和数学"（STEM）教育是保持美国竞争力的强有力手段。1996 年，美国国家科学基金会对 STEM 教育的十年进展进行了回顾和总结，同时提出了下一步的行动指南《塑造未来：透视科学、数学、工程和技术的本科教育》。2011 年，美国国家研究理事会研制并发布了《K-12 科学教育框架：实践、跨学科概念和学科核心概念》（以下简称《框架》）。2013 年，以《框架》为基础，由美国国家研究理事会、美国科学教师协会、美国科学促进协会以及各州教育工作者共同制定了美国《新一代科学教育标准》（NGSS），美国成就公司提供资金。NGSS 以科学实践为主要指导理念，"以探究为核心的科学教育"发展深化为"基于科学与工程实践的跨学科探究式学习"（简称"基于实践的探究"或"基于探究的实践"），力求解决美国 K-12 年级科学教育探究性教学泛化与模式化倾向，以及科学探究在课堂中难以实施等问题。2013 年，美国国会通过了《联邦政府关于科学、技术、工程和数学（STEM）教育战略规划（2013—2018 年）》，对美国未来五年 STEM 教育发展战略目标做出了明确部署。[1] 在此背景下，美国国家研究理事会在《框架》中提出将"实践""跨学科概念""学科核心概念"作为 STEM 教育的三个维度，并被《新一代科学教育标准》所采纳，认为这三个维度是相互联系的，缺失任何一个维度都会影响整个学科的建构。[2] 2017 年 2 月，美国科学教师协会专题讨论 NDSS《框架》和 STEM 教育中"实践""跨学科概念""学科核心概念"与三层次教育目标的关系。探究式学习是科学学习和 STEM 教育的一个重要特征和教学方式。STEM 教育提倡基于项目或基于问题的学习，设计完成工程项目和探索解决科学问题，其实都是一种"探究"的"实践"，要通过"实践"

---

① 纪洪波. 美国 STEM 教育战略规划决策支持模型及其启示 [J]. 现代教育管理，2016（11）：116-122.

② Dyasi，Bell. 透视科学中的探究及工程与技术中的问题解决——以实践、跨学科概念、核心概念的视角 [J]. 刘润林，译. 中国科技教育，2017（1）：15-19.

的过程设计完成项目和探索解决问题，并从中获得知识和技能（"直接经验"）。①

科技馆在提高 STEM 教育的质量和扩大受众范围方面发挥着重要的作用。科技馆拥有丰富的 STEM 资源和专业优势，也一直致力于研究与学校教育的对接问题，包括教育活动开发和教师培训等。首先，科技馆展品所具备的科技实践、探究式学习、直接经验三大要素，正好契合了 STEM 教育的理念。其中，"科技实践"是基础条件和学习情境，"探究式学习"是教学方法和过程，"直接经验"是学习效果和目标，核心是"基于实践的探究式学习"。② 其次，科技馆通过开展具有"基于科学与工程实践的跨学科探究式学习"特征的 STEM 教育项目，不仅为 STEM 教育提供了优势资源和条件，使二者互补相长，而且使科技馆展示教育本应具有的功能得以充分实现，成为提升科技馆展示教育效果的突破口。

美国科技馆率先引入 STEM 教育理念，通过主题展开式展览和教育活动，实现科技知识与技能、科学意识与方法、科学世界观的教育目标，为学校教师提供亲身体验科学学习的专业学习机会，帮助教师和教育工作者更好地将科学中心特有的资源与学校课程相衔接。波士顿科学博物馆是美国国家非正式 STEM 教育网络计划的参与机构之一，该计划得到美国国家科学基金会（NSF）资助，目的是加强科学博物馆与研究人员合作，鼓励公众参与科学、工程与技术前沿的能力建设，使公众通过参观科技馆，激发起探索的欲望，观察、思考、发现和提问，在这一过程中逐步了解一些科学道理。③ 积极开展各类教师专业发展和合作项目，开发创新资源、可视化数据，将真实的科学家工作转变为教学材料，同时使学生学习科学更加容易和有兴趣。教师通过分享课堂实际情况和解决学生需求方面遇到的挑战，对资源开发提供意见和建议。加利福尼亚州旧金山湾区，劳伦斯科学厅、探索馆和因佛内斯研究所联手合作进行"湾区科学"项目（BaySci），以提高科学教学的数量和质量，提高加利福尼亚州学生享受高质量科学教育的可能性。"湾区科学"工作人员

---

① 朱幼文. 基于科学与工程实践的跨学科探究式学习——科技馆 STEM 教育相关重要概念的探讨［J］. 自然科学博物馆研究，2017（1）：5-14.

② 张彩霞. STEM 教育核心理念与科技馆教育活动的结合和启示［J］. 自然科学博物馆研究，2017（1）：31-38.

③ ASTC 简讯［J］. 维度（中文版），2015（8）：12.

会与学区校领导见面，商讨幼儿园至 12 年级阶段科学项目的时间节点、需求和面临的挑战，制订"科学和共同核心计划"，提供有针对性的支持，来回应学区的需求。该计划包括根据 NGSS 提出全学区共同的科学教学思路以推动科学教育的行动计划、教师带头人的职责范围、资源分配等。提升教师培养质量，是教育发展的重要战略任务。加州科学中心开展的 NGSS 教师培训系列课程，每位教师接受至少 6 小时的专业发展训练，学习课程开发，将教学案例开发成为符合 NGSS 标准的科学课程。通过专业发展培训，教师掌握 NGSS 提出的新要求和新的教学方法，有能力帮助学生达到 NGSS 标准。同时，帮助教师构建学生的读写能力、对科学的理解和反思能力，帮助教师更好地应对 NGSS 实施过程中遇到的挑战，将科学与工程融合到教学中。[①]

美国博物馆及图书馆服务中心（IMLS）也在近几年资助了匹兹堡儿童博物馆、纽约科学馆、俄勒冈科学与工业博物馆等开展 STEM 教育项目。美国国家科学基金会（NSF）自 2013 年起先后资助了旧金山探索馆、明尼苏达科学馆、纽约科学馆等科技馆进行相关研究，分析课外 STEM 教育对儿童在校学习的促进作用。[②] 2016 年，美国科学和技术中心协会（ASTC）联合科学中心和多所大学成立了新的项目——非正规 STEM 教育职业框架［The Informal STEM Learning（ISL）Professional Framework］，由国家科学基金会（NSF）资助，为 STEM 教育领域的专业人士提供培训，以适应技术高度变革的时代和 STEM 教育对授课教师提出的新要求。

美国社会鼓励非正规科学教育机构向所有不同年龄和能力水平的观众展现科学，竭尽所能培养更有科学素养的公众。2013 年，ASTC 与课外活动联盟（Afterschool Alliance）共同承诺，加强科学中心与课外活动提供方之间的合作伙伴关系，从而更好地发挥这两种机构的专业优势。[③] 课外活动联盟是国家级的非营利性组织，总部在华盛顿特区，目标是为广大贫困地区儿童提供高质量的课外活动。课外活动联盟与超过 2.5 万个项目提供者合作，大部分城市拥有超过 100 位以上经验丰富的课外活动项目主管。统计数据显示：截

---

① 肖特. 博物馆如何帮助教师应对《新一代科学教育标准》[J].维度(中文版),2014(3):25.
② 鲍贤清. 科技博物馆中的创客式学习［J］. 自然科学博物馆研究，2016（4）：61－67.
③ 克里施纳穆希. 加强合作，在课外活动中提供高质量 STEM 教育. 课外 STEM 教育［J］. 维度（中文版），2016（4）：18－22.

至 2017 年，41 个州加入了这个联盟，850 万名儿童参加了课外活动项目。①
美国的科技场馆从公众的需求出发，在展览形式和内容上力求"本土化"，已
经成为校外非正式科学教育的第二课堂。②

　　各国积极推行 STEM 教育。自 2013 年，加拿大安大略科学中心得到了加
拿大自然科学与工程研究理事会的资助，通过科学探索项目激发中小学生对
科学，尤其是数学的兴趣。澳大利亚西珀斯科学技术馆 2015 年推出"力拓创
新中心"展览，持续展出 5 年时间，面向 7—12 岁青少年，展览可以通过角
色扮演、互动体验等方式解释创新，培养具有创新技能的公民。展览将根据
游客的反馈不断升级完善，每年定期更新展品，还包括一些手工活动和教育
活动，引导青少年及家庭喜欢科学并热爱科学。英国早在 2002 年就将 STEM
教育正式写入政府文件。2010 年，在政府的鼓励下，英国邓迪科学中心成立
了科学教育研究所，汇集了邓迪大学、邓迪和安格斯学院、阿伯泰大学等一
系列知名院校众多的优秀资源，为超过 1000 名学生、教师、科学家和社区教
育者提供培训。2017 年投资 200 万英镑扩建新的 STEM 教育设施——可容纳
80 人的剧场，展示邓迪在世界领先的医学研究和技术领域的开创性工作，展
示不断加强的合作伙伴关系。MultiCo 项目是由来自英国、芬兰、爱沙尼亚、
德国和塞浦路斯 5 个国家的研究者共同开展的研究项目，旨在吸引学生学习
科学。其具体做法包括呈现科学家和技术人员的真实工作场景、开展基于情
境和基于探究的科学学习活动、在科学教学中重视学生的个人观念等。③ 芬兰
是一个创新性很强的国家，LUMA 计划体现了其对 STEM 教育的重视，2016
年，LUMA 中心组织国际 STEM 教育研讨会，以分析不断发生的重大变化和发
展，研讨新的方法进行 STEM 教育。LUMA 中心在激励 3—19 岁儿童和青少年
学习数学、科学与技术方面所做出的努力，包括支持教师通过终身学习在
STEM 领域开展基于研究的教学，将很多中小学、高校和商业组织联合起来，
采用设计研究的方式进行 STEM 教学创新。波兰哥白尼科学中心的青年探索
者俱乐部得到波兰自由基金会的资助，具体包括戏剧展演、参观访问大

　　① Afterschool Alliance. Afterschool Supports Students' Success[EB/OL]. (2016 – 05 – 01)[2019 – 04 –
12]. http://afterschoolalliance. org/documents/Afterschool – Supports – Students – Success – May2016. pdf.
　　② 刘玉花，赵洋，龙金晶. 世界科技馆展教功能发展研究［M］//程东红，任福君，李正风，
等. 中国现代科技馆体系研究. 北京：中国科学技术出版社，2014：171 – 184.
　　③ 教师博雅. 国际上 STEM 教育关注什么？听听芬兰英国美国专家怎么说［EB/OL］. (2016 –
11 – 11)［2019 – 04 – 12］. http://www. sohu. com/a/118714799_ 372526.

学（与相关专业大学生交流）、科学探究、科学家介绍、生活中的化学、犯罪现场勘查等。评估发现，通过该项目的开展，大多数的学生喜欢这样的学习方式，并且认为学习很有收获，帮助自己发现了对科学技术的兴趣，为上大学和入职做了准备，明确了与科学相关的职业发展方向。日本政府加强 STEM 教育的教师队伍建设，支持和鼓励女性投身 STEM 教育。

为了增强和改善课外 STEM 活动的质量，科技馆这样富含 STEM 资源的机构应当更加开放，与立足于社区的课外活动提供方进行合作，而不是关起门来搞自己的项目，以利于课外 STEM 活动更加健康和广泛地发展。应通过认识科技馆在 STEM 教育中的重要意义，真正联合各方力量实现创新性 STEM 教育。

2. 推动馆际全球化合作

随着人类迁移能力、信息传播范围和速度的不断提高，人类的交往范围得到了极大的扩大，促进了人类文明的交流和传播。全球化渗透在经济、政治、科学技术、社会文化、日常生活等诸多领域，促进各领域、区域的交往交流交融，也有助于人类共同解决全球面临的关键性问题，如气候变化、粮食和能源安全等。作为公认的有能力面向多元化群体进行有效科学传播的机构，科技馆有助于促进这些全球性问题的解决。一方面，科技馆的发展已经超过了国家的界限，世界上不同国家和地区的科技馆合作越来越普遍。例如，爱尔兰科学走廊的项目"艺术＋科学"，鼓励青少年参与 STEM 学习。该项目由"科学教育＋"项目和爱尔兰科学走廊、美国旧金山探索馆、华盛顿大学共同参与，联合来自 5 个国家的 24 位研究人员，针对 STEM 水平较低的多个社区，就如何进一步促进教育的公平、如何有效评估学生的学习参与度等问题，寻找解决措施。另一方面，科技馆需要积极回应社会、公众对全球化、跨文化等方面的关注与交流，博物馆成为不同国家科技、文化、人文交流与合作的平台。例如，法国拉维莱特科学与工业城 2015 年与美国科学和技术中心协会（ASTC）联合举办的国际赛事，模拟国际气候谈判，阿根廷、芬兰、南非、印度、法国、美国的学校或社团提出减少能源消耗的具体计划或新的技术和方法，与专家、非政府组织进行视频会议讨论，鼓励青少年积极参与处理社会、政治、经济或环境性质的全球问题。世界科学中心和科学博物馆在 2016 年 11 月 10 日共同庆祝首个"国际科学中心和博物馆日"（International Science Center and Science Museum Day），这是由联合国教科文组织、国际博物馆协会、各大科学中心共同组织，鼓励科学中心和科学博物馆围绕联合国提出的可持续发展目标开展的主题活动。58 个国家的 300 多家场馆一同参与，鼓励公众参与讨论科学技术话题。北美科技中心协会还邀请亚利桑那科学中心、英国国际生命中心、菲律宾思维博物馆、加拿大安大略科学中心、哥伦比亚探索公园、新加坡科学馆、南非祖鲁兰大学科学中心及波士顿 WGBH 电视台的同仁共同回顾 2017 年他们围绕联合国可持续发展目标举办的活动，探讨其实践与理念。这也是科技馆在国际舞台上的一次集中展示。2017 年 11 月 15—17 日，第二届世界科学中心峰会在日本召开，峰会以"连通世界，实现可持续的未来"为主题，反映对于全球变暖、健康、人口老龄化、城市发展对环境及资源的压力以及跨文化交流等重大问题的持续关切，并正式发布了《东京议定书》，这是基于对 2014 年发布的《梅赫伦宣言》的充分认识和补充，号召科学中心应该重点考虑如何加深公众对可持续发展目标意识的重要性和紧迫性的了解，以及参与有助于实现可持续发展目标的行动，进而强调科技馆针对关键问题为社会各方提供阐述和交流的平台，建立更广泛的合作关系等，以支持世界各地的科技馆在数量、能力和工作力度上不断提升。任何一家场馆仅凭单打独斗都无法走得更远，全球的科技场馆作为一个整体协同运作，有助于承担增进理解和可持续发展的责任。

3. 扩大受众范围①

为了贴近更多的公众，科技馆采取多种形式，把活动项目带到公众所在的地方，例如，在服务覆盖不足的城市郊区，把流动外展项目推广到农村地区。另一种方式则是通过各种形式的科学节将公众聚集起来，这种方式在时间和地点上十分灵活，便于为平日难以接触到的群体服务，包括那些从未去过科技馆的公众。

"科普大篷车"基本是为那些缺乏基础科学实验设施且不易进入科技馆的公众而开发的科学实验车，有"移动实验室"的美称。"科普大篷车"大致起源于 20 世纪 60 年代初。1957 年，美国的俄勒冈科学与工业博物馆开始举办科普巡回展览，主要形式是到学校展览、野外夏令营、学生实验室等，这可以算是科普大篷车的雏形。20 世纪 80 年代，国外的"科普大篷车"巡回

---

① 本部分内容参考了齐欣，谌璐琳，赵凯，等. 科普大篷车创新发展模式研究：科普蓝皮书中国现代科技馆体系发展报告 No.1［M］. 北京：社会科学文献出版社，2019：92。

展览已经蓬勃发展起来，美国弗吉尼亚科学博物馆派出流动大篷车走遍全州，传播与太阳能及其他学科知识，美国奥兰多科学中心的"科工馆流动巴士"就是一个为课堂提供体验学习的移动实验室。尽管这是一项收费项目，但对于远郊区县学校是免费的，这都得益于马赛克公司（磷酸盐矿开采商）的资助。加拿大安大略科学中心将"科学马戏团"送往省内各地展出；法国巴黎发现宫巡回展览的足迹更是遍及欧洲、美洲和非洲。澳大利亚国家科技馆的"壳牌科学马戏团"开展科学秀的次数超过 15000 次，造访的城镇数量超过500 个，包括 90 多个原住民社区。2014 年，被全球电信基金会教育风险投资评为促进科技事业的前 20 大项目之一。此外，亚洲的泰国、韩国等国家的科学博物馆也开始以流动展览的方式向偏远地区进行科学普及。泰国国家科技馆大篷车项目于 2005 年启动，该项目为全国偏远地区的学生带去互动体验的展品和各类教育活动。科学大篷车每年运行 200 天，访问 40 多个省（泰国除曼谷外有 76 个省）。

科普大篷车大多主题明确、特色鲜明，内容以天文、考古、气象、人类学、生物、化学、环境、互联网等需要野外实践或动手实验的项目为主。科普大篷车的活动形式丰富多样，以动手参与的科学实验（如化学实验主题）、观测和野外活动（如环境保护主题）为主，更有流动木偶剧、杂技和科学表演等生动的科学表演和主题宣传活动。科普大篷车在很大程度上充当了学校课外科学实践活动的重要场所，活动的组织已经走向规范化和科学化，重视活动计划和过程管理，重视展品设计和维护，形成了专业和成熟的工作团队，还积极向社会招募有科学背景的志愿者，如科学家、教师、大学生等。

另一类值得一提的活动方式是科学节。通过策划各种活动，深受好评的科学节可接待数万甚至数十万的观众。而且科学节挖掘了全新的合作关系，为科学中心注入了活力。科学节作为科学家和工程师展示其成果的切入点，能够直接参与到公众外延活动中来。此外，科学节能够激活一些从未被视为合作者的潜在合作伙伴。组织一场大型合作科学节，对于任何一个场地都是一种长远的利好。自 2006 年以来，位于埃及亚历山大市亚历山大图书馆的天文馆科学中心（PSC）一直致力于在每年 4 月举办一场不同主题的科学节，鼓励学生学习科学、投身科学。天文馆科学中心正在发起建立一个中东暨北非地区科学节网络，便于网络成员们共享信息、资源和联系伙伴，全面提高这一地区科学节的水平。目前，埃及、科威特、沙特阿拉伯、土耳其和阿拉伯联合酋长国都参加了这个网络组织。2013年10月，超过4万人参加了马来西亚"国油科学馆科学节"，主要目标就是帮助马来西亚教育部扭转学生们学习科学兴趣逐渐下降的趋势，培养在科学、技术、工程和数学领域的专业人才，借以实现马来西亚计划在2020年达到完全发达国家地位的目标。新加坡科学馆和新加坡科学技术研究署在教育部的支持下，组织举办的"新加坡科学节"已有17年的历史。2017年，科学节的主题是"未来健康"，举办了50多场活动，包括各类创客活动、STEM教育讲座和研讨会、虚拟体验等。

不论是科普大篷车还是科学节，都是以扩大公众覆盖范围为目标，并逐渐形成了科技馆、企业、社区之间的合作机制，资源共享的服务能力得到了增强，服务覆盖范围显著扩大。

4."互联网＋"开拓数字化科学传播新途径

2000年，全球互联网用户人数达到3.6亿，到2015年，全球互联网用户已达32亿，占全球人口的43.4%。① 随着计算机技术的发展，以及网站、社交媒体、移动工具和应用程序的开发，科技馆突破了地域上的局限。科技馆通过官方网站、社交媒体、手机App等多种渠道将受众从馆内扩展到馆外。科技场馆也不断调整策略，整合技术提升参观者的体验。1993年美国探索馆率先建立了官方网站，通过互联网平台，为观众参观实体馆提供了大量信息，包括实体馆的开放时间、地理位置、展览主题、教育活动内容等。② 安大略科学中心开发的"科学进行时"在线栏目，内容包括科学中心深度发掘、科学热点、播客节目，访问者可以获取最新科技信息，阅读实验现场日记，参加科学调查，下载有趣的科学实验指南，通过手机App收听科学家制作的播客节目等。③ 同时移动设备的普及，改变了人类与信息及周围环境互动的方式，移动内容与推送帮助公众随时随地获取信息、服务和内容，社交媒体是公众创建并分享个人参观体验的平台。数字技术引入科技馆，鼓励展览的创新，让公众获得更加丰富的经历，与年轻观众建立联系。鼓励参观者通过智能手机和社交媒体在馆内进行各种数字化交互，通过无线定位技术，提供智能导

① 国际电信联盟.衡量信息社会发展报告：2015［EB/OL］.（2015－12－02）［2019－04－12］. https://www.itu.int/dms_pub/itu－d/opb/ind/D－IND－ICTOI－2015－SUM－PDF－C.pdf.
② 齐欣，龙金晶，蔡文东.科技馆体系下科技馆科普功能研究［M］//程东红，任福君，李正风，等.中国现代科技馆体系研究.北京：中国科学技术出版社，2014：161－170.
③ Ontario Science Centre. ResearchLive！［EB/OL］.（2015－01－01）［2019－04－12］. https://www.ontariosciencecentre.ca/ResearchLive/.

览，帮助参观者获取展品背景信息，以提高观众的参与性，更好地吸引观众投入到展览中。与此同时，为观众提供更多浸入式体验，观众将自身的知识背景融入展览和展品。"以观众为核心"的理念变得日益重要。

许多科技场馆将展览、展品、教育活动学习单、游戏、视频、手机程序等放到平台上，实现资源的公开化和共享。2010 年，北美科技中心协会、探索馆、劳伦斯科学馆、纽约科学馆、明尼苏达州科技馆和休斯敦儿童馆联合牵头参与了 SMILE 网站建设项目，致力于将科学、技术、工程学、数学学习过程变得有趣。通过提供丰富的资源让所有年龄和背景的人都能有所收获。[1] 芝加哥科学工业博物馆以自身特有的展览为题材，设计出了形式多样的趣味网络游戏，创造聚焦展品的数字化体验，同时开展以工程、化学、生物等学科为主的教育活动。[2] 非正式科学教育促进中心（CAISE）在 2012 年推出了非正式科学网，汇聚了十几个专业的非正式教育网站提供的超过 9500 多项资源，为公众提供大量的学习资源。旧金山探索馆与麻省理工学院合作，共同开发以创客为主题的免费在线视频课程，利用网络环境进行教学，促进观众的自主学习，同时访客可以在线观看多个实时摄像头拍摄的画面，远程进行科学研究和交流讨论。[3]

2018 年国际博物馆日的主题确定为"超级连接的博物馆：新方法、新公众"（Hyperconnected Museums：New Approaches，New Publics），意味着当今社会多渠道的沟通媒介，使全球联络网变得日渐复杂、多元和融合。科技馆以数字化、网络化作为一种新的手段所创造的各种联系和发挥的重要作用，为科技馆吸引新的观众并增强彼此的联系提供了一种新的可能。

**（二）世界科技馆的发展趋势**

1. "2030" 可持续发展目标对科技馆提出了更高的要求

放眼全球，环境退化问题日益严重，气候变化影响不断加深，年轻人的就业前景日趋黯淡，人口移徙和城市化挑战与日俱增，全球经济衰退和暴力

① 龙金晶，曹朋，刘玉花. 世界科技馆科学教育活动开发的经验与启示 [M] //程东红，任福君，李正凤，等. 中国现代科技馆体系研究. 北京：中国科学技术出版社，2014：208－220.

② Museum of Science and Industry. Game, Videos, Hands-on Science [EB/OL]. (2018－01－01) [2019－04－12]. http：//www. msichicago. org/experiment/.

③ Exploratorium. Research Brief：Tinkering, Learning, and Equity in an Afterschool Setting [EB/OL]. (2018－01－01) [2019－04－12]. https：//www. exploratorium. edu/education/california－tinkering－afterschool－network－research－brief－tinkering－learning－equity－afterschool.

冲突旷日持久。"可持续性"一词作为一个意指环境、经济和社会三个方面持续发展能力和趋势的术语，最早出现在 1972 年罗马俱乐部发表的《增长的极限》报告，1987 年出现在联合国文件《我们共同的未来》中。[①] 为改善上述制约人类生存与社会发展的各种问题，2015 年 9 月联合国可持续发展峰会通过了《改变我们的世界——2030 年可持续发展议程》，提出了 17 个可持续发展目标和 169 个具体目标，代表了以可持续发展为核心的更积极、更长远的经济增长模式。2015 年 11 月，联合国教育、科学及文化组织（简称"联合国教科文组织"，UNESCO）发布《2030 教育行动框架》，指出必须在当今发展的大背景中来审视"教育 2030"，指出教育系统必须相互关联，回应迅速变化的外部环境，以实现可持续发展目标 4 中提出的确保包容和公平的优质教育，让全民终身享有学习机会，有助于推动教育领域的重大进步，实现全民教育。上述文件都在促进教育向一个更加以人为本、更加全面的方向发展，基于对人的权利的尊重，为所有人提供终身学习的广阔前景，帮助人们实现受教育和终身学习的权利。

科技馆一向致力于公众的技能和能力建设，不遗余力地培养公众的好奇心，为公众理解科学提供对话的平台，促进公众在校外学习科学，推动全社会的创新创业和应对各种挑战。通过这些行动，科技馆就科学之于可持续发展的重要性这个问题，向全社会发出清晰而强烈的信号——科技馆有能力面向多元化群体进行有效的科学传播，有助于解决这些全球性问题。例如，ASTC 动员所有科学中心网络大力宣传第 21 届联合国气候变化大会（COP 21）。通过参与这一活动，邀请所有网络组织选出一家科学中心，组织一场"青年气候峰会"。在美国国务院和国家海洋与大气管理局的大力支持下，在巴黎举办活动突出展现这些峰会的成果。世界各地的青年朋友把他们的具体节能计划与 COP 21 谈判专家的意见进行比较，展示世界各地的科学中心针对气候变化和使用替代能源所产生的大部分问题采取的行动。2016 年国际科学中心和博物馆日举办的高峰论坛上，科学中心的高层领导人、联合国教科文组织专家齐聚一堂，共同研讨科技馆能力建设。在这次会议中，UNESCO 和 ASTC 签署谅解备忘录协议，以促成进一步的合作。

科技馆作为社会公共服务的一部分，服务于实现良好健康、优质教育、

---

① 邬建国，郭晓川，杨稢，等. 什么是可持续性科学？[J]. 应用生态学报，2014（1）：1–11.

性别平等、创新等"2030 目标"，积极回应公众对全球化、跨文化、可持续发展等方面的关注与交流。科技馆怎样联合起来？如何行动？这是非常值得我们深入思考和探讨的一个问题。可持续发展促进了各国及其民众对人类共同命运的关注，全球化实现了全人类跨文化的对话，这为科技馆带来了新机遇，提高了科技馆的可及性，打破了国家和地域的界限，也为科技馆赋予了重要的社会责任，使其有效应对全球的社会和环境关切，并通过贡献各自的技能和能力提供务实的帮助。当务之急，是用好用足信息和通信技术这一连接科技馆和全球公众的牢固纽带，努力拓展国际视野，切实提升全球意识，大力开展跨区域和跨文化的实时交流，借以消弭公民和科学技术之间的鸿沟。

2. 公众需求的多元化促使科技馆加强"以观众为核心"的服务理念

在科技馆参观时，公众不满足被动地接收信息，更热衷探索工作原理，通过动手、观察和比较，得出结论，从而获得满足感和成就感。公众需求的改变，促使科技馆由原来的科学普及阶段发展到公众理解科学和公众参与科学的新阶段，由传统的"以知识为中心"转变为"以观众为中心"的模式，把激发观众的科学兴趣、为观众提供从实践中探究学习的体验作为科技馆教育的主要目的。[①] 以观众为核心，其本质是基于个体的需求和行为方式，制作个性化的产品，筛选个性化的内容和实施个性化的体验。

科技馆需要加强与观众的交流。随着数字化技术充分覆盖大众生活的方方面面，观众可以通过社交媒体了解场馆并接受实时回应。科技馆也鼓励观众通过网络分享个人体验。目前，科技馆能够基于观众的兴趣和参观历史，推送展览和活动信息。科技馆需要推进大数据收集、分析工作，通过网络收集观众信息并将其存储在数据库中，为资源分配和交流提供了数据支持，供科技馆制定政策、决策使用。这有助于将科技馆转变为一个以观众需求为指导的、具有高度适应性的机构。

公众需求的多元化和项目内容与形式的多样化，需要科技馆及时改进项目开发模式，形成"社会参与、项目化管理、模块化开发、商业化营销"的模式。[②] 科技场馆以资源利用效率最大化为原则，将多年开发积累的展览、展品、科学实验、科普剧目等教育资源进行整合，形成了可根据需要进行灵活

---

① 张进宝. 浅议科技博物馆中的创客活动 [J]. 自然科学博物馆研究，2017（1）：15-22.

② 龙金晶，曹朋，刘玉花. 世界科技馆科学教育活动开发的经验与启示 [M] // 程东红，任福君，李正风，等. 中国现代科技馆体系研究. 北京：中国科学技术出版社，2014：208-220.

组合的资源包和资源库。根据不同的教育资源类型划分为展览展品、科学实验、科普剧目、教具教材、创意手工等，再将每一模块按照不同类型和功能细分成众多的子模块进行开发，以形成满足不同观众需求的活动项目，能够为观众提供多样化的菜单式服务。科技馆形成了内容丰富和形式多样的教育活动项目。科学家和官员与公众的科学对话、科技咖啡馆、科学节、夜宿科技馆、科技馆成人之夜，有利于公众理解科学，培养批判性思维，提升问题解决能力，促进人际协作能力，以及提升公众参与科学实践的热忱。同时，公众期望挑战科学家、政治家、商业人士替大众做出的所谓好的选择，参与科学事务的讨论。科技馆通过对有争议的科学题材做出迅速反应，主持并为各类科学辩论提供支持和服务，成为科学交流的新平台，拉近了科学家和公众的距离，避免误解和偏见的产生，促进了科学与公众双向理解。

3. 深化馆校结合，推进科学传播与科学教育的密切结合

科学中心和学校作为两套教育系统，负有共同的教学使命，是全民教育体系的重要组成部分，二者的合作应该富有创造性且积极寻求合作机会。学校系统时常面临着教育标准的不断变化和改进，而科学中心则为学校、教师、家庭提供动手操作的学习资源，以帮助他们达到新的标准。科技场馆教育活动为学生提供了沉浸于 STEM 学习的机会，帮助学生获得知识和技能，对未来进入和参与 STEM 领域相关职业至关重要。科技馆通过与学校、社区之间展开全方位的更多的合作，提高学习的开放程度、灵活性和多元性。科技馆在培养创造性思维和问题解决能力方面具有优势并发挥着关键作用[1]，针对不同年龄段的学生，广泛结合《科学课程标准》设计馆校结合的实验课程、童子军俱乐部、夏/冬令营等，提高观察、分析、总结、解决问题的能力；开展实习生项目和社区青年项目，引导学生对未来职业道路的探索或在自己感兴趣的领域进行深入研究；设置实习职位，提供研究课题，鼓励学生更多地关注问题解决、创新性和实用技能，从而高效地整合、运用所学知识；鼓励学生提高跨学科思维及其他能力，比如跨文化能力、适应性思维和实践技能。培养既有广博的知识，又对某一特定领域有较深的理解和技能的专业人才。

如何精确地定义科技馆相对于学校正规教育应该扮演的角色，对科技馆

---

[1] 康伦. 全民的科学中心——新兴大趋势对科学中心行业未来发展的影响 [J]. 任杰，译. 自然科学博物馆研究，2016（4）：5 - 10.

实施一整套包罗万象的项目组合至关重要，有助于科技馆充分发挥自身优势，以期获得良好的社会效益。

4. 重视职业培训，加强专业人才培养

科技馆支持学校科学教师的专业发展。随着课程标准的不断更新，无论是新任还是执教多年，教师们需要花费大量时间和精力去学习如何采用新的方法教学。科技馆可以为教师提供动手操作、探究式学习的机会，通过研讨会的形式帮助教师整合核心概念、建立模型、提出科学问题，使教师了解科学实践，促进对科学概念的探索、检验和解释；帮助教师们设计和改进科学课程，为学生带来富有成效的学习体验。

而且，科技馆日趋重视自身专业化人才队伍的建设。专业人才队伍的素质直接决定了科技馆的综合实力，是科技馆可持续发展的关键因素。互联网、移动设备及其他技术的急剧发展和普及，对科技场馆的专业人员和志愿者的能力提出了更高的要求。通过培训，帮助处于不同职业生涯发展阶段的员工解决难题，使之成为合格且熟练的教育工作者，能有效解决科技馆面临的教育使命和任务中存在的难题。[1] 通过职业培训平台，邀请专家、管理者、资深教师、国家教育改革领导者、校外教育家以及博物馆和大学团体帮助专业人员深刻理解科技馆教育的本质，促进和加强领域内的参与、学习和合作，推动了全球范围内的探究式学习和教学实践。[2]

本节执笔人：莫小丹

单位：中国科学技术馆

---

[1] 安德森. 论"博物馆教育者"的重要作用：对博物馆领域专业化的迫切要求［J］. 符国鹏，译. 自然科学博物馆研究，2017（1）：55－61.

[2] Exploratorium. Exploratorium Annual Report 2014［EB/OL］.（2018－01－01）［2019－04－12］. https：//www. exploratorium. edu/annual－report－2014.

# 第三节　我国科技馆的发展

## 一、我国科技馆的诞生与发展

从 20 世纪 30 年代法国发现宫建成开始算起，世界科学中心至今已经历了 80 多年的发展历程。与之相比，我国科技馆事业的发展历程相对较短，若从 1958 年开始筹建中国科学技术馆开始算起的话，至今只有 60 多年的历程；若从 20 世纪 80 年代科学中心类型的科技馆建成开始算起，至今也不过 30 多年。

### （一）我国科技馆事业开启的前奏（1958—1977 年）

1958 年是我国完成第一个国民经济五年计划后的第一个年头。当时全国的发明创造和技术革新大量涌现，但没有一个妥善的办法进行科学技术的交流推广和普及工作。在中华自然科学专门学会联合会的倡议下，经周恩来总理批准，将建设中国科学技术馆（以下简称"中国科技馆"）列入中华人民共和国成立十周年十大工程之一。1958 年 9 月，中华自然科学专门学会联合会和中华科学普及学会合并成立中国科学技术协会（以下简称"中国科协"），筹建中国科技馆的任务就转到了中国科协。

那时原定中国科技馆建筑规模 3 万多 $m^2$，是以展示中国科学技术新成就的原理、功能和效益为主的科技馆。展教对象为科技工作者、干部职工、初中以上文化程度的青少年。展教方式是以实物、模型、图表、说明、声像资料为主，并辅以说明员的讲解。但由于首都十大工程特别是人民大会堂同时施工，建筑材料供应不足，施工进度受到影响。中国科技馆在基础工程、地下工程以及第一层部分建筑已经完成的情况下被迫"下马"让路给其他项目。[①]

尽管 1958 年筹建的中国科技馆没有按期建成，但在同一时期，全国仍有部分省市建成了类似的科技馆。如山东省科学技术宣传馆于 1956 年成立并筹建，1958 年正式开馆，建筑面积 2537$m^2$，是当时全国首批科技馆之一，主要

---

①　聂春荣. 中国科学技术馆的筹建经过 [J]. 科技馆, 1988 (3): 3.

举办流动展览、科普报告、各类培训班等活动。虽然这些科技馆不是科学中心类型的科技馆，但党和国家对科普事业的重视可见一斑。

**（二）我国科学中心类型科技馆的诞生与初步发展（1978—1995 年）**

1978 年，在茅以升、王大珩等 83 位著名科学家联名呼吁下，中国科协向中央领导和国家有关部门建议兴建中国科技馆。经邓小平和方毅同志批示，国家计划委员会批准筹建中国科技馆。

1979 年，中国科协组团赴美国、瑞士、日本、联邦德国、瑞典、英国和法国考察了数十座科技博物馆，亲身感受了科学中心参与型展览教育在科学普及中的巨大作用与感染力。经研究，中国科协决定借鉴科学中心的模式建设中国科技馆。

1984 年，中国科技馆开工建设。1988 年 9 月 22 日，建筑面积 20000m²、展厅面积 4000m²、展品 110 余件的中国科技馆一期工程建成开放了。1987—1995 年，中国科技馆共接待观众 210 余万人次。[①]

在筹建过程中，中国科技馆组织开展了一系列展览，将互动参与式的展览带到了全国各地。1983 年 9 月，安大略科学中心展览在北京开幕，引起轰动，中国人第一次在国内领略了互动式展品与科学表演的魅力。自 1984 年 1 月开始，中国科学技术馆巡回展览先后在内蒙古、青海、广西、湖南、新疆等地展出。与此同时，中国科技馆自主研发的中国古代传统技术展览自 1982 年 5 月开始赴加拿大、美国等世界各地展出[②]，成为中国科技馆的展览品牌，也向全世界展示了中国传统科技的魅力。在中国科技馆一期筹建过程中组织的这些国内外巡回展览以动手操作型展品和科学互动表演为主，属于科学中心类型的科普展览。

在同一时期，我国各省市也建成了一批规模较大的科技馆。如 1984 年 6 月建成的蚌埠市科技馆，有科技启蒙厅、科技实验厅、天象厅、天文观察堡、声像厅、微机房、科普教育厅、大屏幕投影电视厅、露天飞机展坪、报告厅等，为社会公众特别是青少年提供了学习科技知识的场所，受到欢迎。[③] 从以上资料可以看出，蚌埠市科技馆已经基本具备了科学中心类型科技馆的雏形。此外，福建科技馆（1993 年）、天津科技馆（1995 年）等科技馆陆续建成

①　朱幼文. 中国的科技馆与科学中心 [J]. 科普研究，2009（2）：69.
②　佚名. 中国科学技术馆大事记（1978—1987 年）[J]. 科技馆，1988（3）：6.
③　蚌埠市科技馆. 加速建馆工作注意社会效益 [J]. 科技馆，1987（1）：5.

开放。

**（三）《科学技术馆建设标准》的出台与科技馆的规范化发展（1996—2000 年）**

20 世纪 90 年代中后期，各地兴建的科技馆数量虽然远比 80 年代少，但各级政府逐渐认识到科技馆的地位和作用，加大了对科技馆建设的投入，建成了一批具有一定规模、科普展教功能突出的科技馆，并在社会上产生了广泛的积极影响。其中的突出代表是天津科技馆（1995 年）、嘉兴科技馆（1997 年）、郑州科技馆（2000 年）、江苏科学宫（现江苏科技馆，2000 年）等。2000 年 4 月 29 日，以面积达 2 万多 m² 的新展厅为主要建设内容的中国科技馆二期工程（新展厅）建成开放。

由于中华人民共和国成立后第一批建设的科技馆与科学中心类型科技馆存在很大不同，各地先后建立了 200 多座以"科技馆"为名的各类场馆，其中许多实际是办公楼、会堂和招待所，很少或根本不举办科普活动，却进行了大量与科普无关的商业性活动，如开办商品展销会、餐馆、卡拉 OK 歌舞厅、游戏厅等。而真正意义上的科技馆寥寥无几。20 世纪 90 年代中期，各地科技馆存在的问题日益凸显，国家有关部门提出了严肃的批评。为此，中国科协采取了一系列有力措施，积极而稳妥地逐步扭转科技馆的发展方向。在中国科协 1996 年 5 月下发的《中国科协"九五"科普工作规划》、1997 年 2 月下发的《中国科学技术协会"九五"期间工作规划和 2010 年远景目标纲要》、1999 年科技部和中国科协等九部委共同下发的《2000—2005 年科学技术普及工作纲要》等重要文件中，都明确提出科技馆要端正方向，积极进行清理整顿和改造，加强科普展教功能。

为全面深入地调查了解各地科技馆的情况，分析科技馆问题的主要原因，并提出切实可行的解决办法，中国科协于 1997 年对本系统所属科技馆进行全面调查。调研报告深入分析了产生上述问题的原因，并建议以"端正方向、严格界定、切实规范、积极整顿、大力改造"为方针，采取一系列措施，彻底扭转全国科技馆的局面。在上述调查完成后不久，1998 年中国科协着手起草《科学技术馆建设标准》。

2000 年 11 月，中国科协系统科技馆建设工作会议在北京召开。会议的工作报告对我国科技馆事业的现状进行了深入分析，列举了存在的主要问题，并对科技馆今后的工作提出了明确要求："每个省、自治区、直辖市和计划单列市科协都要积极争取当地党委和政府的支持，在'十五'期间建设一个综合性的、具有地方特色、现代意义的科技馆"；科技馆要"坚持以科普展教为主的办馆方向，努力丰富展教内容，充分体现科技馆的社会功能"；要"继续抓好科技馆的清理整顿工作"。

中国科协系统科技馆建设工作会议刚刚结束，中国科协《科学技术馆建设标准》就正式出台了。这一标准对科技馆的性质、任务、工作内容做出了明确的规定，并对科技馆开展科普展示教育工作所必需的场地设施提出了明确的要求。这是我国科技馆的第一个建设标准，它对于规范科技馆的建设和运营行为，端正建馆和办馆方向，具有十分重要的意义，标志着我国科技馆事业将进入一个新的发展阶段。[1]

### （四）我国科技馆事业进入快速发展时期（2001 年以来）

2001 年以来，我国科技馆建设进入快速发展期，通过改造、扩建或重建使"达标"科技馆[2]数量不断增加，新一轮的科技馆建设热潮在全国兴起。尤其是，2006 年 2 月，国务院发布《全民科学素质行动计划纲要（2006—2010—2020 年）》（以下简称《科学素质纲要》），要求到 2010 年，各直辖市和省会城市、自治区首府至少拥有一座大中型科技馆。2007 年 7 月，由建设部、国家发展和改革委员会正式颁布了《科学技术馆建设标准（建标 101 - 2007）》（以下简称《科技馆标准》）。该标准比原中国科协《科技馆建设标准》内容更丰富，要求更具体，对各地科技馆的指导作用更强。至此，全国科技馆进入蓬勃发展阶段[3]，一批具有一定规模和水平、真正意义上的科技馆相继建成开放，如上海科技馆（2001 年）、沈阳科学宫（2001 年）、合肥市科技馆（2002 年）、江西省科技馆（2002 年）、黑龙江科技馆（2002 年）、四川省科技馆（2006 年）、贵州省科技馆（2006 年）、南京市青少年科技馆（2006 年）、广东科学中心（2008 年）、辽宁省科学技术馆（2015 年）等。各地一大批原先科普展教功能不强的科技馆经过改建或扩建后也相继开放，如

---

① 朱幼文. 中国的科技馆与科学中心 ［J］. 科普研究，2009（2）：69.

② "达标"科技馆指基本符合《科学技术馆建设标准》（建标 101 - 2007，建设部、国家发展改革委 2007 年发布）的科技馆。具体而言，"达标"科技馆是指同时满足下列条件的科技馆：（1）以科普教育为主要功能，拥有常设展览，以互动体验、动态演示型展品为主要展示载体；（2）科普教育设施（常设展厅 + 临时展厅 + 教室 + 报告厅 + 影厅）占建筑面积 50% 以上；（3）常设展厅面积 1000m² 以上，并占建筑面积 30% 以上。在本书以后的论述中，若非特别指明，科技馆均指"达标"科技馆。

③ 科技馆发展研究课题组. 科技馆"十三五"规划研究专题报告 ［R］. 中国科技馆内部资料.

山东省科技馆新馆（2003 年）、河北省科技馆新馆（2004 年）、武汉科技馆（2006 年）、宁夏回族自治区科技馆新馆（2008 年）、新疆维吾尔自治区科技馆（2008 年）、广西壮族自治区科技馆新馆（2008 年）、浙江省科技馆（2009 年）等。2001—2016 年，达标科技馆数量年均增长将近 11 座。

截至 2016 年年底，全国建成开放和改扩建的达标科技馆总数达 182 座，而且还有一大批新的科技馆正在筹建之中。特别是随着上海科技馆、广东科学中心、中国科技馆新馆、辽宁省科技馆等特大型、大型科技馆的相继建成，中国的科技馆不仅在提高全民科学素质方面发挥了越来越重要的作用，促进了我国科普事业的发展，而且在国际上的影响力也不断提高。

## 二、我国科技馆的现状与发展趋势

### （一）我国科技馆的现状

**1. 近年来科技馆数量和规模保持迅速增长的态势**

2011—2016 年年底，全国科技馆建设继续保持高速发展的良好态势。全国新增、改建或改造开放科技馆 81 座[①]，全国科技馆数量从 101 座增至 182 座，新增建筑面积 143.7 万 $m^2$。新增的科技馆主要以地市级馆和县级科技馆为主（表 1 - 1）。

表 1 - 1　截至 2010 年年底和 2016 年年底各级别科技馆的数量与比例统计

| 科技馆级别 | 截至 2010 年年底 | | 截至 2016 年年底 | | 2011—2016 年科技馆增量/座 |
| --- | --- | --- | --- | --- | --- |
| | 数量/座 | 所占比例/% | 数量/座 | 所占比例/% | |
| 国家级科技馆 | 1 | 1.0 | 1 | 0.6 | 0 |
| 省级科技馆 | 18 | 17.8 | 25 | 13.7 | 7 |
| 地市级科技馆 | 60 | 59.4 | 105 | 57.7 | 45 |
| 县级科技馆 | 20 | 19.8 | 48 | 26.4 | 28 |
| 其　　他 | 2 | 2.0 | 3 | 1.7 | 1 |
| 合　　计 | 101 | 100 | 182 | 100 | 81 |

**2. 区域布局不均衡局面有所改善**

截至 2016 年年底，西部地区科技馆占全国科技馆的比例由 2010 年的

---

① 我国科技馆的现状与发展趋势所涉及的数据，除特别注明外，均来源于中国科技馆科研管理部近几年所做的调查。

13.9%上升为26.9%；中、西部地区科技馆的比例之和也由2010年的44.6%上升为56.6%，基本与东部地区科技馆所占比例持平（表1-2）。全国科技馆的地区性分布不均衡的局面有所改善。

表1-2 截至2010年年底和2016年年底东、中、西部地区科技馆数量、比例对比

| 地 区 | 截至2010年年底 | | 截至2016年年底 | | 比例变化情况 |
|---|---|---|---|---|---|
| | 数量/座 | 所占比例/% | 数量/座 | 所占比例/% | |
| 东部地区 | 56 | 55.4 | 79 | 43.4 | 下降12.0% |
| 中部地区 | 31 | 30.7 | 54 | 29.7 | 下降1.0% |
| 西部地区 | 14 | 13.9 | 49 | 26.9 | 增加13.0% |
| 合　计 | 101 | 100 | 182 | 100 | — |

3. 观众数量大幅增长，社会效益明显增强

2016年，全国科技馆馆内接待观众总数超过5532万人次，比2010年的2400万人次增长了1.3倍。科技馆已成为各类科技博物馆中观众总量和平均观众量最多的场馆。2015年5月起实行免费开放补贴政策，用中央资金对部分实行免费开放的科技馆予以补贴，鼓励科技馆向公众免费开放，效果显著。在免费开放之后最初两个月内，新实行免费开放的科技馆观众人数总体提升了近50%，特别是省级科技馆，观众人数普遍增长了2~3倍。[1]

4. 科技馆的科普功能显著增强

（1）展览展品内容与形式不断拓展和创新。[2] 全国科技馆常设展览规模迅速扩大，并出现一批创新展品以及具有地方特色和专业特色的展品。截至2016年年底，全国科技馆常设展览总体规模扩大至115.6万平方米，比2010年增长了85.3%。

随着时代的发展，为更好满足观众的参观需求，许多科技馆有计划地对现有常设展览进行了更新改造。2011—2016年，对常设展览进行更新改造的科技馆数量超过80座。

---

① 关于科技馆免费开放的数据来源：束为. 着力升级融合服务创新驱动开创中国特色现代科技馆体系新局面［R］. 2015年12月全国科技馆工作会工作报告. 中国科协通报，2016（2）。

② "（1）展览展品内容与形式不断拓展和创新"和"（2）教育活动的数量与质量显著提升"部分的论述主要参考了中国科技馆承担的中国科协课题"科技馆'十三五'发展规划研究"以及束为在2015年12月全国科技馆工作会上的工作报告《着力升级融合服务创新驱动开创中国特色现代科技馆体系新局面》。

近年来建成开放的一大批科技馆，增加了关于新能源、航空航天、信息技术、生物工程等高新技术方面的展示内容，还有科技馆尝试引入人文社会科学方面的展示内容。同时一些科技馆充分发掘有中国特色、地方特色、专业特色的展示资源，涌现出以山西省科技馆新馆、杭州低碳科技馆、青海省科技馆、宁波科学探索中心为代表的特色主题展馆或特色主题展区。此外，越来越多的科技馆开发和引进了采用新型技术手段、有一定创新意义的展品，重视新型展示技术在展览展品中的应用，如增强现实技术和体感技术等，增加了展览和展品的互动性和体验性，提升了展教效果。

各级各地科技馆对短期展览、巡回展览的开发和引进力度不断加强，丰富了科技馆展览内容与形式，扩大了科技馆科普展教的覆盖面，增强了科技馆对公众的吸引力和影响力。例如，上海科技馆、广东科学中心、厦门科技馆等科技馆大力开发短期展览，及时配合国家重大任务、社会关注的相应科技热点，使之成为常设展览的重要补充，并有效带动了常设展览的观众量。

（2）教育活动的数量与质量显著提升。更加重视教育活动的开发与实施，教育活动数量、种类明显增多，水平和质量也有了明显提升。教育活动类型实现传统与创新相结合，教育活动范围坚持馆内和馆外结合。科技馆的教育活动资源形成了以传统教育资源为主，与新媒体教育资源共存的教育活动资源体系。馆内教育活动中，实验室/活动室教育活动、科普报告、展厅内科学表演等科技馆传统教育项目得以继续巩固和发展，冬/夏令营、科普竞赛等活动的数量和规模也有所提升。一些科技馆尝试对教育项目的形式、内容、手段、资源等进行创新，更加强调互动性、针对性、系列性，并尝试引入互联网技术等作为辅助手段。

由中央文明办、教育部和中国科协共同推动的"科技馆活动进校园"项目已连续开展10年，使科技馆展教资源与学校科学教育特别是科学课程、综合实践活动、研究性学习相结合，促进校外科技活动与学校科学教育有效衔接。

（3）互联网＋科技馆的渠道与资源迅速发展。在进入互联网时代的今天，消费者具有在线化、去中心化、碎片化、个性化等特征。科技馆重视互联网给人们带来的生活方式、工作方式和思维方式的变化，积极利用信息技术，以更好地满足观众需求。科技馆除建设传统的科技馆官网外，近些年来大力发展移动科普应用，开通了微博、微信，向用户主动推送相关信息，征集观众的意见和建议，搭建观众与科技馆之间以及观众之间交流的平台，扩大了科技馆的影响力。同时，科技馆通过微博、微信，利用社会资源开展科普活动。据不完全统计，与科技馆相关的微信公众号和订阅号为 88 个。其中各省级及省会城市、一线城市和二线城市的科技馆均注册有公众号。如中国科技馆、上海科技馆、合肥科技馆、郑州科技馆等。2016 年，通过在微博中输入关键字"科技馆"进行查询，统计出新浪微博科技馆官方的注册用户达65 个。①

### （二）我国科技馆的发展趋势

根据我国经济、社会的发展以及人民生活水平提高的情况，在今后一段时间内，我国的科技馆存在以下发展趋势。

1. 科技馆数量继续快速增长

截至 2016 年年底，全国科技馆的数量达到 182 座，建设中的科技馆超过100 座。

2016 年 3 月发布的《中国科协科普发展规划（2016—2020 年）》要求："推动大中城市科技馆建设。进一步优化布局和结构，加强对新建科技馆的支持，推动中西部地区和地市级科技馆的建设，逐步缩小地区差距；推动展教场地设施不足、科普功能薄弱的中小型科技馆改造或改建，大幅提升科技馆的覆盖率和利用率。到 2020 年，推动地市级至少拥有 1 座科技馆。"② 在目前的 333 座地市级城市（含副省级城市、省会城市）中，建有科技馆的不到 120个，剩余的将近 220 座地市级城市需要建设科技馆。

2016 年 10 月 11 日，国务院印发《推动 1 亿非户籍人口在城市落户方案》，要求"'十三五'期间，城乡区域间户籍迁移壁垒加速破除，配套政策体系进一步健全，户籍人口城镇化率年均提高 1 个百分点以上，年均转户1300 万人以上。到 2020 年，全国户籍人口城镇化率提高到 45%，各地区户籍人口城镇化率与常住人口城镇化率差距比 2013 年缩小 2 个百分点以上"。各地区、各部门要高度重视新型城镇化建设各项相关工作，统一思想，提高认识，加大力度，切实抓好本方案实施，确保 1 亿非户籍人口在城市落户目标

---

① 柏劲松. 科技馆科普信息化工作初探 [J]. 科学中国人，2016（23）：152.
② 人民网. 中国科协发布科普发展规划（2016—2020 年）[EB/OL].（2016 - 03 - 19）[2019 - 10 - 19]. http://scitech.people.com.cn/n1/2016/0319/c1007 - 28211068 - 2. html.

任务如期完成。①

根据该方案，今后我国的城市（含地级市和县级市）常住人口将逐渐增多，适宜建设科技馆并且有能力建设科技馆的城市越来越多。由此可以判断，今后一段时间，我国科技馆的建设速度仍然保持迅速增长的态势。

2. 信息技术的应用更加普遍

信息技术的发展，深刻地改变了人们的生产方式、生活方式直至思维方式。科技馆在保持和发扬其核心优势，即模拟再现科技实践的过程，为观众营造从实践中探究科学进而获得"直接经验"的情境，并促进"直接经验"与"间接经验"相结合，增强了展示教育的效果的同时，需要跟上时代的步伐，及时展示最新技术或将最新技术运用于管理、展览展品设计和教育活动开发中。可以预测，信息技术在科技馆中的运用将更加普遍，以增强科技馆的科普效果。

3. 科技馆管理模式将发生变化

今后，国家对使用财政资金的绩效考核越来越严格，科技馆为更好地调配资源，提高资金的使用成效，将在管理体制和机制上进行改革。

第一，理事会制度逐步推广。2013 年 11 月，党的十八届三中全会通过的《中共中央关于全面深化改革若干重大问题的决定》指出，要"明确不同文化事业单位功能定位，建立法人治理结构，完善绩效考核机制。推动公共图书馆、博物馆、文化馆、科技馆等组建理事会，吸纳有关方面代表、专业人士、各界群众参与管理"②。2015 年 1 月 14 日，中共中央办公厅、国务院办公厅印发了《关于加快构建现代公共文化服务体系的意见》，要求"加大公益性文化事业单位改革力度。全面推进人事制度、收入分配制度、社会保障、经费保障制度改革。创新运行机制，建立事业单位法人治理结构，推动公共图书馆、博物馆、文化馆、科技馆等组建理事会，吸纳有关方面代表、专业人士、各界群众参与管理，健全决策、执行和监督机制"③。目前，国内科技馆行业

① 中华人民共和国中央人民政府.国务院办公厅关于印发推动 1 亿非户籍人口在城市落户方案的通知.[EB/OL].(2016 - 10 - 11)[2019 - 10 - 19].http://www.gov.cn/zhengce/content/2016 - 10/11/content_5117442.htm.

② 中共中央关于全面深化改革若干重大问题的决定[EB/OL].(2013 - 11 - 15)[2016 - 10 - 30].http://news.xinhuanet.com/2013 - 11/15/c_118164235.htm.

③ 中共中央办公厅,国务院办公厅.关于加快构建现代公共文化服务体系的意见[EB/OL].(2015 - 01 - 15)[2016 - 10 - 30].http://news.xinhuanet.com/zgjx/2015 - 01/15/c_133920319_4.htm.

尚未广泛实行理事会管理制度，对理事会管理体制还处于思考和酝酿阶段，有少数场馆开展了理事会制度的试点工作，上海科技馆早在 2002 年就建立了理事会，近年来，又有重庆科技馆、山西省科技馆、临沂市科技馆等建立了理事会。总体而言，目前科技馆实行理事会制度还处于探索阶段。根据中共中央和国务院的要求，可以判断，今后实行理事会制度的科技馆将逐渐增多。

第二，标准化的进程将加快。在工业化的进程中，标准化发挥了很重要的作用，现在进入信息化时代，标准化在发展过程中仍然起到很重要的作用。对科技馆而言，也是如此。随着中国特色现代科技馆体系建设的逐步深入，实体科技馆、流动科技馆、科普大篷车、农村中学科技馆和数字科技馆以及其他科普设施的数量越来越多，投入到科技馆事业中的人力、物力和财力也越来越多，标准化工作的重要性日益凸显，通过制定相关标准，可以促进科普资源高效整合和共建共享，提高科普资源的有效利用和资金的使用效率，提升科普工作的服务质量。2014 年 8 月，中国科协作为筹建单位向国家标准化管理委员会申请筹建"全国科普服务标准化技术委员会"。2015 年 12 月，中国科协收到了《国家标准委办公室关于筹建全国科普服务标准化技术委员会的复函》（标委办综合函〔2015〕166 号），同意中国科协筹建全国科普服务标准化技术委员会，这标志着我国科普行业第一个标准化技术委员会正式进入筹建阶段。相信在各方的努力下，科技馆行业的标准化进程将逐步加快。

第三，变革管理制度，适应互联网时代。如前所述，当今社会已经进入互联网时代，人们的生活方式、工作方式和思维方式都发生了巨大的变化，并且新技术的发展对人产生的影响有的无法预测。可以判断，为适应人们在互联网时代产生的多方面变化，科技馆将变革管理制度，采用互联网思维，以对内更好地调动职工的积极性，提高工作效率，对外更充分地利用社会资源、资金和公众的智慧，达到更好地为公众提供科普服务的目的。

4. 科普展教能力和水平明显提升

随着人们生活水平的提高，外出参观博物馆、科技馆的机会越来越多，去国外参观博物馆、科技馆的机会也越来越多，人们的见识越来越广，他们希望科技馆提供更好的展览展品、更有意思的教育活动。这就对科技馆提出了新的挑战，近些年来，各地科技馆在提高展览展品和教育活动方面做出不少努力，如改造展厅，开发和改进教育活动，等等，收到了明显成效，但离公众的需求还有一定的距离。可以预测，随着科技馆人力、物力和财力的增加，随着各地科技馆对提升科普展教能力的重视，辅之以对近 30 年科技馆事业发展经验和教训的总结与反思，今后我国科技馆的科普展教能力和水平将明显提升。

本节执笔人：刘玉花　蔡文东　王美力
单位：中国科学技术馆

## 第四节　中国特色现代科技馆体系概况

20 世纪 80 年代，我国建成开放了第一批科技馆。2006 年年初，国务院发布了《全民科学素质行动计划纲要（2006—2010—2020 年）》之后，全国科技馆事业进入了快速发展时期。截至 2016 年年底，全国科技馆总数达到 182 座。2000 年，为使尚未建设科技馆的县区公众也能享受到科技馆提供的科普服务，中国科协开始研制并向基层科协配发科普大篷车，根据基层的不同需要，已成功研制四种型号的科普大篷车。2006 年，中国科协联合教育部、中国科学院共同建设中国数字科技馆，集成和分享国内外优质科普资源，开展以网络为主要平台的科技教育；同时通过其子站建设带动一些省的数字科技馆建设。2011 年，中国科协实施"中国流动科技馆"项目，把科技馆送到科普资源匮乏的老、少、边、穷地区。为了让经济欠发达农村地区的青少年学生和周边居民能够拥有一个留在他们身边的微型科技馆，2012 年中国科技馆发展基金会开始实施"农村中学科技馆公益项目"。至此，我国各类科技馆在实践中逐步探索建立了一个具有中国特色、覆盖全国、遍及城乡、实用高效，以满足不同人群科普需求为宗旨的科技馆体系。

中共十八大提出了普及科学知识、弘扬科学精神、提高全民科学素质以及完善公共文化服务体系、提高服务效能、促进基本公共服务均等化的要求，并作为全面建成小康社会的重要任务。从我国幅员辽阔、区域经济社会发展不平衡的客观状况以及公众对于提升自身科学素质的迫切需求出发，中国科协于 2012 年年底适时提出了建设世界一流、中国特色现代科技馆体系：在有条件的地方兴建实体科技馆；在尚不具备条件的地方，在县域主要组织开展流动科技馆巡展，在乡镇及边远地区开展科普大篷车活动，配置农村中学科技馆；开发基于互联网的数字科技馆网站，一方面为网民提供体验式的科技馆服务，另一方面集成科普资源，服务于基层科普机构和科普组织。在中国特色现代科技馆体系各组成成分中，实体科技馆是龙头和依托，通过增强和整合科普资源开发、集散、服务能力，统筹流动科技馆、科普大篷车、农村中学科技馆、数字科技馆的建设与发展，并通过提供资源和技术服务，辐射带动其他基层公共科普服务设施和社会机构科普工作的发展，使公共科普服务覆盖全国各地区、各阶层人群。中国特色现代科技馆体系的提出和建设，具有重要的现实意义，得到了中央领导的重视和支持。

### 一、建设中国特色现代科技馆体系的必要性

#### （一） 建设中国特色现代科技馆体系是促进科普服务均等化的迫切需要

2013 年 11 月颁布的《中共中央关于全面深化改革若干重大问题的决定》指出，要"建立健全现代公共文化服务体系"，"推进基本公共服务均等化"，因此，推进科普服务均等化即为题中应有之义。此前，为使科普服务惠及更多公众，中国科协已经开展了大量的工作。2012 年年底，中国科协为进一步促进科普服务的公平普惠，提出了建设中国特色现代科技馆体系的构想。

中国幅员辽阔，各地区的经济发展状况差异较大，区域发展不平衡特点显著，公众获得科普服务的机会存在显著差异。以实体科技馆为例，尽管其发挥科普效果的作用显著（下面还会详细论述），但截至 2016 年年底，全国 182 座科技馆中，43.4% 分布在东部地区，2010 年进行的第六次全国人口普查的数据显示，发达地区人口占总人口的比例约为 40%[①]，因此，就人均拥有科技馆的数量而言，欠发达地区低于发达地区。由于经济发展不平衡，欠发达地区的居民消费能力、交通便利程度等均低于发达地区的居民，故其前往省会城市或周边城市参观科技馆的比例也低于发达地区。

中国特色现代科技馆体系的建设，有效增加了未建有实体科技馆地区公众获得科普服务的机会，大幅增加了接受科普服务的公众数量，促进了科普服务的公平普惠。截至 2016 年年底，已经建成开放的实体科技馆数量达到 182 座，2016 年接待观众量超过 5532 万人次，同时，建设中的实体科技馆数

---

① 国务院人口普查办公室，国家统计局人口和就业统计司. 中国 2010 年人口普查资料 [M]. 北京：中国统计出版社，2012.

量超过 100 座；中国流动科技馆运行保有量为 282 套，2016 年服务公众超过 2000 万人次，其中中小学生参观比例超过了 90%；科普大篷车累计配发 1345 辆，2016 年接待公众超过 1600 万人次。2012—2016 年，全国已有 29 个省（自治区、直辖市、兵团）建立了 293 所农村中学科技馆，直接服务公众（学生）137 余万人次。①

今后一段时期，我国在发展中还会遇到种种问题，其中最大的问题是发展不平衡问题。对此，党中央、国务院已经采取并将继续采取一系列措施予以解决。近些年来中国特色现代科技馆体系的建设，尽管降低了科普服务不均衡的程度，但还不能适应全面建成小康社会的要求，因此，要加快中国特色现代科技馆体系建设的步伐。已经颁布的《中国科协科普发展规划（2016—2020 年）》指出，要推动中国特色现代科技馆体系创新升级，并提出了具体举措。相信随着中国特色现代科技馆体系建设的进一步推进，科普服务均等化的程度将显著提高。

**（二）建设中国特色现代科技馆体系是提高我国公民科学素质的迫切需要**

中共十八大提出，在中国共产党成立 100 年时全面建成小康社会，在新中国成立 100 年时建成富强民主文明和谐的社会主义现代化国家。要实现两个 100 年的发展目标，我国公众的科学素质必须实现跨越式发展，建设中国特色现代科技馆体系是提高我国公民科学素质的重要举措。

1. 科技馆体系是落实《科学素质纲要》的有力抓手

一方面，科技馆作为开展非正规科学教育的重要渠道、提高全民科学素质的重要基础设施和国家基本公共服务体系的重要组成部分，通过构建以实体科技馆为核心和依托的、覆盖全国的科技馆体系，促进和改善了各地的实体科技馆、流动科技馆、科普大篷车、数字科技馆、农村中学科技馆和青少年科学工作室、社区科普活动室等基层公共科普设施的建设与运行，为四大"科学素质行动"提供了基础条件和物质保障，使更广大的青少年、农民、城镇劳动者、领导干部和公务员得以享受到公平普惠的公共科普服务。另一方面，科技馆体系是"科普基础设施建设工程"的重点内容，它不仅使体系内各级各类科普设施的运行、发展获得了保障，推动了基层各类科普设施的建

---

① 数据来源于中国科学技术馆科研管理部、资源管理部、网络科普部，中国科技馆发展基金会所做研究。

设，还在各科普设施之间形成了科普资源的共建共享，实现了科普效益最大化。同时，科技馆体系建设所带来的上述多重效应，还将有效促进科技教育与培训基础工程、社区科普益民工程、科普信息化工程、科普人才建设工程等的实施与发展。

2. 科技馆体系在提升全民科学素质过程中发挥着独特的作用

科技馆体系的建设，使科技馆参与、互动、体验的展教方式以及"做中学""探究式学习"等先进教育理念通过其展览教育活动和流动科技馆、科普大篷车、数字科技馆等形式，惠及更广大的公众，有利于加强素质教育，培育全民的科技创新意识和能力。此外，由于中国存在地区发展不均衡的现象，从而造成公民科学素质的差异，特别是东部发达地区公民科学素质水平（8.01%）远高于中部地区（5.45%）和西部地区（4.33%），城镇居民公民科学素质水平（9.72%）远高于农村居民（2.43%），经济欠发达地区的农村妇女和少数民族是最薄弱的短板。① 因此，建设中国特色现代科技馆体系，可以有效增加未建有实体科技馆地区公众获得科普服务的机会，大幅增加接受科普服务的公众数量。这一方面可以整体提升我国的公民科学素质，另一方面，可以缩小中西部地区居民与东部地区居民的科学素质差距，缩小农村居民与城镇居民的科学素质差距，为我国公众的科学素质实现跨越式发展发挥更大作用。

**（三）建设中国特色现代科技馆体系是提高科普资源配置效率的迫切需要**

建设中国特色现代科技馆体系，可以有效提高资源配置效率。除上述的实体科技馆、流动科技馆、科普大篷车、农村中学科技馆及数字科技馆建设之外，为扩大公共科普服务的覆盖范围，各地还建设了一批基层公共科普设施。截至 2016 年年底，全国共有科普画廊 21.02 万个，城市社区科普（科技）专用活动室 8.48 万个，农村科普（科技）活动场地 34.66 万个。②

另外，截至 2010 年年底，全国已建成各级青少年宫 4000 余个、文化宫 3000 余个、县以上图书馆 2800 余个。这些公共文化设施同样可以发挥科学普及、科学文化传播的功能。③

---

① 中国科协科普部. 中国科协发布第九次全国公民科学素质调查结果 [J]. 科协论坛，2015（10）：37 – 38.

② 中华人民共和国科学技术部. 中国科普统计 2017 年版 [M]. 北京：科学技术文献出版社，2017：46.

③ 中国科技馆课题组. 中国特色现代科技馆体系建设发展研究报告（中国科协"十三五"规划前期研究课题）[R]，2015.

至此，我国已初步形成了一个以分布于城乡的不同层级科普设施为核心、满足不同人群需要的公共科普服务体系。值得注意的是，在明确提出建设中国特色现代科技馆体系之前，原有的各级、各种形式的科普设施又大多处于相互独立开发与运行、各自为战的状态，未能形成相互之间的分工协同、统筹发展、资源共享，这样既造成科普设施建设与资源开发上的重复投资，又致使各科普设施的科普活动未能形成相互配合、协同增效的效果，从而导致投入产出效益偏低。同时，原有的大多数科普设施还存在着科普资源开发能力与活动组织实施能力薄弱、科普资源不够丰富、科普内容与形式缺乏创新、运行管理粗放、各项保障机制不健全、科普功能未能充分发挥等问题。而各级青少年宫、文化宫、图书馆等公共文化设施同样由于资源、技术等方面的因素，导致本应具有的科学技术普及、科学文化传播功能未能充分发挥。[①]

因此，建立中国特色现代科技馆体系，统筹实体科技馆、流动科技馆、科普大篷车、农村中学科技馆以及数字科技馆的建设与发展，统筹科普资源的开发与共享，既是提高各级科普/文化设施科普能力与资源配置的有效途径，也是在我国整体经济发展水平与社会强烈科普需求之间存在巨大矛盾的条件下，在现阶段和今后相当长的一段时期内，推动我国公共科普服务体系整体实现跨越式发展和可持续发展的关键措施。

## 二、中国特色现代科技馆体系的内涵与构成

### （一）中国特色现代科技馆体系的内涵

中国特色现代科技馆体系，是以科技馆为龙头和依托，通过增强和整合科技馆的科普资源开发、集散、服务能力，统筹流动科技馆、科普大篷车、数字科技馆的建设与发展，并通过提供资源和技术服务，辐射带动其他基层公共科普服务设施和社会机构科普工作的发展，使公共科普服务覆盖全国各地区、各阶层人群，具有世界一流辐射能力和覆盖能力的公共科普文化服务体系。

### （二）中国特色现代科技馆体系的构成

中国特色现代化科技馆体系由以下几部分构成（图1-1）。

核心层——各地科技馆，要增强自身的科普展教功能，提升能力和水平，

---

① 本段及以下两段的分析主要来自：中国科技馆课题组. 中国特色现代科技馆体系建设发展研究报告（中国科协"十三五"规划前期研究课题），2015. 引用时有改动。

并通过体系建设和整合，将众多的科普资源开发、集散、服务功能集于一身，成为整个体系的龙头和依托。

统筹层——由各地科技馆统筹负责其建设、开发、运行、维护和管理的流动科技馆、科普大篷车、网络科技馆。

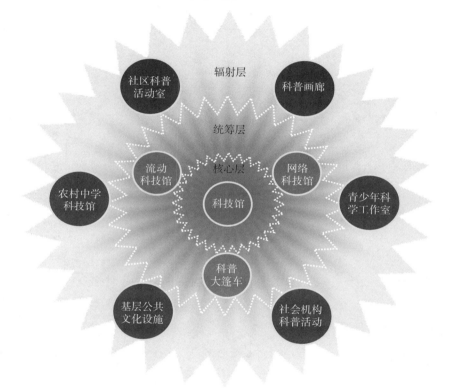

图 1 - 1　中国特色现代科技馆体系成分构成

辐射层——不由核心层负责建设、开发、运行、维护和管理，但可由核心层提供展教资源和技术等辐射服务的对象。一是农村中学科技馆、青少年科学工作室、社区科普活动室、科普画廊等基层公共科普设施和其他兼职科普设施（青少年宫、文化宫、图书馆等）；二是开展科普活动的学校、科研院所、企业等其他社会机构。①

————————

①　朱幼文，齐欣，蔡文东. 建设中国现代科技馆体系，实现国家公共科普服务能力跨越式发展[M] //程东红，任福君，李正风，等. 中国现代科技馆体系研究. 北京：中国科学技术出版社，2015：3 - 17.

　　上述科技馆体系的相关成分覆盖了从各级城市到乡镇、从社区到学校的各类人群，有可能实现公共科普服务对全国大多数人口的全面覆盖（表1-3）。

表1-3　科技馆体系的开发、运行、保障、服务结构及其覆盖范围

| | | 国家科技馆 | 省级/省会科技馆 | 地/县级科技馆 | 覆盖范围 |
|---|---|---|---|---|---|
| 科技馆 | 国家科技馆 | | | | 北京市民＋外地城镇居民 |
| | 省级/省会科技馆 | | | | 省会市民＋所在省/区城镇居民 |
| | 地/县级科技馆 | | | | 所在地城镇居民 |
| 流动科技馆 | | 开发 | 开发、运行、技术保障、资源服务 | | 未建有科技馆市/县的城镇居民 |
| 科普大篷车 | | 开发 | 开发、运行 | 运行、技术保障、资源服务 | 乡镇居民 |
| 数字科技馆 | 中国数字科技馆 | 开发、运行 | 开发、运行 | | 全国网民 |
| | 科技馆科普网站 | 开发、运行 | | | 所在城市及周边城乡网民 |
| 基层公共科普设施 | 农村中学科技馆 | 开发 | 技术保障、资源服务 | | 中学及周边居民 |
| | 青少年科学工作室、社区科普活动室等 | | 技术保障、资源服务 | | 所在社区及周边居民 |
| 学校、科研院所、企业等社会机构开展的科普活动 | | 展教项目设计、资源开发和场地等服务 | | | 所在社区及周边居民 |

　　通过上述描述可以看出：

　　第一，在科技馆体系结构及相关成分中，科技馆居于核心和"龙头"的地位。它承担统筹层各成分的建设、开发、运行、维护和管理，并为辐射层各成分提供技术、展教资源等服务。统筹层和辐射层各成分科普功能的充分发挥与可持续发展因此而获得了稳定、可靠的技术和资源保障。

第二，原本分散于各系统的核心层、统筹层和辐射层各成分，由于纳入了科技馆体系之中，就形成了既有分工又有协同的相互关系，不仅可共享资源和服务，并且可共同围绕某一特定的科普任务开展不同层面、不同形式的科普活动。

第三，通过科技馆体系建设，形成树状与网格状相结合的网络化生态系统，在体系内各成分之间构建起展教资源、技术服务、供求与管理信息的流通渠道，并通过展教资源、技术服务、供求与管理信息的整合与输送，使科普服务的相关物质、能量和信息在决策方、加工方、支持方和需求方之间顺畅流动，实现优化配置，协同增效。

### 三、中国特色现代科技馆体系的功能、特征与作用

#### （一）中国特色现代科技馆体系的功能定位与基本特征

1. 科技馆体系的功能定位与基本特征

科技馆体系的功能定位有三个方面：树网结构，疏通渠道；集成输送，优化配置；逐层覆盖，协同增效。

树网结构，疏通渠道。通过建设科技馆体系，形成国家科技馆、省级/省会科技馆、地/市/县级科技馆作为主干的三个层级，上一层级科技馆对下一层级科技馆提供辐射服务，构成放射状的树形结构；同一层级和不同层级间的各科技馆之间交流合作及资源的共建共享，构成网状结构；同时又以各层级科技馆为核心节点，为所在地和周边区域内的基层公共科普设施、社会机构提供辐射服务，形成网格化结构。由此，科技馆体系形成树状、网状和网格化相结合的结构，不仅资源配置和支撑的责任分明，形成合力，而且在体系内各成分之间构建起通道，如同一条条血管和神经，在各节点之间输送展教资源、技术服务、信息等。

集成输送，优化配置。通过建设科技馆体系，统筹科普资源开发、集散、服务的全过程，将资源开发功能和来自支持方的科技资源集成于科技馆，不仅由其进行开发、加工并完成由科技资源向科普展教资源的转化，而且使科普资源实现"一次开发、多重应用"，使技术开发与维护力量实现"一支队伍、多方服务"，然后将展教资源输送至各需求方，并为需求方提供技术维护等服务，实现区域和层次上的优化配置，可以辐射至最基层的公共科普设施和科普工作，使原先缺乏资源开发能力和稳定供给渠道的农村中学科技馆、

青少年科学工作室、社区科普活动站、科普画廊等基层公共科普设施获得常态化的科普资源，从而使更广大的公众享受到公共科普服务。

逐层覆盖，协同增效。通过建设科技馆体系，使科技馆覆盖大多数市辖区人口 50 万人以上、中等以上经济发展水平的城市；流动科技馆基本覆盖尚未建有科技馆的市、县；科普大篷车基本覆盖县以下的乡镇和社区；农村中学科技馆、青少年科学工作室分别覆盖农村和城市中的青少年；社区科普活动站、科普画廊覆盖周边社区居民；网络科技馆（科技馆科普网站、中国数字科技馆）覆盖当地、周边地区及全国网民，从而实现覆盖中国全体公众。与此同时，科技馆体系使原来分散孤立的实体科技馆、流动科技馆、科普大篷车、网络科技馆、各类基层公共科普设施和其他兼职科普设施的各个项目、活动在内容、形式上形成协同、呼应的关系，从而产生倍增放大效应，实现社会效益的最大化。①

2. 科技馆体系各组成部分的功能定位

（1）实体科技馆的功能定位。② 实体科技馆原本是以科普展览为基本功能，同时具有其他普及性科学教育／传播功能和相应服务功能。但在科技馆体系中，它赋予了科普展教资源的集成、开发、输送、服务中心等新的功能：

——开发和运行网络科技馆、流动科技馆、科普大篷车开展科普展教的功能；

——为基层公共科普设施和其他公共文化设施提供资源和技术等服务的功能；

——为社会机构开展科普活动提供技术和资源等服务的功能；

——为科普文化产业开发科普产品提供合作、交流、展示平台的功能；

——协同上述设施、机构及其科普活动的功能等。

（2）数字科技馆的功能定位。所谓数字科技馆，包括各地科技馆开办的数字科技馆、科普网站和科技馆网站中的科普栏目。目前，对于网络科技馆的功能定位尚不十分清晰，大多数人只是把它看作辅助实体科技馆进行科普

---

① 朱幼文，齐欣，蔡文东. 建设中国现代科技馆体系，实现国家公共科普服务能力跨越式发展 [M] // 程东红，任福君，李正风，等. 中国现代科技馆体系研究. 北京：中国科学技术出版社，2015：3 – 17.
② 蔡文东，齐欣，朱幼文. 科技馆体系下科技馆场馆建设研究 [M] // 程东红，任福君，李正风，等. 中国现代科技馆体系研究. 北京：中国科学技术出版社，2015：149 – 160.

展教的网络平台。从科技馆体系的角度，网络科技馆的功能定位如下。

一是数字化科普资源的征集、推广、输送平台，成为科技馆体系内的科普资源信息中心；

二是为科技馆体系运行与管理提供信息化服务，实现信息采集与沟通的便捷化、即时化；

三是依托网络开展科普工作，并成为科技馆科普展教功能拓展、延伸的有机组成部分，为全国广大互联网和移动互联网的网民提供丰富多彩、个性化的科普资源和科普服务；

四是作为虚拟科普设施实现自身与实体科普设施（科技馆、流动科技馆、科普大篷车等）之间科普工作的结合与互动，发挥网络在资源开发与共享、活动协同与增效方面的作用。

（3）流动科普设施的功能定位。[①] 流动科技馆以开展科学技术普及工作和活动为主要目的，以实施观众可参与的互动性科普展览、教育活动为核心功能，以各地公共基础设施为展出场地，以科技馆互动展品、科学实验和科普影院等为主要手段，在各地巡回展出。[②] 流动科技馆以县城为中心辐射周边地区，提供点对面的流动式服务。

科普大篷车是通过定制的运输工具与车载设备、展品、活动项目等科普资源，为基层组织和群众开展流动式科普服务的公益性基础设施的总称。[③] 科普大篷车主要面向农村地区提供点对点的流动服务。

**（二）中国特色现代科技馆体系建设的作用**

科技馆体系建设的作用，是通过理顺并创新体制机制，构建资源与服务渠道，提升科技馆自身能力，从而构建起一个有机的网络生态系统，促进科普相关物质（产品/资源）、能量（资金/动力）和信息（智力）在决策方、加工方、支持方和需求方之间的顺畅流动，从而大幅提升国家公共科普服务能力，扩大公共科普服务覆盖面，提高政府与社会科普投入的效费比，有力推动我国科普事业的发展。因此，科技馆体系建设将成为从整体上拉动我国

---

① 陈健，马超，叶春华. 科技馆体系下流动科普设施功能及能力建设研究 ［M］∥程东红，任福君，李正凤，等. 中国现代科技馆体系研究. 北京：中国科学技术出版社，2015：232 – 238.

② 中国流动科技馆发展对策研究课题组. 中国流动科技馆发展对策研究报告 ［R］. 中国科协科普发展对策研究课题，2012.

③ 科普大篷车"十二五"发展研究课题组. 科普大篷车"十二五"发展研究报告 ［R］. 中国科协"十二五"发展研究专题，2010.

公共科普服务体系发展、大幅度拓展公共科普服务覆盖面的有力"抓手",成为国家科普发展战略的重大举措。

科技馆体系可将科普资源的配置、开发、集散与服务进行整合,将各类设施集合于一个以资源共享、技术服务、信息沟通为纽带的体系中,从而打造一支科普的"航母联合舰队",形成巨大的合力,对科技馆体系内部及公共科普服务体系将产生巨大的作用。①

1. 科技馆体系建设对于体系内各成分的作用

(1)科普能力"助推器"。目前,我国部分科普大篷车由当地不同机构和部门负责运行,而农村中学科技馆、青少年科学工作室、社区科普活动室等各类基层公共科普设施分属不同的机构进行管理。这些机构和部门一般不具备科普资源开发、技术维修的力量及相应设备,导致上述科普设施建成运行一段时间后,或由于器材、设备老化和损坏,或由于科普资源难以更新补充,科普能力逐渐削弱甚至停止运行,其建设投资的社会效益未能充分发挥,并使政府和社会机构投资建设基层公共科普设施的积极性受到挫伤。

在科技馆体系的建设过程中,通过赋予科技馆新的辐射服务职能,一方面使众多基层公共科普设施因获得充足而稳定的资源和技术支撑,提升了科普能力;另一方面科技馆自身也通过增强资源开发和技术维护能力,提升了科普能力。

(2)效益"倍增器"。我国大多数科技馆拥有展教资源开发和技术维护的专业队伍及相应设备,无论是展览、挂图、网页、教育活动等展教资源的开发,还是展品、实验器材等展教设备的研发、维修,科技馆与流动科技馆、科普大篷车、农村中学科技馆、青少年科学工作室、社区科普活动室等基层公共科普设施并无实质性区别,并且也适用于青少年宫、图书馆、文化宫等公共文化设施和高校、科研院所、科技企业、科技社团等其他社会机构所开展的科普活动。

由科技馆承担起为基层公共科普设施、公共文化设施和其他社会机构提供资源开发、更新和技术维修等辐射服务的职责,既可充分利用和发挥科技馆技术力量和设备的潜力,资源开发和技术维修"一支队伍、多方服务";又

---

① 朱幼文,齐欣,蔡文东. 建设中国现代科技馆体系,实现国家公共科普服务能力跨越式发展[M]//程东红,任福君,李正风,等. 中国现代科技馆体系研究. 北京:中国科学技术出版社,2015:3-17.

可使展教资源"一次开发、多重利用"，从而实现科普投入产出的效益倍增。

由此，还可实现各科普设施及其各科普项目之间的相互配合、协同，实现科普效果和社会影响的放大增效。

（3）发展"加速器"。科普设施能力、科普项目效益的提升，可激发政府和社会投入的积极性，从而整体拉动科普设施、科普工作的加速发展和可持续发展。由此，产生对科普类展品、教育活动资源（教材、教案、器材等）、动漫、网游、特效影视及科普类图书、玩具、纪念品等衍生产品需求的急剧增长，预计年产值将可达数十亿元。在为企业创造"商机"、拉动其发展的同时，也为科技馆自身带来了更丰富的资源。

科技馆通过搭建开放式平台，在为社会各类机构开发科普产品、开展科普活动提供科普资源开发、集散与合作等服务的过程中，可以发现优秀的科普素材、选题、创意和开发机构、作者，为科技馆自身开发科普展教项目寻找到新的机会、新的资源。

在需求、服务的双重作用下，促进了科普资源的开发、集散，一方面拉动公益性科普事业、经营性科普产业上规模、上水平；另一方面也促进了科技馆自身科普展教能力与水平的提升，反过来又进一步促进科普资源的开发与集散，形成良性循环。

由此，科技馆体系内各成分的科普效益之和呈现"$I_1 + I_2 + I_3 \cdots\cdots I_n > n$"甚至是乘积、指数放大效应。

2. 科技馆体系对于我国科普事业和公共文化事业发展的作用

科技馆体系建设对我国科普事业和公共文化事业的整体发展可产生以下作用。

（1）有助于我国公共科普服务体系实现跨越式发展，达到世界一流水平。发达国家的优秀科技馆在馆内展览、教育活动、科学传播活动、馆外巡回展览、网络科普等的开发、运行、服务中的某些方面达到很高的能力和水平，但这毕竟仅是少数优秀科技馆，而且很少有某一科技馆能够同时在各个方面均具备很高的能力和水平。而且，由于体制和传统等方面的原因，发达国家的众多科技馆是由诸多机构主办和民间兴办，分属于不同系统，政府对于众多科技馆没有直接管理权，缺乏统一、权威的管理与协调，各科技馆之间仅在个别项目上有松散的合作关系，很难在资源的配置、开发、共享、服务等方面形成全面、紧密的分工合作关系，因而难以形成从中央到地方从而辐射全国的一体化大系统。

虽然我国在科技馆的数量上、展教能力与水平上，短期内难以超越发达国家，然而，利用我国统筹发展、协同办大事的管理体制优势，通过建设中国现代科技馆体系，就可使全国科技馆整体的辐射能力和覆盖能力迅速扩大并超越发达国家，具备世界一流的水平。

（2）科技馆体系建设是覆盖全民的科学文化惠民工程。科学本身即是文化的重要组成部分，而且是最积极、最健康的文化成分。科技馆不仅传播科技知识，还展示科学探索过程中体现的科学思想、科学精神，揭示了科技与社会、人与自然的关系，向公众普及以追求真理、崇尚理性、诚实公正、创新进取为核心价值观的科学文化。公众在感受科学带来的愉悦和启迪的同时，还享受到健康、文明的精神文化生活。通过科技馆体系建设，使上述科学文化传播效应惠及全民，弥补当前部分文化工程和公共文化设施缺失科学文化的现象。这是贯彻《中共中央关于全面深化改革若干重大问题的决定》、"建立健全现代公共文化服务体系"、"推进基本公共服务均等化"的科学文化惠民工程。

（3）科技馆体系建设是牵动我国公共科普服务体系全局发展的"抓手"。建设科技馆体系所带来的多重效应，既可带动众多公共科普设施、公共文化设施、社会科普工作和科普产业的发展，又为更广大公众提供享受基本科普服务、提升自身科学素质的机会，同时使政府与社会的科普投入实现效益最大化，可谓"牵一发而动全身"。

综上所述，建设科技馆体系对于提升我国科技馆事业和公共科普服务能力的"抓手""龙头"和"协同增效""跨越式发展"的效应是显而易见的。由此可见，科技馆体系建设是实现我国公共科普服务能力跨越式发展的重大创新举措。

## 四、建设中国特色现代科技馆体系的目标任务

中国特色现代科技馆体系建设必须适应全面小康社会和创新型国家的战略部署，服务于创新驱动发展和人民科技文化需求，根据《全民科学素质行动计划纲要实施方案（2016—2020年)》《中国科协事业发展第十三个五年规划》和《中国科协科普发展规划（2016—2020年)》的要求，突出"信息化、时代化、体验化、标准化、体系化、普惠化、社会化"，在继续推动实体科技馆建设的同时，由以数量与规模增长为主要特征的外延式发展模式，转变为

以提升科普能力与水平为主要特征的内涵式发展模式，从而实现科技馆体系的创新升级。

　进一步建立和完善以实体科技馆为龙头和基础，以流动科技馆、科普大篷车、虚拟现实科技馆、数字科技馆为拓展和延伸，辐射基层科普设施的中国特色现代科技馆体系。推动中西部地区大中城市和地市级科技馆的建设，发展自然博物馆和专业行业类科技馆等场馆，促进全国科技馆均衡发展、合理布局。提升流动科普设施展教资源的开发能力与水平，加大科技馆展教资源服务基层、服务社区、服务农村的力度和范围。充分发挥中国数字科技馆在中国特色现代科技馆体系中的科普资源集散与服务平台作用，加强互联互通和虚实结合，显著提升影响力和示范性。推动建立科普标准化组织，制定科技馆行业国家标准体系以及相关标准规范，并创新可复制、可推广的科技馆建设和运营模式。

　中国科协制定的《中国科协科普发展规划（2016—2020年）》以"六大工程"为重点，即"互联网＋科普"建设工程、科普创作繁荣工程、现代科技馆体系提升工程、科技教育体系创新工程、科普传播协作工程、科普惠民服务拓展工程，建立中国特色现代科普体系，带动科普和公民科学素质建设整体水平的显著提升。其中，现代科技馆体系提升工程主要目标任务如下：

　一是推动大中城市科技馆建设。进一步优化布局和结构，加强对新建科技馆的支持，推动中西部地区和地市级科技馆的建设，逐步缩小地区差距；推动展教场地设施不足、科普功能薄弱的中小型科技馆改造或改建，大幅提升科技馆的覆盖率和利用率。到2020年，城区常住人口100万人以上的城市至少建有1座科技馆，全国科技馆总数超过260座，全国科技馆年接待观众量突破6000万人次。

　二是大力发展专题性科技馆。推动有条件的地方及企事业单位等，因地制宜建设一批具有地方特色、产业特色的专题科技馆。充分利用城市经济转型遗留的工业遗产，结合城市发展规划，建设行业科技馆。引导、鼓励各地科技馆根据本地情况突出专业和地方特色，逐步形成多样化、特色化的场馆结构布局。

　三是促进小型科普设施建设发展。提升小型科普设施展教资源的开发能力与水平，实现展览展品和教育活动的专题化和特色化，丰富内容形式，增强展教效果，加大科技馆展教资源服务基层、服务社区、服务农村的力度和范围。到2020年，实现中国流动科技馆的运行保有量达到300套，力争全国尚未建设科技馆的县（市）每 3 年巡展 1 次；科普大篷车的运行保有量突破 2000 辆，活动和服务范围基本覆盖全国建有科技馆城市近郊以外的所有乡镇；流动科普设施当年服务观众总量突破 1 亿人次。加快农村中学科技馆建设，力争到 2020 年全国贫困地区中学拥有 1000 所科技馆。社区科普活动室、科普画廊等基层公共科普设施获得常态化的科普资源与服务，充分保障其正常运行及科普功能的有效发挥。

四是建设虚拟现实科技馆。把虚拟现实等信息技术作为科技馆展教的重要手段，以"超现实体验、多感知互动、跨时空创想"为核心理念，生动呈现最新科技前沿，有效促进高新科技成果的传播和转化；直观展示常态下难以直接观察到的科学现象和技术过程，充分激发公众的创造力和想象力。到 2020 年，集中建设若干个示范性虚拟现实科技馆以及在有条件的科技馆中开辟虚拟现实科技馆专区；在流动科技馆、科普大篷车、农村中学科技馆等科普设施中增设虚拟现实相关展教内容，增强对公众的吸引力并促进最新科技成果的普及。

五是提升中国数字科技馆平台能力。紧跟科普信息化的发展形势，发挥服务于中国特色现代科技馆体系建设的独特优势，在科普中国的品牌建设中奋发有为。进一步发挥中国数字科技馆在中国特色现代科技馆体系中的科普资源集散与服务平台作用，加强互联互通和虚实结合，显著提升影响力和示范性，到 2020 年，ALEXA 国内网站排名提升到 100 名以内。

六是建设完善科技馆标准体系及协同机制。推动建立科普标准化组织，制定科技馆行业国家标准体系以及相关标准规范，并创新可复制、可推广的科技馆建设和运营模式。开展科技馆评级与分级评估。建立健全科技馆免费开放制度，提高科技馆公共服务质量和水平。①

本节执笔人：朱幼文　齐　欣<br>单位：中国科学技术馆

---

① 束为. 着力升级融合、服务创新驱动，开创中国特色现代科技馆体系新局面 [M]. // 科技馆研究文选（2006—2015）. 北京：科学普及出版社，2016：81 - 89.

# 第二章　实体科技馆

## 第一节　科技馆规划与建设

科技馆与其他类型的博物馆一样，是一个地区或者一个城市经济、社会、文化和科学技术发展到一定程度的必然产物，并伴随社会的发展、科技的进步和人们日益增长的精神文化需求与物质文化需求而逐步完善和发展。因此，科技馆是展示一个地区或者一个城市精神文明、物质文明、政治文明建设成就的重要窗口，也是一个地区或者一个城市科学文化和经济社会发展水平的重要标志，建设科技馆、管理好科技馆、把科技馆事业不断推向前进，是各级政府和全社会的共同责任。

每一个科技馆都有筹建或扩建阶段，因此，科技馆的规划与建设是其某一个阶段的主要任务或重要工作。

### 一、科技馆建设项目的基本特点

科技馆建设项目既有与一般建设项目相同的特点，同时由于要满足科技馆独特的使用功能，又有与一般建设项目截然不同的建设特点，总体上主要有以下特点。

（1）政府投资。科技馆是公益性科普教育基础设施和重要的公共文化设施，其建设投资一般由政府承担。当然，不排除个别科技馆由个人或其他社会组织投资建设。

（2）投资额大。按照国家规定，能源、交通、原材料工业项目总投资在5000万元以上（含5000万元）、其他项目总投资在3000万元以上（含3000

万元）的为大中型建设项目，在此投资额以下的为小型建设项目。按照《科学技术馆建设标准》（建标 101－2007）的要求，小型科技馆建设规模不应小于 5000m²，根据现阶段我国新建科技馆平均每平方米投资水平估算，小型科技馆建设项目投资额一般都在 3000 万元以上，因此新建科技馆大多属于大中型建设项目。

（3）建设周期长。这一特点的形成是由科技馆功能设置复杂多样、建筑产品体形庞大、技术复杂、涉及的专业面广、综合配套各不相同并且整体难分等特点决定的。因此，科技馆建设项目从开始筹划到建成开放，一般需要5—8 年时间。

（4）展厅用房为大跨度、大空间、高荷载。由于使用功能的需要，科技馆展厅用房的建筑跨度、建筑空间和楼面荷载远大于一般建设项目。

（5）馆址多位于城市社会活动中心区。科技馆是一个城市重要的公共文化服务设施，为方便观众参观，一般都建在城市社会活动中心区。

（6）场馆是具备多种科普教育功能的综合性建筑。随着社会的发展和人们对精神文化生活与物质文化生活需求的日益增长，现代科技馆不仅为公众提供科普服务，也为公众提供休闲娱乐以及相配套的服务设施，因而是具备多种科普教育功能的综合性建筑。

## 二、科技馆建设项目的建设程序

### 1. 基本建设程序

在我国，基本建设程序是指基本建设项目从决策、设计、施工到竣工验收整个过程中各个阶段的工作划分及其先后顺序，或者说是指建设项目从筹划建设到建成投产必须遵循的工作环节及其先后顺序。它是对客观的基本建设过程的一种科学界定，是对客观基本建设活动的一种认识和反映，而不是主观人为的构想与设计。基本建设工作不论从技术方面，还是从组织管理方面，都是非常复杂的，而且建设的时间比较长。从申请立项开始，经过一系列的工作，到竣工交付使用，在这个过程中的各个阶段相互衔接，环环紧扣，任何一个阶段出差错，势必影响全局，甚至造成不可弥补的损失。因此，基本建设必须严格按照规定的程序进行。当然，基本建设程序反映了我国现代基本建设活动的一般规律，而不是绝对的规律，所以存在一些例外情况。

一是一些特定的基本建设项目，由于其规模、结构、性质等因素的特殊性，建设程序呈现出不同于一般建设程序的特征。如极小规模的建筑活动可能将其建设程序的几个方面合为一体，特殊结构的基本建设活动可能将其设计工作按照部位分成若干部分。

二是处于特殊环境下的一些基本建设项目，其建设程序也可能不同于一般的建设程序。比如工期要求特别紧的建设项目，其前期工作、设计与施工活动可能需要同时进行。如在 2003 年的"非典"期间，北京小汤山地区建设的收治严重急性呼吸综合征患者的医院，500 间病房、1000 张床位、建筑面积 $25000 \mathrm{m}^2$ 的建筑，从前期决策确定建设到完成全部建设任务交付使用，仅用了一个星期，这是特殊时期的特殊建设项目。

一般情况下，一个建设项目，从计划建设到竣工交付使用，要经过四个阶段、十个步骤。当然，阶段和步骤的顺序不能任意颠倒，但可以合理交叉。

四个阶段是：

（1）以确定建设项目为中心的项目决策阶段，即体现"建什么"。在这个阶段，是确定建设项目能不能建、在哪建、建多大等决策性的问题，具体工作由建设单位牵头组织，由项目主管部门进行决策。

（2）以建筑设计为中心的项目设计阶段，即体现"如何建"。在这个阶段，主要工作是把上级的决策充分地体现出来，就是通过设计单位的详细设计，把如何建、怎样建的方法通过设计文件全部表达出来。

（3）以建筑安装施工为中心的项目施工阶段，即体现"建出来"。在这个阶段，就是把设计单位所设计的全部建设内容通过施工单位的具体实施变成一个建筑实体。

（4）以考核实现建设目标为中心的项目竣工验收阶段，即体现"目标与水平的程度"。在这个阶段，是对前几个阶段所做工作的检查验收，或者说是最终评价。

也有人把建设项目的过程划分为三个阶段。①前期阶段：包括建设项目的立项、办理各种建设手续、设计等工作。②实施阶段：包括施工准备、各种招投标、各专业施工直至工程竣工验收。③后期阶段：包括编制竣工决算、办理固定资产交付与登记手续等。无论阶段怎样划分，工作的先后顺序是固定的，不可能颠倒。

十个步骤是：

（1）编制项目建议书。对建设项目的必要性和可行性进行初步研究，提出拟建项目的轮廓设想。

（2）进行建设方案设计招标。一般大中型建设项目在项目建议书批准之后，都要先进行建设方案设计招标，为可行性研究提供比选方案。

（3）编制可行性研究报告。对建设项目的必要性和可行性进行详细论证；对建设项目在技术上和经济上是否可行进行详细论证和评价；对不同方案进行分析比较，推荐最佳方案；提出是否上这个项目、采取什么方案、选择什么建设地点的结论性意见或建议。一个建设项目的可行性研究报告经原项目建议书审批部门批准后，即为项目的最终立项。

（4）勘察设计、调查建设地点周边基础设施条件。对建设项目进行勘察设计，提出建设地点详细的工程地质和水文地质情况的设计文件；对项目周边交通、资源利用、环境保护以及基础设施条件等进行全面调查。

（5）编制设计文件。从技术上和经济上对建设项目做出详尽规划。大中型项目一般采用两段设计，即初步设计与施工图设计。一般情况下，初步设计完成后，要将初步设计文件，包括设计图纸和设计概算，报项目审批部门做建设规模和投资规模的最后一次审批。通常所说不超过政府部门批准的投资规模，或者叫批准的投资概算，就是指批准的建设项目的初步设计概算。

（6）进行建设准备和工程招标及设备招标采购。包括征地拆迁，搞好"七通一平"（通给水、通雨污水、通电力、通电信、通道路、通燃气、通热力以及场地平整），落实施工力量，组织物资订货和供应等。

（7）制订年度建设计划。初步设计批准后，向主管部门申请列入投资计划。

（8）组织建设施工。准备工作就绪后，提出开工报告，经过批准，即可开工建设。

（9）生产准备。生产性建设项目开始施工后，建设单位应及时组织专门力量，有计划、有步骤地开展生产准备工作。对于科技馆建设项目，即为内容建设的布展工作准备、展览展品准备、信息化建设与特效影院建设专用设备准备以及开馆后的运营管理工作准备。

（10）竣工验收。按照规定的标准和程序，对竣工工程进行验收，验收合格后，编制竣工结算与决算，上报项目主管部门审批，并办理资产交付使用手续。

2. 科技馆建设项目的建设程序

科技馆建设项目，既不是超出一般建设程序的特定项目，也不是特殊环境下的特殊项目，而是属于正常情况下的一般建设项目。因此，现阶段我国基本建设程序就是科技馆建设项目的建设程序，科技馆建设项目的建设活动应当按照我国现阶段的基本建设程序进行。

### 三、科技馆建设项目的规划编制

#### （一）指导思想

科技馆作为我国实施科教兴国战略和人才强国战略，弘扬科学精神，普及科技知识，传播科学思想和科学方法，提高公众科学素质的科普教育场馆，规划编制应牢固树立和贯彻落实创新、协调、绿色、开放、共享的发展理念；要体现面向现代化、面向世界、面向未来的时代要求；要以科学发展观为指导，充分体现以人为本和可持续发展的思想，以《中华人民共和国科学普及法》（以下简称《科普法》）、《科学素质纲要》和国家现行有关科普设施建设与发展方针政策为统领，全面贯彻执行新时期"适用、经济、绿色、美观"的建设方针和国家基本建设法律法规；坚持把社会效益放在首位，为提高社会公众的科学素质和城市的整体服务功能与经济社会发展水平服务。

#### （二）编制依据

1. 科学普及方面有关依据

1994 年 12 月 5 日，发布《中共中央、国务院关于加强科学技术普及工作的若干意见》。

1996 年 10 月 10 日，发布《中共中央关于加强社会主义精神文明建设若干重要问题的决议》。

2002 年 6 月 29 日，发布《中华人民共和国科学技术普及法》（以下简称《科普法》）。

2003 年 4 月 23 日，中国科协、国家发展改革委、科技部、财政部、建设部发布《关于加强科技馆等科普设施建设的若干意见》。

2003 年 5 月，财政部、国家税务总局、海关总署、科技部、新闻出版总署发布《关于鼓励科普事业发展税收政策问题的通知》。

2003 年 8 月，中共中央宣传部、中央精神文明建设指导委员会办公室、科学技术部、文化部、国家广播电影电视总局、国家新闻出版总署、中国科学技术协会发布《关于进一步加强科普宣传工作的通知》。

2003 年 11 月，科技部、财政部、国家税务总局、海关总署、新闻出版总署发布《关于印发〈科普税收优惠政策实施办法〉的通知》。

2006 年 1 月，国务院发布《国家中长期科学和技术发展规划纲要（2006—2020 年）》。

2006 年 2 月，国务院发布《全民科学素质行动计划纲要（2006—2010—2020 年）》（以下简称《科学素质纲要》）。

2007 年 6 月 27 日，建设部、国家发展改革委发布《科学技术馆建设标准》（建标 101 - 2007）。

2008 年 11 月，国家发展改革委、科技部、财政部、中国科协发布《科普基础设施发展规划（2008—2010—2015）》。

2015 年 3 月，中国科协、中宣部、财政部发布《关于全国科技馆免费开放的通知》。

2016 年 3 月 14 日，国务院办公厅发布《全民科学素质行动计划纲要实施方案（2016—2020 年）》。

2016 年 3 月 16 日，颁布《中华人民共和国国民经济和社会发展第十三个五年（2016—2020 年）规划纲要》。

2016 年 3 月，中国科协发布《中国科协科普发展规划（2016—2020 年）》。

2016 年 7 月，国务院发布《"十三五"国家科技创新规划》。

2016 年 12 月 25 日，颁布《中华人民共和国公共文化服务保障法》。

2017 年 5 月 8 日，科技部、中宣部发布《"十三五"国家科普与创新文化建设规划》。

2. 工程建设方面有关依据

1997 年 11 月 1 日，颁布《中华人民共和国建筑法》。

1999 年 8 月 30 日，颁布《中华人民共和国招标投标法》。

2016 年 7 月 26 日，颁布《建筑安装工程工期定额》。

2007 年 10 月 28 日，颁布《中华人民共和国城乡规划法》。

2016 年 2 月 6 日，颁布《中共中央、国务院关于进一步加强城市规划建设管理工作的若干意见》。

3. 社会调查资料

社会调查资料包括关于社会公众需求的调查资料、公众与专家学者对建设科技馆的意见、建议等调查资料。

**（三）编制原则**

（1）依法依规科学规划。以《科普法》《科学素质纲要》、党和政府有关加强科普能力建设相关要求以及《科学技术馆建设标准》等为依据，认真贯彻执行党和国家基本建设方针、政策与其他有关规范、规定以及当地政府的有关要求，对拟建项目筹划、立项、设计、建设实施、竣工验收等环节进行科学规划，统筹安排，确保规划的全面实施。

（2）实事求是持续发展。围绕提高社会公众的科学素质这一目标，结合所在城市的地理位置、自然环境、常住人口数量、经济社会发展与公共文化事业发展水平以及公众科学文化素质状况等，坚持实事求是，坚持可持续发展，立足当前，兼顾长远，规划合理、可行。

（3）以人为本服务社会。规划编制要始终贯彻以人为本，为社会公众服务，为提高公众科学素质服务，为提高城市科普设施能力和公共文化设施能力以及经济社会发展水平服务，在建设项目选址、功能设置、建设规模与投资规模、方案选择、建设实施以及运行管理等方面，充分体现以人为本和服务经济社会的基本要求。

（4）规划严谨重点突出。根据建设项目的特点、协作条件和发展需要，深入调查研究，广泛听取社会公众和专家学者的意见与建议，体现规划严谨、组织严密、管理科学、经济合理、重点突出、可行可控。

**（四）编制内容**

1. 功能定位与建设规模

（1）科技馆建设项目的功能定位。科技馆以提高公众科学素质为宗旨，开展具有科技馆特色的科普教育和素质教育活动，其教育功能是全民教育体系中重要的组成部分，也是非正规教育体系中最具活力、最受欢迎的部分之一。因此，提高全民特别是青少年的科学素质是科技馆最重要的功能。根据《科学技术馆建设标准》关于功能设置有关要求，结合我国国情和科技馆自身的教育特点，并参考国外科技馆建设的通行做法，科技馆主要教育形式包括展览教育、培训实验教育、网络科普教育、特效影视教育等，还开展展品展项的研究、设计与制作，科技馆教育特点和发展方向的研究，国内外学术交流等。

（2）建设规模。一个城市科技馆建多大规模比较合适，这是科技馆建设者和管理者一直在思考的问题，建小了难以满足使用功能和科技馆自身发展的需求；建大了势必造成浪费，同时还可能会对科技馆在社会上的声誉产生一定的负面影响。因此，在建设的筹划阶段，一定要对功能设置与主要内容进行广泛深入的调查研究和充分的论证，有充分的依据。一般情况下，科技馆建设项目在确定建设规模时应考虑以下主要因素：

一是满足功能需求，并适当留有自身发展余地。

二是符合《科学技术馆建设标准》基本要求。

三是符合所在城市经济社会发展总体规划要求。

四是综合考虑所在城市的地理位置、经济社会发展水平、公民科学文化素质水平、常住人口与流动人口数量以及旅游资源等。

五是实事求是，不相互攀比，一次规划建设、一次建成投入使用。

在综合考虑上述因素基础上，按照本章第二节至第四节的有关要求，并结合拟建项目的实际需要，即可粗略估算展教用房、业务研究用房、公众服务用房和管理保障用房的总建筑面积。

2. 建设项目选址

科技馆是公益性科普教育基础设施和重要的公共文化服务设施，馆址选择对城市发展和科技馆的使用影响很大。根据《中华人民共和国建筑法》、《中华人民共和国城乡规划法》、《中共中央、国务院关于进一步加强城市规划建设管理工作的若干意见》、《博物馆建筑设计规范》（JGJ 66 – 2015）、《科学技术馆建设标准》和联合国教科文组织关于《科学技术博物馆建筑标准》中有关科技博物馆建设地点选择的要求以及科技馆在实施科教兴国战略和人才强国战略、提高公众科学素质方面所发挥的重要作用，科技馆馆址的选择显得尤为重要。一般情况下，确定科技馆建设项目馆址，需要经过建设地区选择和建设地点选择这样两个不同层次的、相互联系又相互区别的工作阶段。这两个阶段是一种递进关系，其中建设地区选择是指在几个不同地区之间对拟建项目适宜在哪个区域范围内进行选择；建设地点选择是指对拟建项目具体坐落位置的选择。

（1）建设地区的选择。科技馆项目建设地区选择的合理与否，将直接影响项目造价的高低、工期的长短和建设质量的好坏，特别是会影响项目建成开放后的运营状况。因此，建设地区的选择要充分考虑各种因素的制约，具体要考虑以下因素：

一要考虑符合国民经济发展战略规划、城市总体规划与经济社会发展规划的要求。

二要综合考虑气象、地形、地貌、工程地质和水文地质等自然条件。

三要考虑周边环境、风俗文化、协作单位等社会环境因素的影响。

在综合考虑上述因素的基础上，建设地区的选择应遵循以下两个基本原则：

一是建设地区位于或靠近城市社会活动中心地区。便于聚集人气，方便观众参观；有利于提升科技馆自身的社会影响力，有利于科技馆自身的建设和持续发展。

二是建设地区位于或靠近城市公共文化设施聚集区。有利于发挥该地区公共文化设施的聚集效益；有利于为社会公众在同一地区提供不同内容、不同方式的参观学习与休闲娱乐机会，使该城市的公共文化服务水平不断得到提升。

（2）建设地点的选择。建设地点的选择是一项极为复杂的系统工程，它涉及技术、经济和效益等诸多方面，不仅关系到项目建设条件、运营管理、人气聚集、观众参观等，而且还直接影响项目建设投资、建设速度、建设条件和建成开放后的运营管理、社会效益以及所在城市或地区的建设规划与发展。因此，必须从国民经济和社会发展的全局出发，运用系统观点和方法分析决策。

科技馆建设项目选择建设地点应符合以下基本原则和要求：

一是交通便利，方便观众参观。

二是尽量减少拆迁。

三是具有科技馆自身独立的建设用地。用地面积与外形能满足功能要求，给予建筑设计宽松的设计空间，与周边的环境和建筑相协调；尽量避免与其他单位共用土地，并能为科技馆自身持续发展留有余地。

四是环境优美，具有优越的人文环境和自然环境。位于城市的公共文化区，人气比较旺或者是比较容易聚集人气的地方；空间开阔，环境优美，周围生态环境和人文环境俱佳，没有污染源和噪声源。

五是具备较好的基础设施条件（满足"七通一平"条件）和工程地质与

水文地质条件。周边具有较好的商业、文化等配套服务设施，项目建设能够在现阶段实施。

上述条件能否满足，不仅关系到项目建设造价的高低和建设工期，而且对项目建成开放后的运营状况将有很大影响。因此，在确定建设地点时，也应进行方案的技术经济分析和比较，选择最佳建设地点。

3. 组织机构与人力资源配置

（1）组织机构。应根据科技馆的功能定位、建设内容、建设规模和实际需求，合理确定机构设置，一般包括综合办公室（含党办、人力资源、财务管理）、展览教育开发与实施、信息化与网络科普、特效影院教育与运行、综合业务研究、展品研发与维修、公众服务、安全保卫、后勤保障等部门，并可随着实际运行管理不断调整完善，以适应事业发展需要。

（2）人力资源配置。根据科技馆的性质和所承担的任务，人力资源配置应以专业技术人员为主，并配置一定数量的管理和服务保障人员，对安保和安检、保洁、电气、给排水、通风空调、电梯、房屋综合维修、会议服务、绿化、餐饮等后勤保障服务工作应实行社会化管理，并充分调动社会力量，建立稳定、高质量的志愿者服务队伍。根据国家有关规定，科技馆应实行馆长负责制、部门目标管理责任制和全员岗位聘用制；重实绩、重贡献，提倡奉献精神，完善按劳分配为主体、向关键和优秀人才倾斜的分配激励机制，调动全体职工的工作积极性和创造性。人力资源配置应根据批准的人员编制规模、参考《科学技术馆建设标准》有关要求和国内其他科技馆人力资源配置成功案例以及自身的实际情况进行确定，建设一支懂业务、会管理、政治强、综合素质好、年龄结构与知识结构合理的职工队伍。

4. 进度安排

科技馆建设项目作为永久性建筑，进度安排应根据国家有关建设项目的法律法规和相关规定，认真贯彻落实党的建筑方针、政策，严格按基本建设程序办事，同时科技馆建设项目建在城市社会活动中心区，其建设进度安排应服从所在城市总体规划实施计划和有关要求。

进度安排应涵盖本章第一节至第四节的全部工作内容，运用文字和图表相结合的方式进行编制，特别要明确和突出影响整个建设项目进度计划的关键线路与重点工作，并制定相应的保障措施，以确保项目建设目标的实现。在编制进度安排时，建筑工程建设和展教内容建设（展览展品建设、信息化建设、特效影院建设）相关工作可以同时或交叉进行，但顺序不能颠倒。编制进度安排一般应包括以下工作。

（1）项目决策阶段

1）前期调研。对拟建项目组织相关人员进行调研、考察、论证，拟定建设项目初步大纲。

2）编写项目建议书。组织编写项目建议书或委托工程咨询公司、设计单位编写，并向项目主管部门上报项目建议书；配合有关部门和单位完成项目建议书的评审工作。

3）选择招标代理机构。其包括完成招标文件编制和招标工作，确定招标代理机构。

4）完成展教内容建设初步方案。其包括展览展品建设、信息化建设和特效影院建设的总体设想、基本功能需求和初步方案等，为建设项目的建筑设计方案招标提供依据。

5）完成建筑设计方案招标。其包括完成建筑设计方案招标文件编制和招标工作，为建设项目可行性研究报告的编制提供比选方案。

6）完成建设项目可行性研究。其包括完成选择可行性研究报告编制单位的招标文件编制和招标工作，确定可行性研究报告编制单位；组织编制可行性研究报告，并向项目建议书审批部门上报；配合有关部门和单位完成项目可行性研究报告评审工作。

7）完成建设项目规划审批。其包括取得建设项目的规划许可、土地征用许可等。

（2）项目设计阶段

1）编制建设项目设计任务书。

2）完成建设项目勘察设计。其包括完成选择建设项目勘察设计单位招标文件编制和招标工作，确定工程勘察设计单位；组织完成工程勘察设计，为建筑设计提供勘察设计资料。

3）完成展教内容建设详细实施方案。其包括完成内容建设、信息化建设和特效影院建设的平面布局方案，提出建设的详细内容和面积指标、建筑技术参数及有关工艺要求，为建筑设计提供翔实的技术资料。

4）选择展教内容建设设计单位。其包括完成选择内容建设、信息化建设和特效影院建设的方案设计，深化设计招标文件编制和招标工作，确定设计单位。

5）完成建设项目初步设计。其包括组织建筑设计单位完成建设项目初步设计文件，并向项目建议书审批部门上报；配合有关部门和单位完成初步设计文件评审工作。

6）完成建设项目施工图设计。其包括组织建筑设计单位完成建设项目全部施工图设计文件，为建设项目招投标和施工提供依据。

（3）项目实施阶段

1）完成建设项目施工招标。其包括完成建设项目施工招标文件编制和招标工作，确定施工总承包单位和消防、变配电、弱电、幕墙、装饰装修、电梯、市政、园林绿化等专业承包单位。

2）完成展教内容建设招标。其包括完成内容建设展品展项、信息化建设和特效影院建设设备招标文件编制和招标工作，确定内容建设展品展项制作单位和信息化建设与特效影院建设的设备供货单位。

3）完成建设项目开工准备。其包括完成建设项目开工前各种报批手续，如消防、人防、环评、测量等，取得开工许可证、施工许可证后即可组织开工建设。

4）完成内容建设展品展项制作、信息化建设和特效影院建设专用设备进场。

（4）项目竣工验收阶段

1）施工单位完成合同约定的全部施工内容，建设单位组织工程监理、设计、勘察、施工等单位对施工质量进行验收，并向建设主管部门上报竣工验收备案文件。

2）完成内容建设的布展和展品展项进场安装、调试以及信息化建设和特效影院建设专用设备安装、调试等。

3）完成工程竣工结算与决算，上报项目主管部门审批；办理资产交付使用手续。

5. 投资估算与资金筹措

（1）投资估算

1）项目特点。在进行投资估算时，要充分考虑科技馆建设周期长，建设规模和投资规模大，展厅用房大跨度、大空间、高荷载，是具有多种科普教育功能的综合性建筑等特点，合理编制。

2）编制范围。科技馆建设项目投资估算包括建设规模的全部建筑安装工程（房屋建筑工程、室外工程）费用、工程建设其他费用和展教内容建设（展览展品建设、信息化建设、特效影院建设）费用以及预备费。

3）编制依据

a. 建设项目的功能定位与主要内容、建设规模、初选建设地点的基本条件等。

b. 2015 年 12 月 31 日，中国建筑工程造价管理协会发布的《建设项目投资估算编审规程》（CECA/GC 1 – 2015）。

c. 2007 年 6 月 27 日，建设部、国家发展改革委发布的《科学技术馆建设标准》。

d. 当地工程造价管理部门发布的材料预算价格和本地类似工程造价。

e. 设备生产厂家的询价结果。

f. 国内近年建成开放的科技馆建设项目造价经济指标。

g. 当地有关建设项目规费取费标准。

4）编制原则

a. 工程费用：参考所在城市类似建设项目和国内近年建成开放的科技馆建设项目工程造价进行估算。

b. 设备费用：参照市场询价价格进行估算。

c. 展教内容建设费用：展览展品建设、信息化建设、特效影院建设参照《科学技术馆建设标准》中投资费用百分比构成以及参考国内近年建成开放的科技馆建设项目展教装备实际造价，并结合自身实际进行估算。

d. 工程建设其他费用：按照国家现行取费标准和当地有关规定进行估算。

e. 预备费：参考当地类似建设项目指标进行估算。

5）投资估算。科技馆建设项目投资估算按照上述编制范围、编制依据和编制原则进行分类汇总，即可粗略估算出建设项目的总投资。在建设项目规划阶段，对投资估算精确度的要求为允许误差 ±30%。

（2）资金筹措。科技馆建设项目为公益性设施，其建设投资可由政府承担，也应积极吸纳社会资本投入或资金捐赠。

（3）资金使用计划。按照建设项目各阶段需要开展和完成的工作内容，分阶段和年度列出资金使用计划安排。

6. 财务评价

（1）财务评价原则及方法。目前，我国大多数科技馆是事业单位，其运行不以营利为目的；对科技馆进行财务评价的目标是对其运营成本费用及基本运营收入进行合理估算，分析科技馆在财务方面实现持续运营的条件。

科技馆运营成本费用及基本运营收入以现阶段科技馆运营所取得的相关统计资料为基础，结合科技馆的功能定位、建设内容、建设规模、组织机构与人员配置等，并借鉴国内其他城市科技馆的运营经验进行估算。

（2）年运营成本费用估算。科技馆的年运营成本费用包括展教业务成本、人员成本、运行管理与维修保障成本以及展品更新改造成本等，暂不考虑计提折旧费和摊销费，且各项成本费用在运营期内暂不考虑调整变化。

1）展教业务成本。展教业务成本包括如下支出：开放常设展览及维修展品，举办临时展览，到所属地域或居民社区进行相关巡回展览，为适应展教内容调整需要而进行的展厅及其环境维护改造，租赁特效影视片以及开展培训实验，科普教育宣传，采购相关图书、刊物、声像制品等。

2）人员成本费用。根据目前国家规定的基本工资和各项补贴标准进行测算，包括在职人员、离退休人员和非正式员工以及医疗费支出等有关福利。

3）运行管理成本。运行管理成本包括维持科技馆正常运营的各项办公和管理成本、运行消耗成本以及后勤保障服务委托进行社会化管理的费用支出。

4）维护维修保障成本。该项成本包括用于科技馆建筑、设备的维护维修等。

5）展品更新改造成本。主要是指对展区及大项展品的更新改造成本，可参考现阶段国内科技馆运行期间展品年更新改造的经验和《科学技术馆建设标准》相关数据进行估算。

6）通过对上述各项年运营成本费用的粗略估算，即可估算出科技馆年总运营成本费用。

（3）社会及经济效益分析。科技馆是公益性科普教育基础设施，同时也是重要的公共文化设施，其社会效益是显而易见的，随着科技馆建设项目的建成和对外开放，必将产生显著的社会效益，同时也将会产生相应的经济效益。

1）社会效益分析。科技馆社会效益应是主要的和第一位的，而集中反映和直接体现的社会效益就是接待观众的数量。现代科技馆不仅为人们提供了一个满足其日益增长的精神文化生活需求的科普教育场馆，同时也为人们创造了一个满足其日益增长的物质文化生活需求的休闲娱乐环境。随着科技馆展教功能的扩展、服务设施的完善，以及实行免费参观等，必将为吸引和接待观众创造有利的条件。

科技馆建成开放后，以其独特的建筑形象、丰富多彩的展教内容和先进的展教方法、完善的服务配套设施、优美的参观学习与休闲娱乐环境和优质的管理服务，将成为该城市社会活动中心区或公共文化聚集区的一个亮点，成为城市物质文明、精神文明、政治文明、生态文明建设成就的重要窗口，成为城市科学文化和经济社会发展水平的重要标志，将大大提升整个城市的公共文化服务水平和经济社会发展进程。同时，带动城市及其周边旅游、交通、餐饮等服务行业发展与辐射的效应也是显而易见的。

2）经济效益分析。科技馆建设项目建成开放后，在产生社会效益的同时，也将产生一定的经济效益。

一是特效影院门票收入。

二是有偿服务和纪念品销售收入。科技馆建成开放后，因具备完善的服务设施功能，为参观者创造了良好的接待环境，可通过加大科普纪念品的开发力度以及发展餐饮服务和小商品销售等，争取部分服务性产品和纪念品收入。

三是寻求社会合作，挖掘社会资源，积极争取社会资金和国内外企业的赞助。

（4）经费来源。综合以上分析，科技馆作为公益性建设项目，不以营利为目的，虽然项目建成开放后能创造一定的经济收入，但远远不能满足其成本支出，其运行经费应全部由政府财政拨款。

**四、科技馆建设项目在筹划和建设中需要注意的问题**

科技馆建设项目由于功能定位、建设内容、建设特点、服务对象等不同于一般的建设项目，其筹划和建设是一个非常复杂的过程。为了使科技馆建设项目在建成开放后能发挥其应有的作用，在筹划和建设中需要注意以下几个问题。

**（一）合理确定建设规模**

科技馆建设规模是否合理，将影响其使用效果和使用年限。近些年来，我国省会一级的城市除个别外都建有科技馆，其中有的因当初的规划、功能、规模、布局及有关技术指标等已不能满足当前和今后的需求正在考虑新建或改扩建；地市级城市也已建设了相当数量的科技馆。在建馆时如何借鉴它们的建馆经验，合理确定建设规模，值得科技馆建设项目的筹划者、决策者、建设者和管理者进行深入的探讨。在确定建设规模时，一定要充分考虑诸如城市面积、人口、经济发展水平的差别以及旅游热点城市与非旅游热点城市的差别等因素。既要防止相互攀比、盲目贪大造成资源浪费，又要从当地的实际出发，把所在城市的地理位置、经济社会发展水平、常住人口、旅游资源以及流动人口数量、预计年观众流量等情况进行综合考虑后，确定建设规模，避免出现建成后没几年建设规模不能满足功能使用的情况。同时，要尽可能一次规划、一次建成，尽量避免一次规划、分期建设。

科技馆的建设规模由展教用房、业务研究用房、公众服务用房和管理保障用房四部分组成。确定好这四部分在总建设规模中的比例关系很重要。比例关系确定得合理与否，对项目建成开放后功能的正常发挥和运营管理工作的有序开展影响较大。每一个科技馆由于功能设置不同，四部分建筑面积的比例关系都有差异。因此，在确定它们之间的比例关系时，要掌握的基本原则和方法是：在参考《科学技术馆建设标准》有关要求的同时，根据自身项目的功能设置、其他功能配置（如地下车库、人防工程等）、组织机构与人力资源配置等因素，在确保管理保障用房、业务研究用房和公众服务用房的前提下，尽可能扩大展教用房面积。

**（二）选择好建设方案**

一个优良的建筑产品，首先来自一个优秀的设计产品。只有设计先达到功能适应、技术先进、经济合理、美观大方的统一，然后通过施工的具体实施，才能使该建筑的价值充分体现出来。现代科技馆的功能主要包括展示教育功能、研究功能、服务功能，三大功能紧密相联、相互促进。要想使这三者进行有机的结合，使之最大限度地发挥作用，就必须有一个科学合理、富有科技馆特点的建设方案，这是实现科技馆建设项目目标的前提和基础。建设方案既要适应当地经济社会发展需要以及社会公众日益增长的科学文化需求，又要符合体现科技馆自身性质、特点的建筑形象和建筑室内空间及使用功能的要求，同时还要符合当地建筑规划、环境规划、绿化规划、交通规划等要求。在确定建设方案前，一定要广泛听取各方面的意见，特别是对不同的意见要进行认真分析研究，尽可能做到给建筑的使用少留下一点遗憾。

科技馆的建设方案，一般主要表现的是建筑形象、建筑的室内空间组合以及所采取的结构形式等。主要有两点：一是具有建筑的外在表现性，也就是它要具有独特的建筑形象；二是具有灵活、通用、方便的内部展教空间，也就是它要满足展示教育、研究和服务等功能需求。科技馆的建筑是为展示教育服务的，一座现代化的科技馆，如果它不能满足或说不太满足展教功能需求，那么这个方案的选择就是失败的。同时，在确定建设方案时，应注意把握以下几点：

一是办公用房与公众活动用房尽可能分开布局。

二是同一种功能的用房尽可能集中布局。

三是观众流量大或瞬时人流比较密集的用房以及布展、撤展比较频繁的用房尽可能设在首层或较低的楼层。

四是展厅闭馆后还需要继续对外开放的用房尽可能设置有独立的出入口。

五是参观路线要便捷，尽可能不走或少走回头路。

六是功能布局要尽可能做到方便参观，便于管理。

七是人流、车流、物流分开布局，尽可能避免相互交叉。

同时，展厅建筑跨度（或柱距）不应小于 9m、建筑层高不应小于 7m（或净高不应小于 5m）、楼地面活荷载不应小于 $5kN/m^2$。

### （三）有足够的建设资金

如前所述，科技馆建设项目既有与一般建设项目相同的特点，由于使用功能的需要，又有与一般建设项目截然不同的建设特点。科技馆建设项目成本要高于一般的建设项目，在编制项目规划、建议书或可行性研究报告估算建设投资以及编制初步设计概算时，一定要考虑到这一特点。我们要实现科技馆项目预期的建设目标，必须有足够的建设资金做保障。

科技馆建设项目费用包括建设规模的全部建筑安装工程费用、工程建设其他费用和展教内容建设费用以及预备费。

建筑安装工程费用：包括房屋建筑工程和室外工程两部分。根据科技馆建筑的特点以及近年来我国一些新建科技馆的实际投资，并结合现阶段建设工程造价的实际情况，目前新建科技馆估算建筑安装工程费用一般在 7000～9000 元/m² 比较适宜（有的馆超过 9000 元/m²）。当然，发达地区与欠发达地区或贫困地区由于国民经济收入和经济社会发展水平不同，建设的标准有所不同，而且各地人工费、地方建材费等高低不一，建筑安装工程费用有一定差别，在进行投资估算或编制设计概算时应结合当地的实际进行综合考虑。

工程建设其他费用：包括征地拆迁费、城市基础设施建设费、建设单位管理费、勘察设计费、工程监理费等不直接用于工程建设实体的相关费用。该部分费用由于地区不同，差别也比较大（如征地拆迁费和城市基础设施建设费）。如果不含征地拆迁费，工程建设其他费用一般可按照建筑安装工程费用的8%~12%进行估算。

展教内容建设费用包括展览展品建设、信息化建设、特效影院建设三部分。具体组成一般与工程建设费用基本相同，包括展品的设计、制作、安装与布展以及专用设备的采购、安装与调试等。此部分费用由于每个馆的功能设置不同，展品数量不同，所需费用也不同；即便是同一个展品，由于设计选材、外形尺寸、制作加工工艺等不同，所需的费用也不同。同时对信息化建设和特效影院建设专用设备的选购，由于设备品牌、产地不同，其费用也有不同。因此，展教内容建设费用占建设项目总投资的比例各馆差别较大。对此部分费用的测算，应在参照《科学技术馆建设标准》中投资费用百分比构成以及参考国内近年建成开放的科技馆建设项目展教装备费用实际造价的基础上，结合自身的实际进行综合分析后进行确定。

预备费：一般可按照上述费用之和的4%~6%进行估算。

**（四）注意建筑的节能环保**

我国是资源大国，同时也是能耗大国。

据有关统计资料显示，我国年建筑量世界排名第一，建筑规模已占到世界的45%，建筑能耗是相同气候条件发达国家的2~3倍。因此，发展节能环保型建筑是建设节约型社会、确保科学发展的必然选择，建设节能、绿色、智能化的建筑已经成为建筑领域的发展方向。新时期党的建筑方针是"适用、经济、绿色、美观"，科技馆是科普教育场馆，在节能环保方面应当成为该地区或该城市其他领域建设项目的典范，在追求建筑适用、舒适与美观的同时，应当把节能环保放在更加重要的位置。建筑形象是外在美的表现，而建筑是否节能环保，则是建筑内在美的真正体现。因此，科技馆建设项目在编制规划时，对节能环保要有明确的目标；在编制项目建议书和可行性研究报告时，对节能环保要有专门的章节进行阐述；在设计任务书时对节能环保要有具体的要求；在建筑设计文件中，对节能环保要有具体的内容、标准、措施，如新能源的开发利用，选用节能环保型建筑材料、配件、设备，利用自然通风和天然采光等。

### （五）处理好建设进度与工程质量的关系

工程建设施工是一个科学而严格的建设过程，施工进度与施工质量是一个既统一又矛盾的目标体系。当质量目标确定之后，只有通过严密的组织、严格的管理和相应的技术保障措施与科学、合理的工期计划安排进行有机的结合才能实现。工程建设施工，不像一个人坐在办公室里写文章，白天没写完，晚上加个班就行；也不像抢险救灾，可以实行人海战术。工程建设施工涉及多个不同专业，特别是施工后期阶段，装饰装修与机电设备安装同时进行（甚至有的馆与内容建设的布展交叉进行），工序特别复杂，前一道工序没有完工不能进行下一道工序施工，每一个分项工程必须确保百分之百地达到合格质量标准。因此，国家对建设工程施工制定了严格的质量验收标准、技术操作规程等。科技馆工程建设施工，一定要严格执行国家有关规范和标准以及当地政府的有关规定，处理好建设进度与工程质量的关系；一定要防止一味追求"政绩工程""献礼工程""首长工程"等而不顾客观因素，搞错了建设进度与工程质量的关系，给建筑的使用留下遗憾。

如某科技馆建设项目，被列为所在地区向国庆50周年献礼的重点工程之一，要求在国庆节前竣工。由于该项目开工较晚，实际施工时间比测算的合理工期压缩了4~5个月。为抢工期，冬、雨季施工不停，竣工工程质量总体较好，但建筑室外环行通道的土方回填施工是在雨季抢工完成的，尽管当时采取了技术措施，最终还是给建筑留下了遗憾。在项目竣工1~2年后，环形通道的回填土出现下沉、面层开裂，影响正常使用，持续几年都要进行维修，使观众的正常参观和管理工作都受到了一定影响。因此，科技馆建设项目在建设中一定要处理好建设进度与工程质量的关系，要尊重客观规律，尽量不给建筑留下遗憾，做到既要进度，更要质量，切不可盲目追求进度而忽略质量，"百年大计，质量第一"，这是我们党的建筑方针。

### （六）注意展厅的降噪

噪声属于感觉公害。噪声传播时，虽没有给环境留下污染物及有毒物质，声源一停止，噪声消失也不积累，但是若长期处于噪声下，人体同样会受到损害。科技馆展厅是观众流量比较大的地方，尤其是在参观高峰期常常出现爆满的情景，观众活动噪声、建筑设备噪声、展品及其设备工作噪声、观众与展品互动产生的噪声以及建筑室外环境噪声等，往往使展厅内的噪声值超标，容易引起观众的不良情绪，降低参观效果，同时也给长期在展厅工作的管理人员的身心健康带来一定的负面影响。因此，一定要考虑到展厅的这一特点，在设计任务书中对展厅防噪、降噪有具体要求；在建筑设计时要采取相应的防噪、降噪措施。同时，在展品展项制作和布展时，也要考虑展厅的防噪、降噪，有相应的措施。

**（七）注意展教内容建设与工程建设的相互配合**

任何建设项目，在设计工作开始之前，都要先提出功能使用要求，即设计单位按照使用要求进行设计，施工单位按照设计图纸进行施工。科技馆建设项目仅做到这些还远远不够，科技馆不是像一般建筑那样，房子建好了，把家具搬进去就可使用。科技馆建设项目由展教内容建设（见本章第二节至第四节内容）和工程建设两部分组成，其中工程建设是为展教内容建设服务的，因此从建设项目开始筹划到完成全部建设内容，始终离不开展教内容建设与工程建设的相互配合，而且在很大程度上展教内容建设的工作要比工程建设的工作先行一步，工程建设相当一部分工作的开展是以展教内容建设的要求为前提和基础的。科技馆建设项目展教内容建设与工程建设相互配合的好坏，不仅对项目的建设成本控制、进度控制和质量控制有很大影响，而且对项目建成开放后的运营管理也有一定影响。例如，有的科技馆项目在建设中，功能设置不能按时提供，影响工程建设决策阶段的工作进程；有的展教内容建设有关技术要求或技术参数未能按时提供，影响建筑设计工作进度；有的展教内容建设有关技术要求和工艺要求漏项，导致工程建设施工的返工浪费；有的展品展项重量超出楼面结构设计荷载允许承载范围，导致展品展项安装后，给楼面结构带来安全隐患；有的专用设备技术参数提供有误，导致土建施工完成后设备无法进行安装；有的未按展教内容建设提出的要求进行建筑设计和施工，导致展教内容建设相关工作不能按期进行；等等。因此，科技馆建设项目在实施过程中，展教内容建设与工程建设的相互配合非常重要。一般情况下，应注意把握以下几个环节。

一是在项目决策阶段。展教内容建设要提出功能设置的总体设想与初步方案、建设的主要内容、建筑面积及室内空间等基本要求，为编制项目建议书、可行性研究报告确定项目的建设规模、投资规模、建设期限以及建设方案招标提供依据。

二是在项目设计阶段。展教内容建设要提出项目功能设置的平面布局方案、详细内容和面积指标、有关技术参数和要求，如展厅建筑层高、柱距、楼地面荷载以及上下水接口、强弱电插座设置、废气排放点等的数量、具体位置及有关要求，为建筑设计提供依据。

三是在项目施工阶段。工程建设要按照建筑设计图纸和展教内容建设提出的有关要求组织施工，但往往存在设计图纸与施工现场实际不相符或发生冲突的问题，或是由于设计与施工人员工作疏忽而出现没有满足内容建设要求的问题，或是有特殊展品因体积、重量等原因需要提前运至现场等。因此，施工过程中，展教内容建设和工程建设工作人员要多到施工现场检查，发现问题及时协商解决。

四是在项目竣工验收与布展阶段。要注意做好现场交接、提出成品保护要求。同时要注意检查工程施工是否满足展教内容建设提出的要求，还有哪些没有满足要求、什么原因、有何补救措施等。

### （八）建筑设计与施工要方便运行阶段的维护管理

一座永久性的建筑，设计和建造也就几年时间，但其使用年限少则几十年，多则百年以上。建筑设计要考虑建筑的美观，建筑施工也要考虑建筑的美观，这是每一位建设者的共同愿望，但建筑设计与施工要方便运行阶段的维护管理这个基本要求，却往往容易被忽视，致使有的建筑在使用过程中，一些特殊的建筑部位、管线敷设、设备安装以及装饰装修等一旦出现问题不能进行正常维修，不仅造成浪费，而且影响正常使用。比如有的建筑局部构造与装饰装修特殊，一旦需要维修，不仅耗时、耗资，而且维修难度很大；管道竖井设计不合理或阀门安装位置不当，当需要维修时不拆除墙体就无法操作；选用的装饰装修材料特殊，一旦需要维修无法找到颜色相匹配的材料；设备房间门洞过小，一旦需要更换设备，不拆除墙体设备无法进入，等等。因此，科技馆建设项目在设计和施工中，一定要注意使用过程中的维护管理问题，做到既要注意建筑的美观，更要注意方便运行阶段的维护管理。

本节执笔人：张玉银
单位：中国科学技术馆

## 第二节　科技馆的内容建设

近年来，我国科技馆建设迅速发展，但与数量和规模迅速增长相比，科技馆内容建设水平的提升速度相对缓慢。展览展品创新能力、展教资源开发力度、教育活动的质量、网络科普和影视科普发挥作用的程度等都有很大的提升空间。目前，我国处于生产方式变革的重要改革机遇期，我国科技馆事业也将进入发展模式转变的重要转折期，需从以数量规模增长为主的外延式发展模式转变为以展教能力提升为主的内涵式发展模式，进一步突出信息化、时代化、体验化、标准化、体系化、普惠化和社会化。转变建设和发展思路，加强科技馆内容建设，完善和充分发挥科技馆的教育功能，提升科普服务能力和水平是新时期迫在眉睫的发展命题，也是中国特色现代科技馆体系建设的关键内容之一。

### 一、科技馆内容建设的内涵

科技馆内容建设是指科技馆为开展科学教育所应承载的功能以及所需的资源与能力建设。它主要包括：

——科技馆教育相关的展览展示、教育活动、网络科普、影视科普、流动科普等基础设施建设。

——科技馆展教资源（展览展品、展教具、教材、教案、声像制品、多媒体制品、网络作品、科普衍生品等）及其开发、集成、共享能力建设。

——科技馆依托展教资源开展科普活动等能力的建设。

——科技馆为实现科学教育功能所需的研究、服务、收藏等能力的建设。

科技馆内容建设是与科技馆场馆设施建设相对应的。在科技馆内容建设与场馆设施建设二者之间，内容建设居于核心地位，场馆设施建设是为内容建设服务的。无论是在科技馆筹建阶段，还是在建成开放后的运行阶段，内容建设始终是科技馆的核心任务和永恒命题。

科技馆内容建设以提高公民科学素质为宗旨，以实现科学教育功能为目标，以提升展教能力与水平为核心。由于普及性科学教育是科技馆的核心功能，也是科技馆为社会提供的最主要公共服务产品，而内容建设直接关系到科技馆科普展教和公共服务能力的强弱与水平的高低，因此它是中国特色现代科技馆体系建设的关键内容之一，须与国家基本公共服务体系建设相适应、与国家科学教育改革相结合，服务创新驱动发展战略和人民科技文化需求，促进公众的终身教育和自我完善。

## 二、科技馆内容建设应遵循的原则

### （一）贯彻科学中心的理念

我国的科技馆相当于国际上的科学中心，应始终遵循科学中心的建设理念，即通过参与体验型展品和基于展览展品的教育活动，模拟再现科技实践的过程，为观众营造从实践中探究科学并进而获得"直接经验"的情境，并促进"直接经验"与"间接经验"相结合。

### （二）"三结合"原则

科技馆的经典展品集中于力学、电磁学、声学、光学、数学等基础科学。在此基础上，科技馆还应展示世界科技发展的历程和趋势以及最新的科技成果，聚焦人类共同关注的科技、自然问题及其产生的社会影响；同时根据中国国情和本地自然、产业、社会、历史、文化、公众需求等实际情况，展示与公众生产生活最密切、公众最关心的科技内容，拉近公众与科技的距离。因此，综合性科技馆的展教内容应体现基础科学、前沿科技和本地特色三者有机结合。

### （三）适配原则

科技馆的场馆建设及内容建设要与当地经济、人口、社会文化发展状况相匹配。应参照《科学技术馆建设标准》，根据城市市辖区人口数量确定建筑规模，避免建筑规模过大或过小所造成的资源浪费及教育效果不能充分发挥的问题。建议科技馆常设展厅面积不宜小于 $1000m^2$，并占建筑面积 30% 以上；科普教育设施（常设展厅＋短期展厅＋教室/活动室＋实验室＋报告厅＋影厅等）占建筑面积 50% 以上。不同地区科技馆应根据社会经济发展水平和公民科学文化素质等配备适宜的展教内容，东、中、西部地区以及发达和欠发达地区之间可有所区别。

### （四）差异化发展原则

同一城市或相近区域内，如果有多座科技馆，内容建设要实现差异化发展，避免照搬照抄综合性科技馆的建设模式。应因地制宜建设和发展具有地方、产业特色的专题科技馆，逐步形成多样化、特色化的内容建设布局。各省科协须对本省内科技馆的内容建设进行统筹协调、分类指导。

### （五）同步设计原则

一是科技馆的内容设计与建筑设计同步，在完成内容建设总体规划方案，明确场馆设施功能分区的前提下，进行建筑设计；二是展览展品与教育活动设计同步，实现二者的有机结合，有效增强展教效果；三是内容建设与信息化建设同步，实现科技馆展览展品、教育活动的远程参与体验以及运行管理的智能化，促进科技馆与公众线上线下的双向交流与互动；四是场馆内容建设与后期运行管理同步考虑，充分测算建成开放后运行所需的经费支出和人员配置情况，确保科技馆各项功能的有效运行。

### （六）规范化、标准化原则

建立科技馆行业标准体系以及相关标准规范，对内容建设的程序、要求以及展教资源开发制作的工作流程、技术要求等进行规范，并创新可复制、可推广的科技馆内容建设和运营模式，促进科普展教资源的共建共享，有效提升全国科技馆行业的展教能力与水平。

### （七）协同增效原则

展教资源开发应综合考虑实体科技馆、流动科技馆、科普大篷车以及数字科技馆等的使用需求，使之能够在以上不同平台使用，从而实现展教资源的"一次开发、多重应用"，使投入产出的"效益倍增"，为中国特色现代科技馆体系建设服务。同时，要积极利用社会资源，探索与企业、科研单位、社会机构的深度融合，搭建大联合、大协作的科普展教资源平台。

### （八）可持续发展原则

对于新建的科技馆，应提供充足的内容建设经费且不低于科技馆建筑总投资额的40%，确保科技馆的展教效果以及教育功能的有效发挥。对于已建成的科技馆，应定期进行展览展品更新改造并保障所需的经费。常设展览展品数量年均更新率应不低于10%（可多年累积实现），以确保开馆后的可持续健康发展。对于特效影院等前期投资较大、后期运行维护成本高的项目应根据本地人口规模慎重选择，避免后期利用率低、空置率高等情况发生。建成后的科技馆要不断创新和发展展示教育内容和形式，满足当地公众不断增长的科普需求，提高观众重复参观率。

### 三、合理配置展教内容，规范设计程序

展教内容的配置是科技馆内容建设的核心。随着社会发展与科技馆建馆理念的发展，科技馆更加注重传播本土知识及满足不同种族、不同背景人群的多样化需求，其展示内容不再只局限在自然科学与工程技术的范围，近年来许多世界知名科技馆都开发出了诸如民族、心理、经济等社会科学的相关展示内容。[①] 因此，各地科技馆要进一步拓展展示内容，结合科技馆的规模和条件合理配置展教内容，遵循科学的展教内容设计程序。

#### （一）展教内容配置总体思路

综合性科技馆的展教内容应体现基础科学、前沿科技和本地特色三者的有机结合，并围绕上述三方面内容设置展览展品，开展相应的教育活动、网络科普、影视科普等工作。专题性科技馆的展教内容可结合本地自然历史、人文环境和科技发展等特色，自主选择展览主题，优化配置相应内容。

基础科学展品是从数学、物理、天文、生命科学等基础学科的科学实验、设备和原理转化而来的参与体验型、动态演示型展品，尤其是世界科学中心经过多年发展保留下来的力学、声学、光学、电磁学等深受观众喜爱和业界认可的经典展品。

前沿科技展示是密切跟踪现代科技发展前沿和态势，特别是公众关注的航空航天、信息技术、智能制造、机器人、新能源、新材料等领域的最新科技成果的展览展品和教育活动，旨在促进高新和前沿科技的普及与应用以及公众对科技发展的理解与支持；同时应合理应用多媒体技术、虚拟现实技术等信息化展示技术手段，进一步拓宽科技馆的展示内容和形式。前沿科技的发展日新月异，更新速率快，故此类展览展品的内容、形式等应充分考虑后期高频率更新的需要。

地方特色展示要结合本地自然、科技、产业、社会等资源和公众需求，展示最具特色的自然、科技、产业、人文以及科技发展的历史、现状与未来，展示与本地公众生产生活联系紧密、广受关注的科技内容。

高度重视短期展览和专题巡展，加大开发和展出力度，及时跟踪科技发

---

① 中国科技馆课题组. 科技馆体系研究报告［R］. 北京：全国科普基础设施"十三五"发展规划前期研究，2015-04.

展动态，捕捉社会热点，了解公众需求，开发主题突出、特色鲜明、内涵丰富的展览，并适当增加展览的数量、频次和时长，同时配套开展相关的科普活动，将其作为科技馆常展常新、展示前沿科技和地方特色以及提升观众量、扩大社会影响的有效手段。

高度重视教育活动资源的开发，依托科技馆展览展品资源进行二次开发，将其转化为观众喜闻乐见的教育内容与形式，特别是具有"探究式学习"和"直接经验"特点的展览展品辅导。可在展厅内或馆内其他与展厅相邻的空间设置开放或半开放实验室、活动室等，开展与展览展品相结合的教育活动或科学课程。加强馆校结合，积极推行 STEAM（科学、技术、工程、艺术、数学）教育，充分考虑中小学生利用科技馆开展课程学习、实践活动、研究性学习等的需求，设计针对不同学段的富有特色的教育项目体系，开发相关教案、教具和教材，将科技馆教育与本地中小学课程体系紧密衔接。

**（二）各级科技馆展教内容设置建议**

各级科技馆应根据实际情况和公众需求，确定展览主题和展示内容；展品内容及形式在继承和发展的基础上，鼓励特色和创新。建议各级科技馆应重点加强和侧重于以下内容设置：

省级科技馆作为本省科技馆体系建设发展的依托和核心，作为本省展教资源研发、集散与服务中心，在展教内容配置上应按照综合性科学中心的模式，涵盖基础科学、前沿科技和本地特色等展览展品。在不断提升基础科学经典展品的表现力和展示效果的同时，及时将国内外各类科技成果及本省科技资源转化为展示内容，创造性地推出有知、有趣的主题展览展品，同时结合展览展品开发整合教育活动资源形成教育活动资源包，并能实现批量化、模块化生产，可供本省基层科技馆、流动科技馆、科普大篷车、农村中学科技馆等结合自身情况选择使用和配备。

市辖区常住人口规模 100 万人以上城市的科技馆或地市级科技馆，作为城市科技文化展示的窗口和公众科技文化交流的中心，可根据条件结合本地最具特色的自然、产业和科技资源等设置展示内容，配置相关的基础科学经典展品和前沿科技展示，依托展览展品开展丰富多彩的教育活动和科技文化交流活动，激发活力，彰显特色。应设置充足的短期展览场地，积极开发和引进短期展览和专题巡展，作为常设展览的有益补充，使展教内容常展常新。

市辖区常住人口规模 100 万人以下城市的科技馆或县级科技馆，应结合本地现实情况和实际需要，配备适合本地的科学教育内容，要特别注意面向本地中小学生提供科技教育资源服务以及面向本地公众开展生产生活相关的科普服务。应配置与学校科学课程密切相关的基础科学经典展品，同时配置贴近群众生产生活的本地特色展示内容。开展形式丰富的教育活动对于此类科技馆尤为重要，在通过上级科协、科技馆获取教育活动资源包的同时，重点开发与中小学科技教育相匹配的资源包，与学校开展深度合作；定期结合社会热点以及本地公众关注的问题开展科普宣传活动。

### （三）规范展教内容的设计程序

为提高展览展品和教育活动质量，应采用规范的展教内容设计程序，具体如下：

前期调研与策划（包括需求调研、资源调查、文献研究、理念研究、主题策划和概念设计等）→方案设计（包括总体方案大纲设计、展教内容设计和展教方式设计等）→初步设计（包括展览场景设计、展品造型设计、展览展品技术设计、教育活动实施流程设计等）→深化设计（包括展览展品结构设计、机电设计、软件与多媒体设计、安全与环保设计、布展与环境设计、教育活动教材教具设计等）。

应高度重视前期调研和策划工作，研究确定受众对象、展教目的、设计原则等，在此基础上进行展教主题、内容与形式的创意策划。这是保证高水平展览与教育活动的重要基础，应保证有充分的时间和专门的团队。

大力提高创意策划水平，展览内容设计应重点构建展览主题和展示脉络，确定展览总体框架和展区划分，并提出展览表现形式、技术手段、展教效果等方面的原则性要求；教育活动内容设计应由浅入深、分级递进，实现多样化、系列化、菜单化，满足不同年龄层次和认知水平的人群需求。

重视展教内容建设的效果评估工作，不断改善和提升教育效果，充实完善；在此基础上，加强营销策划和品牌推广，扩大科技馆教育的社会知名度和影响力。

本节执笔人：刘　琦　龙金晶
单位：中国科学技术馆

# 第三节　科技馆的信息化建设

## 一、现代信息技术综述

20 世纪 80 年代以来，随着信息技术的快速发展，各行各业都在其影响下发生了变革，这是任何一次技术革命都无法比拟的，其意义深远而重大。进入 21 世纪以来，信息技术已逐步渗透到经济发展和社会生活的各个方面，人们的生产、生活和学习方式都发生了深刻变化。未来，随着移动互联网、物联网、大数据、云计算等深入而广泛的应用，整个社会还将产生翻天覆地的变化。在这样一个大潮流下，科技馆的教育、服务和管理工作，将发生怎样的变化？

现代信息技术在科技馆中的应用主要是利用计算机、网络等技术，在科技馆教育、服务、管理以及各项工作之间进行充分交互的数字化处理，利用信息技术完善和提升教育、服务和管理质量以及使之更加高效、合理。

现代信息技术在科技馆中的应用可分为两个大的方面，一是智能建筑系统，二是业务信息系统。国家标准《智能建筑设计标准》（GB/T 50314 – 2015）对智能建筑定义为"以建筑物为平台，基于对各类智能化信息的综合应用，集架构、系统、应用、管理及优化组合为一体，具有感知、传输、记忆、推理、判断和决策的综合智力能力，形成以人、建筑、环境互为协调的整合体，为人们提供安全、高效、便利及可持续发展功能环境的建筑"。智能建筑系统通常包括综合布线系统、计算机网络系统工程、计算机管理系统、楼宇设备自控系统（中央空调系统、给排水系统、供配电系统、照明系统、电梯系统等）、通信系统、保安监控及防盗报警系统、卫星及闭路电视系统、车库管理系统、广播系统、会议系统、视频管理系统、物业管理系统、视频会议系统、火灾报警系统、一卡通系统、计算机及其他机房等。而业务信息系统主要是针对各机构的具体业务而开发的信息系统，如财务管理系统、资产管理系统、人力资源管理系统、展品管理系统、官方网站系统、文档管理系统、办公自动化系统等。

### （一）网络在科技馆服务和管理中的拓展

随着互联网技术在中国的推进和纵深发展，科技馆的信息化建设也由单机应用逐步向网络系统应用过渡。根据国内最大的域名注册服务商——中国万网域名 Whois 信息显示：2000 年 6 月，中国科技馆向互联网域名机构申请了官网域名，成为国内首个拥有官方网站域名的科技类博物馆；2001 年 9 月，将于当年 12 月开放的上海科技馆也向互联网域名申请机构申请了其官网域名。2002 年 9 月，中国科技馆官方网站上线运行，开启了国内科技馆建设网络服务窗口的序幕。此后十余年间，国内数十家省/市级科技馆建成开放，其官方网站上线，为公众提供了无时间地域限制的网络服务窗口。随后，中国科技馆及部分地方科技馆又陆续建成了面向公众售票的电子票务系统及面向科技馆内部组织和管理的电子化办公系统（OA 系统）等网络系统平台，有效地提高了科技馆服务公众和内部组织管理的效率。

此外，各地方科技馆也逐步在展品的展示中引入互联网等信息技术手段，中国科技馆、上海科技馆、广东科学中心等的展区都涵盖了以机电一体化、计算机网络、数码影视、计算机软件集成为特征的信息化展区及信息展示手段。2006 年由中国科协、教育部、中国科学院共同建设的基于互联网传播的国家级公益性科普服务平台——中国数字科技馆正式上线运行，更是体现了国内教育界和科技界对网络科普平台的重视和期待。此外，和学校基础教育相结合的、以不同年级基础教育课件为主要内容的山东省数字科技馆的上线，也开启了馆校信息化教育的新思路。2009 年之后，数十家地方数字科技馆及二十多家中国数字科技馆二级子站的陆续建立，也将科技馆的信息化建设引入了崭新的互联网信息化时代。

**（二）移动互联网下的科技馆信息化建设**

近年来，随着第四代移动通信技术和智能手机终端在国内的普及和发展，科技馆的信息化建设工作也迈入一个崭新的台阶。中国互联网络信息中心（CNNIC）2017 年 8 月发布的最新统计报告[①]称，截至 2017 年 6 月，我国手机网民规模达 7.24 亿，网民中使用手机上网人群提升至 96.3%。伴随着国内移动互联网的迅猛发展，各类基于移动平台的信息化系统建设以燎原之势迅速影响了科技馆传统业务的诸多方面。大量基于移动客户端的网站及系统平台的兴起，如国内众多科技馆网站的移动版，基于移动客户端的展品和服务二

① 中国互联网络信息中心. 中国互联网络发展状况统计报告：2017［R/OL］.（2017 - 08 - 04）［2018 - 05 - 02］. http：//www. cnnic. net. cn/hlwfzyj/hlwxzbg/hlwtjbg/201708/P020170807351923262153. pdf.

维码，以及各大科技馆官方微博、微信的先后推出，都为科技馆的网络科普信息化提供了新方向和新思路。中国科技馆 2010 年 9 月开通新浪微博官方账号，截至 2017 年 9 月累计"粉丝"567 万人；广东科学中心 2011 年 8 月开通官方微博账号；浙江科技馆 2011 年 3 月开通微博账号，粉丝累计 36 万人。此外，中国数字科技馆推出的掌上科技馆 App，合肥科技馆、宁波科学探索中心等科技场馆的官方微信活动都获得了大量"粉丝"的关注，移动互联网上的科普宣传活动开展得有声有色。科技馆的信息化建设已经进入移动互联网时代。

### （三）多媒体技术在科技馆中的应用

多媒体技术以其鲜明的表现形式、丰富的表现内容、生动的表现情境等特点，在科技馆中得到了广泛的应用。在科技馆中利用多媒体进行教育活动，能够激发观众的学习兴趣，发挥其主观能动性，让观众亲历探索过程，深化教育活动的教育目的；视频会议是多媒体技术在科技馆中的重要应用之一，各个会场的场景、人物、图片、图像以及讲话的相关信息，通过计算机网络实时传送，身处不同地方的工作人员通过视频会议进行实时沟通，极大地提高了工作效率；在科技馆中应用多媒体监控技术，能够及时发现异常情况，及时报警，并且存储报警数据，综合图、文、声、动画等各种信息，能够更加直观地观察到警报信息；新兴多媒体技术——虚拟现实引入科技馆，作为展品或者是教育活动的辅助技术，为观众带来更加真实、震撼的体验感受。

在科技馆中得到了广泛应用的现代信息技术，还包括大数据分析技术、iBeacon 技术、人工智能、无线定位系统、物联网等。

## 二、科技馆信息技术总体规划

科技馆信息技术总体规划对于理清科技馆信息化发展思路、推动科技馆信息化建设有着关键作用。需要从业务出发，以科技馆的业务架构为蓝本，规划科技馆信息化愿景并最终落实到一系列的信息化项目之上。科学合理、切实可行的信息技术总体规划，可以有效保证科技馆信息化发展方向正确，涵盖内容全面，工作重点突出，整体计划有序，资源配置合理，为规划周期内的信息化项目实施打下基础。

科技馆信息化应用主要覆盖科技馆展示内容、展示手段和科技馆日常运营管理等方面。展示内容涉及信息技术的展项很多，如展示计算机技术、卫星光纤通信技术、多媒体网络技术等。但在实际工作中，往往存在展项反映的信息技术已过时、对高新技术前沿和最新动态关注不够等问题。展示手段方面主要涉及特效影视、多媒体技术、互联网技术、实时控制技术和虚拟现实技术等。

日常运营管理方面，一般将信息系统发展分为六个阶段，分别为：初装阶段（只作为办公设备使用，应用非常少）、蔓延阶段（利用计算机解决工作中的问题，应用需求开始增加）、控制阶段（计算机的使用超出控制，开始从整体上控制计算机信息系统的发展，在客观上要求组织协调，解决数据共享问题）、集成阶段（建成统一的信息管理系统，互联网技术建设开始由分散和单点发展到成体系）、数据管理阶段（开始选定统一的数据库平台、数据管理体系和信息管理平台，统一数据的管理和使用）和成熟阶段（信息系统已经可以满足企业各个层次的需求，从简单的事务处理到支持高效管理的决策）。[①]目前科技馆日常管理信息化系统多数还处于控制阶段向集成阶段转变的阶段，普遍存在数据共享难的问题。在网站建设和微信、微博账号公共宣传方面，网站主要存在域名不完整、主页信息量少、内容和形式缺乏吸引力、网页设计不专业和网站维护不及时、一个科技馆使用多个微信或微博账号，互联网信息资源与实体馆缺少联动机制等问题。

**（一）总体目标**

广泛应用云计算、大数据、物联网和移动技术，全面提升信息平台承载能力和业务应用水平，消除业务壁垒，实现信息化融入科技馆全业务、全流程，实现数据资产集中管理，数据资源充分共享，信息服务按需获取。建成创新发展、高效运作、系统安全可靠、覆盖全部业务和全部用户的新一代科技馆资源管理平台。

**（二）一体化平台**

一体化平台包括网络传输服务、基础设施服务、数据资源服务、信息集成服务、应用构建服务、系统接入服务等六项服务九个组件。一体化平台是在现有信息化建设基础上，创新应用云计算、大数据、物联网、移动互联网等技术，用一种新型架构组建而成的。其中，网络传输增加对物联网的支持；

---

① Richard. Managing the Crisis in Data Processing [J]. Harvard Business Review, 1979, 57 (2): 115 – 126.

基础设施提供软硬件资源的封装，支撑云计算技术的应用；数据资源引入大数据技术，构建公共数据资源池；信息集成引入移动互联技术，构建企业服务总线；系统接入增加移动应用平台；应用构建提出云开发的目标。通过重点建设上述"一网络一门户九组件"十一项内容，最终实现"平台即服务"（PaaS）的发展目标，夯实科技馆实现管理业务"软件即服务"（SaaS）的平台基础（图 2-1）。

一体化平台建设的核心内容是建设（改造升级）科技馆的一网络一门户九组件，进而实现一体化平台的"组件化、虚拟化、服务化"，全面提升一体化平台的网络传输服务能力、基础设施服务能力、数据资源服务能力、信息集成服务能力、应用构建服务能力和系统接入服务能力（简称"六项服务能力"）。一体化平台将逐步发展成科技馆的云计算平台，能够集中管理、按需分配信息资源，将服务器、网络和存储等基础设施以及软件平台作为服务平台，为业务应用构建资源虚拟、弹性伸缩、稳定可靠、管理高效的一体化运行环境、集成环境和展现环境。

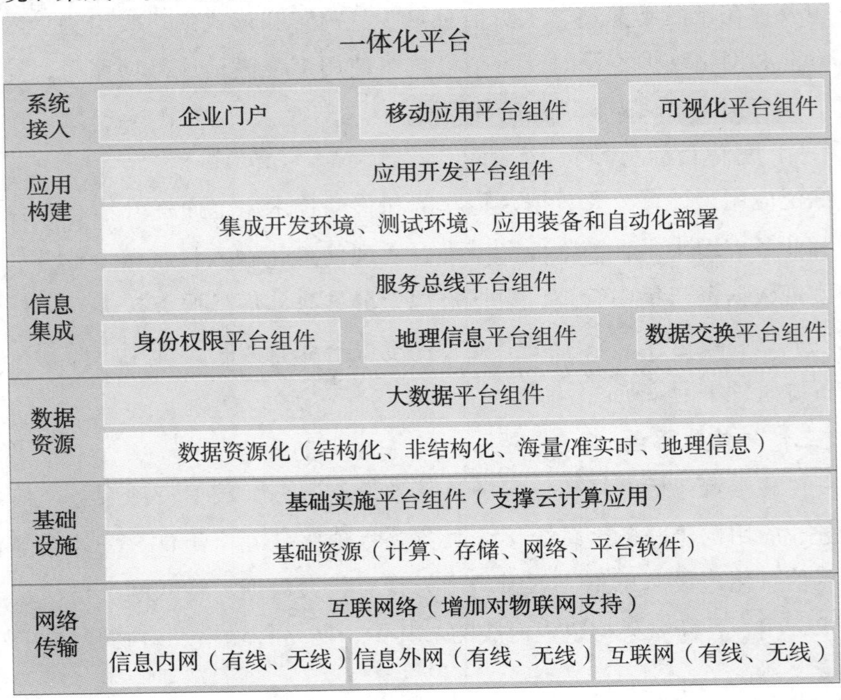

| 一体化平台 | | |
|---|---|---|
| **系统接入** | 企业门户 | 移动应用平台组件 | 可视化平台组件 |
| **应用构建** | 应用开发平台组件 | | |
| | 集成开发环境、测试环境、应用装备和自动化部署 | | |
| **信息集成** | 服务总线平台组件 | | |
| | 身份权限平台组件 | 地理信息平台组件 | 数据交换平台组件 |
| **数据资源** | 大数据平台组件 | | |
| | 数据资源化（结构化、非结构化、海量/准实时、地理信息） | | |
| **基础设施** | 基础实施平台组件（支撑云计算应用） | | |
| | 基础资源（计算、存储、网络、平台软件） | | |
| **网络传输** | 互联网络（增加对物联网支持） | | |
| | 信息内网（有线、无线） | 信息外网（有线、无线） | 互联网（有线、无线） |

图 2-1　一体化平台架构

### （三）业务应用系统

业务应用系统架构，包括科技馆核心资源与综合管理业务、科技馆主营业务、智能分析决策三个板块。

业务应用系统的基础功能是夯实人力、财力、资产核心资源及综合管理业务，提升管理、协同能力。核心是充分利用信息技术手段，强化展览展品设计研发能力，提升展览展品质量和效果；在教育活动的开发、实施、推广、评估中融入信息化手段，探索教育手段、支撑工具、开源软硬件及教育平台的应用，最终应用大数据、云计算等技术，建设面向科技馆运行管理、经营管理、观众服务、发展战略的大数据智能决策分析体系，实现数据资产集中管理、数据资源充分共享、数据价值深度挖掘。在展示内容上减少过时信息技术展品的比例，增加反映信息技术等高新技术展品的数量；在流动科技馆、科普大篷车等科普设施上宣传高新技术前沿及最新科技动态。在展示手段上，加大信息技术的运用，借助互联网思维和工具，让公众有渠道参与其中，满足社会公众对科普展览教育的需求，如虚拟现实技术，使人通过传感器设备进入计算机创造的虚拟世界中，并能与虚拟世界进行视觉、听觉、触觉等方面的交流、应答等互动。

在日常信息化管理上，建立科技馆网站和微信微博宣传账号，扩大场馆的吸引力和知名度；建设展教资源管理平台，加快数字化资源的积累，提高员工应用信息技术支撑科普展教的能力和水平；建立媒资管理体系，建设影视资源库，实现资源共享；建设票务系统，实现预约、售票、检票的一体化管理；建设志愿者管理系统，开通志愿者管理和学习培训平台；建设移动端导览系统，记录观众的参观轨迹、参观时长等大数据，对观众的行为进行分析，指导展览展品设计研发和运行服务工作；建设客流密度系统，实现观众流量的实时监测预警，指导资源配置和提供安全保障措施；研究物联网等技术在展览展品中的应用，逐步实现展品智能化运行和自动化管理，提高展览展品完好率；建设统一的协同办公文件中心、任务中心和档案中心，以提升办公辅助决策分析能力；建设人力、财务资产管理系统，实现人、财、资产一体化集成；建设面向科技馆运行管理、科技馆经营管理、观众优质服务、发展战略的大数据智能决策分析体系。

### （四）信息安全体系

深化信息安全主动防御体系，优化安全顶层设计。建立信息安全情报收集研判和安全审查机制，构建精益高效全生命周期安全管理内控体系。深化全景可视预警监测，强化智能移动终端、无线网络安全，健全敏感数据防泄漏措施，实现信息安全基础设施协同联动，深化云计算、物联网、大数据、移动互联新技术安全，打造智能可控的新一代安全技术防护体系，实现信息安全对科技馆业务和新技术应用的推动引领。信息安全体系架构如图 2 – 2 所示。

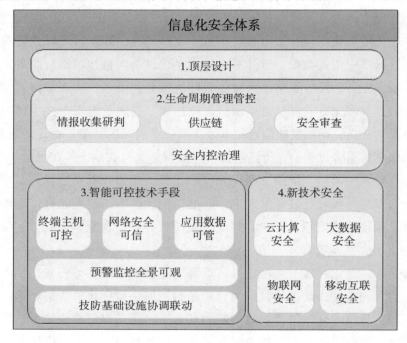

图 2 – 2　信息安全体系架构

### （五）运行维护体系

以价值服务为导向，健全组织体系，优化基础架构和流程；夯实运维基础，完善制度标准，强化安全运行责任落实，深化风险防控和隐患治理；提升科学调控、精益维护、敏捷服务核心能力。运行维护体系架构如图 2 – 3 所示。

## 三、科技馆信息技术的应用举例

### （一）科技馆信息化基础设施建设

随着信息技术的飞速发展，人们的工作和生活越来越依赖信息技术，而作为信息技术核心载体的网络系统也越来越被各行各业所重视，且发展迅猛。

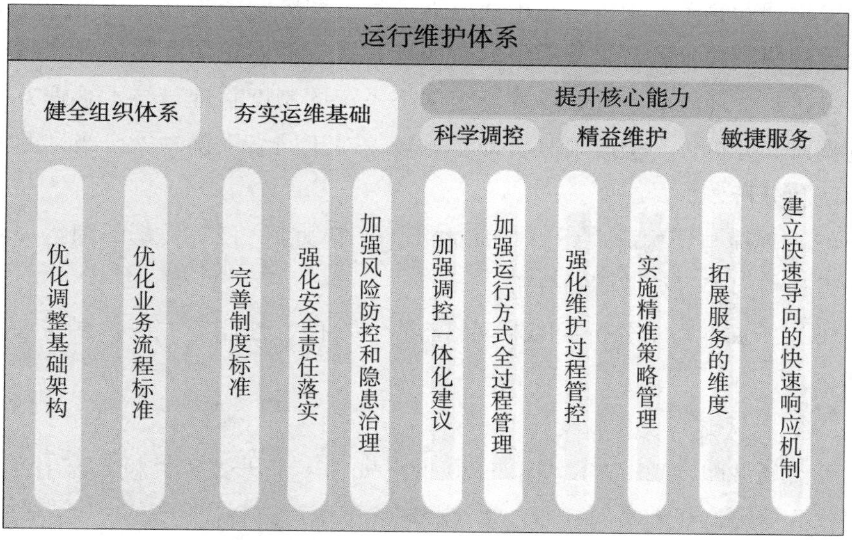

图 2-3　运行维护体系架构

科技馆作为科学传播的前沿阵地，对于信息技术运用非常重视，所以网络的规划与建设也成为科技馆信息化建设与发展的重头戏。

科技馆的网络系统规划设计没有最完美的方案，所谓最优方案不是最新技术和最先进设备的组合，而应该是相对于场馆信息化需求最适合的方案。对于不同规模、不同类型的科技馆来说，其最优网络系统规划方案往往也不尽相同。所以科技馆网络系统规划设计首要原则是适合、恰当。

1. 有线网络系统规划设计

近年，有线局域网技术得到了很大的发展。星型结构最适合应用于有线局域网中。同其他结构的网络技术相比，星型结构的有线局域网具有易于管理维护、便于升级的特点。

目前，较为流行的网络拓扑结构设计方法是层次化设计方法。一个较大规模的网络系统一般会被分成几个较小的部分，它们之间既相对独立，又互相关联，这种化整为零的设计方法即是层次化设计。通常的网络系统会被分为核心层、汇聚层和接入层三个层次。

科技馆的网络规划设计需求，主要包括应用需求分析、规模与结构需求分析和扩展性需求分析。

（1）应用需求分析：一般包括应用环境需求分析、业务需求分析、管理需求分析和安全需求分析。应用环境需求分析即对网络系统所运行的环境进行充分的调研和分析，业务需求分析即对科普场馆业务信息化情况进行的调研和分析，管理需求分析即科普场馆网络系统的制度管理与技术管理方面需求的调研和分析，安全需求分析即科普场馆对于网络系统的安全级别及要求的调研和分析。

（2）规模与结构需求分析：即对网络应用规模、投资及影响网络规模和结构设计的因素进行调研和分析。

（3）扩展性需求分析：即对网络容量、功能、性能等方面扩展需求的调研和分析。

2. 无线网络系统规划设计

无线局域网（WLAN）技术于20世纪90年代逐步成熟并投入商用，其既可以作为传统有线网络的延伸，在某些环境下也可以替代传统的有线网络。

目前科技馆的无线网络规划设计主要考虑：网络规模、技术选型、设备部署、认证管理。

（1）网络规模：做好无线网络规划设计，首先要确认需求，弄清楚要做的网络规模是最基础的一步。其中包括无线网络覆盖范围、覆盖范围内的建筑或环境结构，以及网络所承载的用户或设备容量。以上这些需求决定了所建无线网络访问接入点（AP）的类型、数量及性能。

（2）技术选型：了解了无线网络的需求之后就可以进行技术选型了。当然，现在大部分情境下都会选择第三代无线技术，但是还有协议选择、供电方式选择等技术细节需要认真考虑。

（3）设备部署：设备部署方案设计是无线网络规划设计中最重要的一环。设备部署方案的确定受到诸多环境因素的影响和制约。比如空旷的物理环境需要部署配备全向天线的大功率AP，而结构复杂的建筑物内部有时需要部署配备定向天线的小功率AP，用户密集区域需要在一定的范围内部署多个小功率的AP，甚至还需要定向天线对信号方向性进行控制。

（4）认证管理：以中国科技馆为例，它将无线网络的认证身份分为：内部员工、访客、游客。

内部员工认证方式：采用WEB认证 + MAC地址认证方式，在用户首次WEB认证之后，所有的WEB认证用户在24小时内实现无感知的接入网络。

访客认证方式：当访客接入无线网络时，会自动跳转到二维码界面，访客用户将二维码图案给已经安全接入的用户（内部用户）扫描，该安全用户协助访客认证成功，并打开上网的通道，从而使访客可以访问网络。

游客认证方式：游客可以通过微信、短信、自助系统进行认证。

微信连接无线网络旨在为客户提供一键连网的服务，游客连上无线网络之后，在弹出页面内点击"微信连无线"按钮，即可便捷地连入网络。

短信自助注册主要是用户通过输入手机号码、接收短信方式，以接收到的短信密码自助注册上网。

游客自助系统是指在展厅入口放置自助系统，通过读取个人身份证信息打印出上网凭证，获取用户名及密码。

3. 数据中心机房

当今社会已经跨入了信息化时代，包括政府、企事业单位在内的各类组织都离不开信息系统的支持，而信息系统的核心就是数据中心机房，可以说数据中心机房是信息系统的心脏。一个部署合理、运维良好的机房，保证了整个信息系统的稳定与高效运转。一旦机房出现故障，后果不堪设想。所以数据中心机房作为信息系统的基础设施，其合理化的规划和规范化的设计就显得尤为重要。

（1）数据中心机房分级

1）分级原则

根据国标《数据中心设计规范》（GB 50174－2017）中对于数据中心机房的级别划分，数据中心应划分为 A、B、C 三级。设计时应根据数据中心的使用性质确定所属级别。

科技馆的数据中心机房一般应参照对应大型科技馆设计成 B 级机房，但也需根据单位自身需求和投资能力进行评估，以确定机房等级和技术要求。

当机房的某项外部或内部条件较好或较差时，设计标准也可以降低或提高。例如，某个 B 级机房，其两路供电电源分别来自两个不同的变电站，两路电源不会同时中断，则此机房就可以考虑不配置柴油发电机。又如，另一个 B 级机房，其所处气候环境非常恶劣，常有沙尘天气，则此机房的空调循环机组就不仅需要初效和中效过滤器，还应该增加亚高效或高效过滤器。总之，机房应在满足电子信息系统运行要求的前提下，根据具体条件进行设计。

符合下列情况之一的数据中心应为 A 级。

①电子信息系统运行中断将造成重大的经济损失；

②电子信息系统运行中断将造成公共场所秩序严重混乱。

符合下列情况之一的数据中心应为 B 级：

①电子信息系统运行中断将造成较大的经济损失；

②电子信息系统运行中断将造成公共场所秩序混乱。

不属于 A 级或 B 级的数据中心为 C 级。

在异地建立的备份机房，设计时应与原有机房等级相同。

同一个机房内的不同部分可以根据实际需求，按照不同的标准进行设计。

2）各级机房的性能要求

A 级电子信息系统机房内的场地设施应按容错系统配置，在电子信息系统运行期间，场地设施不应因操作失误、设备故障、外电源中断、维护和检修而导致电子信息系统运行中断。

B 级电子信息系统机房内的场地设施应按冗余要求配置，在系统运行期间，场地设施在冗余能力范围内，不应因设备故障而导致电子信息系统运行中断。

C 级电子信息系统机房内的场地设施应按基本需求配置，在场地设施正常运行情况下，应保证电子信息系统运行不中断。

（2）云服务

现今社会飞速发展，网络信息爆炸，为适应大数据时代的来临，云计算技术应运而生。引入云计算技术，有利于快速部署业务，提高 IT 系统的资源利用率，可有效地降低场馆建设和维护成本，使经济效益最大化。利用物理资源向云平台迁移，实现从传统平台向公有云平台的迁移。与传统的应用平台相比，公有云平台的优点在于强大的计算能力、存储能力、多样化的服务以及高性价比，从而满足科技馆应用系统对计算、存储、监控等方面的需求。

4. 通信机房

通信机房是科技馆日常办公通信、对外联络和传递信息的中枢，其承载的各类通信与传输设备在防汛、防寒等应急工作中更是承担着生命线的作用。机房建设的选址与容积需在建筑设计、建造时一并加以考虑。

通信机房是提供通信设备运行和通信网络接入中转功能的场所，一般包括主机房、辅助区、支持区和管理区，其中主机房是用于通信设备安装和运行的场所，包括电话程控交换机、无线通信信号接入放大设备、光纤接入传输等设备。辅助区用于通信设备和软件的测试、维护与监控。支持区用于安装不间断电源及电池、消防设施、空调等设备。管理区用于工作人员办公。

机房分区一般根据设备规模和实际容积综合考虑，在实际的建设过程中，并非要求严格按照上述分区设计，通常建设目标是综合业务机房，即综合光端机、电话程控交换机、无线通信新信号接入放大设备与各种支撑保障设备的集成机房。

5. 多媒体会议室

随着信息技术的不断发展，显示系统、音响系统效能的不断提升，科技馆的会议室也从传统单一的会议功能，逐步发展到具备多种功能的综合性信息交流场所，新型多功能会议室将为科技馆和公众提供会议、讨论、演讲、演出、培训、交流等服务。

（1）报告厅　科技馆的报告厅是科技馆所有会议室中规模最大的，主要用于举办大型会议、学术报告、科普演出、电影播放、新闻发布、举办论坛等功能，故报告厅的使用价值和地位不容忽视，在设计中，应把它作为重点加以考虑。对报告厅内的音频、视频、灯光等系统统一考虑，打造一个符合实际应用且操作方便的数字多媒体会议综合平台。报告厅除基本的语音扩声、显示、灯光、控制四个子系统外，还应考虑以下功能的设计：

用于主席台人员观看的显示设备；

演讲人使用的交互式手写演讲显示器；

用于演出的扩声系统；

一定数量的发言席位，并具有主持、代表发言的设备和高质量语言同声传译系统；

现场音频、视频信号实时采集及监控，同步记录保存；

主席台发言人的摄像自动跟踪；

显示多媒体信息，包括多种视频源信号、文本、图片、实物及照相底片等信息；

多路视频信号输入、输出接口，视频图形阵列（VGA）接口，音频接口等；

必要的舞台演出灯光系统；

有线及无线网络系统；

远程会议及网络直播系统的功能和相应接口；

控制室空间宜设置在环境噪声较小的场所，吊顶后层高应不低于 2.7m，且能够看到会场发言席。

（2）多功能厅 多功能厅主要用于举办中型会议、综合演出、学术报告、交流研讨等综合性活动，也可以作为视频会议室的主、分会场使用。多功能厅是科技馆所有会议室中功能最多的，众多综合功能都可在此实现，在设计中，要针对其多用途的功能进行重点设计，打造一个现代化的多功能、多用途综合应用平台。其他功能设计可参考报告厅的设计思路。

（3）普通会议室 该类会议室主要供召开会议、研讨等使用，满足举办会议、小型交流研讨等功能。针对此厅堂特点，我们在设计时重点考虑语言清晰度及多媒体播放功能。

6. 安全保障

随着科技馆信息化工作的持续进行，观众服务和日常管理、行政办公等工作越来越多地依赖信息化。网络和信息化建设在大大提高办公效率的同时也带来了新的安全风险，并且安全风险与信息化水平的提高同步增长。新的攻击技术和病毒木马技术在快速发展，不断威胁着科技馆的网络安全。这些威胁在各种利益的驱动下愈演愈烈，一旦发生入侵行为，对科技馆内部会造成系统瘫痪、数据丢失等危害，对外则会造成信息泄露、观众恐慌等各种不良的社会影响。例如，门户网站作为科技馆的官方信息发布平台，是科技馆信息的主要传播媒介，如果发生黑客攻击、网站挂马等安全事件，将对科技馆的声誉产生负面影响；售检票系统是观众服务的重要业务支撑，也是为观众参观提供优质服务的第一道桥梁，如果出现安全事件，轻则导致系统宕机、业务中断，重则会造成售票信息泄露、数据丢失等严重影响；OA 系统和邮件系统是我们日常办公所依赖的重要手段，如果出现问题，将会出现系统瘫痪、内部文件泄露等诸多不良影响。如何更好地保护科技馆信息系统安全，构筑一个强大的安全防范体系，实现信息安全的"预控、在控、可控、能控"，保证网络与信息系统的安全，已变为首要问题。

信息安全管理体系由网络、机房、应用、数据传输、数据存储等若干系统组成，每个系统又可分解为多个安全目标和安全控制。信息系统的每个安全目标都有相应的安全控制策略和机制，以满足相应安全目标的要求。信息安全方案应重点针对以下安全策略进行设计。

（1）信息安全组织策略 信息安全组织是科技馆信息安全体系建设的保障前提，信息安全工作依赖于专业的人员和部门落实，但更需要得到主管领导的支持，需要有明确的安全岗位职责和任命，否则，信息安全工作将是无序的、效率低下的，甚至无法正常开展。因此，首先需要建立完善的信息安全组织体系。信息安全组织策略主要包括信息安全总体方针、信息安全管理架构等内容。

（2）资产管理策略　信息安全管理是以资产管理为基础的，安全威胁对象和安全脆弱性客体大部分都是资产，随着科技馆业务的不断发展，业务资产的不断增加，很多安全管理问题均归到了资产管理问题上，因此，需要加强对资产的管理和分类控制。资产管理策略主要包括建立信息资产问责制和对信息资产进行分类、记录、维护等内容。

（3）人力资源安全　人力资源安全是信息安全的重要保障，人员安全不仅仅体现在人员入职、离职的安全管理，更重要地体现在在职人员的岗位技能、安全意识和道德水准。任何单位如果存在蓄意破坏和心怀不满的员工，对单位信息安全的威胁都是巨大的。此外，如果全员安全意识薄弱，岗位技能偏低，都将给单位信息安全带来隐患。社会上频繁发生的终端病毒事件、泄密事件等都是人员安全意识薄弱的直接体现。因此，有必要加强人力资源安全策略建设，并通过一系列落实措施，加强对人员的安全管理。人力资源安全策略主要包括人员聘用前、聘用中和聘用终止与变更的管理。

（4）物理与环境安全策略　物理与环境安全策略旨在保护科技馆资产的安全，保护办公环境的安全。物理安全是信息安全管理体系建设中的一项基本工作，因为一旦物理与环境安全受到破坏，轻则资产丢失、信息泄露，重则整个系统将可能受到破坏，造成难以弥补的损失。物理与环境安全策略主要包括建立物理安全区域和保证设备安全等的内容。

（5）通信与操作管理策略　通信与操作管理策略是信息安全管理策略中最重要的、需要在操作层面落实、与信息系统安全相关性最高的安全策略之一。如果在日常运维中没有指导规范，没有策略流程，信息安全运维管理工作将是混乱的，极易发生安全事故，并且很难追溯事件责任。通信与操作管理需要通过管理制度、操作规程，同时结合必要的技术措施（包括安全产品和技术服务），建设一套有序的、可管理的安全运维体系。通信与操作管理策略主要包括建立操作职责和程序、安全管理第三方服务、防范恶意代码、备份、网络安全管理、存储介质管理、系统监测等内容。

（6）访问控制策略　信息安全最常见的问题就是信息资源被非授权用户

访问，导致信息泄露。如果信息泄露只是局部的或者非核心的，对我们的影响还是处在可控的范围，但当系统权限、网络权限、应用权限被滥用，不受控制，或者账号权限被恶意用户获取，那么对整个单位的影响将是巨大的。访问控制策略主要包括用户访问控制、网络访问、应用系统访问、移动计算和远程工作管理等内容。

（7）信息系统获取开发和维护策略　在信息系统获取和开发过程中就需要加强对信息安全的管理与控制。只有集成在软件开发过程中的安全措施，才能真正起到预防与控制风险的作用，而且在软件开发生命周期中，越早引入控制措施，将来运行与维护费用就越少。因此，有必要在信息系统需求阶段引入明确的系统安全需求，在系统验收和上线环节加强控制。信息系统获取开发和维护策略主要包括确定系统的安全需求、在应用中建立安全措施、实施系统上线前安全检测等内容。

**（二）办公自动化系统**

办公自动化是利用现代通信技术、办公自动化设备和电子计算机系统或工作站来实现事务处理、信息管理和决策支持的综合自动化，英文缩写为"OA"。OA 系统可以逐步实现办公流程（涵盖行政、人事、财务报销等）规范化和无纸化，节省时间，提高效率，减少人为失误，流程的责任人可以方便地查询流程的执行状况和每一步的执行状态。其常用功能如下。

1. 公文处理

公文处理系统提供了收文登记、办理、查询和归档，发文起草、办理、登记和归档等功能，并具有透明的文件运转流的特征，文件办理者可以及时、清晰地了解文件当前运转状态，真正实现了流程跟踪、监控"智能化"的功能。

2. 个人办公

个人办公主要用于个人事务的处理，包括电子日历、电子邮件、流动铺排、待办文件、待办事宜、个人资料、个人通信录等应用。

3. 档案管理

文件查询：文件查询库自动接受公文管理系统中各类收文和发文文件文档，并为大家提供一个公文查询的场所和文件归档功能。

档案业务管理：档案管理系统保留了所有已归档的文件供查询（如查询案卷定义，文件组卷、拆卷、移卷、封卷和案卷借阅）和存案，是保留和管理档案的场所。"档案管理"不仅可以与公文处理系统结合使用，处理已归档的收文、发文、签报等文件，也可以独立使用，用于登录非公文处理系统处理的其他文件。其中包含的档案借阅，提供对系统内职员借阅档案的管理。

4. 行政事务

行政事务提供诸如车辆管理、固定资产等详细业务处理功能，包括车辆管理、固定资产管理、接待管理、会议管理、人事管理等。

5. 综合信息

部门信息：用于登记一些部门内的信息，在网上发布。

公告栏：用于发布各种会议公告、通知等，发布后的信息所有网络用户都可以查阅。

网上讨论：网上用户就某一讨论主题、热门话题发表意见和见解，进行思维交流。

政策法规：用于登记一些与本单位相关的国家重要法律条文及本系统有关划定。

处室资料：提供一些重要领导讲话、互联网资料及一些报纸、杂志、图书资料。

通信录：即公用通信录，提供直属机构、分支机构、三级机构及其他一些重要单位的通信信息，如地址、邮编、电话等。

### （三）票务管理系统

来到科技馆，观众最先接触到的服务就是售票、检票系统，那么票务工作就是科技馆的名片。如何使优质服务更好地反映在科技馆的名片上，让名片能够起到宣传科技馆甚至宣传科普的作用，这是值得科技馆考虑的大事。

电子票务管理系统已不再是简单的入门售票管理系统，而是一个集智能卡工程、信息安全工程、软件工程、网络工程及机械工程于一体的智能化管理系统。它涉及电子票务制作（场所广告收入）、发票售票、通道验票、场所客流监控系统、场所资源开发决策系统及财务监管结算系统等。

1. 电子凭证技术

电子凭证在电子票务管理系统中的作用是存储票务信息或提供电子检索验证信息，记录与改变票务信息状态，实现信息的快速读取与验证，从而改变传统的"手撕"或"打孔"的标记方式。

　　电子门票根据电子凭证承载介质分为：纸质条码票、聚氯乙烯（PVC）材质的芯片票、PVC 材质或纸质内嵌的磁卡票、手机条码票、RFID 票。

　　科技馆行业目前使用较多的是条码票。纸质条码门票具有成本低廉、识别方便、准确度高、现场打印速度快等特点，门票上可以印刷全彩色精美图案及说明等，售票时把条码、座位号、场次、时间、票价等信息打印在上面。由于条码本身防伪性能及所能存贮的信息有限，对于场馆开发其他类型的票种，特别是会员票、储值票、年票等票面价值较高的票种，纸质条码门票就不能满足要求了。因此，科技馆 RFID 纸质门票应运而生。RFID（Radio Frequency Identification）是无线射频识别技术的简称，常被称为感应式电子晶片或近接卡、感应卡、非接触卡、电子标签、电子条码等。

　　2. 在线票务与支付

　　网上售票首先需要解决的是对外服务界面的落地问题。常规解决方式主要有场馆官网加载售票界面和第三方服务商加载售票界面，其中第三方服务商通常包括电子商务网站、在线票务专营网站与移动端即时通信软件。通过第三方服务商实现场馆网上售票，可借助其已有的技术平台解决身份登录与验证、网上支付和通知下发等问题，从而快速实现网上售票功能。同时还可借助第三方服务商的营销手段与固定用户群，有力开展在线营销活动，增加售票量。

　　网上支付主要分为网上银行支付和第三方支付平台等类型。目前，较为方便的是第三方支付平台，包括微信支付、支付宝支付、Apple Pay 等。平台集成了诸多银行的在线支付手段，大大减少了与不同银行洽谈购买网上支付的工作量，也有利于在同一平台上对收支进行统一管理与查询。上述方式均需收取一定额度的服务费，场馆可根据交易总量选择适宜的计费模式。

　　**（四）视频监控系统**

　　视频监控系统是安全防范系统的组成部分，它是一种防范能力较强的综合系统。视频监控以其直观、方便、信息内容丰富而广泛应用于许多场合。科技馆由于场馆较多，多配备影院、多功能厅等配套设施，并且参观人流密集，视频监控系统能够及时、高效地保障观众和员工的人身安全。

　　一套完整的视频安防监控系统通常由前端采集、信号传输、控制、显示与录像存储五个主要部分组成。

## 1. 前端采集

前端采集部分完成对视频信号的获取。它包括一台或多台安防监控摄像机以及与之配套的镜头、云台、防护罩、云镜解码器、红外灯、语音采集等摄像监控设备，完成图像信息、语音信息、报警信息和状态信息的采集。

## 2. 信号传输

信号传输部分完成对前端音视频、控制与状态信号的传送。按照传输信号的类型，可分为数字和模拟两大类。常用的模拟传输媒介包括同轴电缆、模拟光纤、微波等线路类型；数字传输系统主要包括大家熟知的 TCP/IP 网络，线路类型包括双绞线、光纤、无线网络等。

## 3. 控制

控制完成对音视频信号的显示切换、云镜的控制（PTZ）及资源的分配，是视频安防监控系统的核心。它包括音视频信号切换与分配、云镜控制、操作键盘、各类控制通信接口转换等设备，还包括配套的电源、控制台、监视器等监控设备。

## 4. 显示

显示部分完成对视频信号终端设备的输出。视频图像显示设备种类繁多，从传统的监视器、液晶监视器、投影仪，到如今的数字光处理（DLP）、液晶显示器（LCD）拼接屏等设备。视频信号的显示分为数字方式与模拟方式两种。数字方式显示又分为两种：一种是 YUV 数字信号预览显示，通常用在数字硬盘录像机的预览显示上；另一种是压缩数字信号的解压还原显示，通常用在硬盘录像机（DVR）或网络硬盘录像机（NVR）的录像回放和远程查看上。

## 5. 录像存储

录像存储部分主要完成数字视频信号存储和回放，其主要目标是在保证回放图像质量的前提下，确保存储周期、数据的完整与安全。依据视频安防监控系统的解决方案的不同，其存储构成的方案也不相同，通常主要由硬盘录像机（DVR）、网络硬盘录像机（NVR）及网络存储等设备构成。

### （五）视频管理系统

科技馆建立的视频管理系统，也可以称为多媒体信息管理发布系统，它是面向科技馆观众服务、业务应用和系统管理的综合应用系统，该系统构建于科技馆馆内的网络传输平台（IP 网络）。

视频管理系统的设计要满足网络化、模块化、数字化的特点，同时具备多媒体素材的收采、存储、管理、发布、传输、交换等功能，并具有良好的扩展性和兼容性。系统设计时以科技馆展览业务、培训业务、会议业务和应急信息发布服务等多种业务应用需求为出发点。在满足业务需求的同时，该系统可作为科技馆的服务平台为观众提供导览服务、电视直播转播服务等多种服务功能。

1. 系统架构

视频管理系统的架构一般由中心端、管理端、终端三部分组成，其中中心端为科技馆核心机房［互联网数据中心（IDC）机房］，主要用于服务器、磁盘阵列和业务系统、数据库等的部署，以及控制指令和播放内容的存储、下发。管理端为操作控制机房，主要功能为各种信号源的接入、转换、控制，流媒体编码和播放内容、时间表的制作、审核等。终端为系统的显示端，分布在科技馆各楼层、出入口等地，覆盖常设展厅、临时展厅、报告厅、培训实验室等，可实现多区域画面自动播放和现场直播转播等功能。

2. 系统功能

系统功能分为业务应用功能（根据科技馆实际业务功能选择）、观众服务功能和集中管理功能。

（1）业务应用功能 业务应用功能包括：主动播出展示，自助展品展示，工作人员展示，特定展位展示，视频会议直播、转播，视频延时播出，网站素材调用、信息与网站同步。

（2）观众服务功能 观众服务功能包括：科技馆场馆介绍、展览宣传、活动宣传，观众综合服务参观导览，观众集散区和休息区、餐厅、科普书店、纪念品商店等，智能导览，自助导览，广播电视的直播、转播，应急信息发布，人流疏导显示，客流监控显示功能，人员定位显示，客流统计显示，客流分布显示。

（3）集中管理功能 集中管理功能包括：多媒体数据素材采集收录、审核，多媒体数据素材的编辑、分类、存储、查询、迁移、管理等，信息发布管理、节目单编排，各类型信号源和数据源的调度，终端播放设备和显示设备的集中控制，其他相关外部设备的集中控制。

**（六）广播系统**

公共广播系统是用于远距离、大范围内传输声音的电声音频系统，能够对处在广播系统覆盖范围内的所有人员进行信息传递。在科技馆中其主要功能为背景音乐播放、消防紧急广播以及日常业务应用等。

1. 广播系统设计原则和设计依据

首先对科技馆的背景广播、业务广播及紧急广播等实际使用要求进行全面分析，然后按照功能全面、技术成熟、操作简便、运行稳定等要素进行设计，并严格遵照相关标准执行。涉及标准有：《公共广播系统工程技术规范》（GB 50526－2010）、《民用建筑电气设计规范》（JGJ 16－2008）。

2. 广播系统功能

公共广播系统向科技馆的所有区域提供可靠的、高质量的广播服务。该系统平时播放背景广播和业务广播，当突发公共紧急事件时，系统自动将广播权强行切换至紧急广播状态，末端扬声器的音量调至最大。紧急广播具有最高优先控制级别。

根据科技馆实际情况，可将系统分成若干区域，例如影院区、办公区、展区等，每区域可设置优先级别最低的广播控制单元，日常可对区域范围内进行背景音乐广播和业务广播。

（七）客流统计与分析系统

近年来科技馆人流量逐年增加，如在中国科技馆，全年客流量超过 300 万人次，高峰时期人流量超过 5 万人次/天。如此高的人流量一方面不利于科技馆整体的宏观调控，另一方面给观众带来诸多不便，甚至可能发生人员伤亡事故。因此，更好地提供实时、准确的人流监测与统计信息，能够为场馆的运营和管理提供可靠的基础数据和分析，及时掌握进入场馆的观众数量，并可制定观众拥挤预警等级，便于在参观人数过多的时候更好地加强安全管理，避免发生因观众过多而引起的拥挤、踩踏等安全事故。

传统的客流统计主要是依靠人工，在短时间内可靠性高，但需多次或长年统计与分析，因此费用较高，并会出现瞒报、迟报等不可控现象。随着现代信息技术在经济生活各个领域的普及，在科技馆等场馆采用现代化的人流监测统计系统，是将来发展的必然趋势。

1. 客流统计系统需求与功能

目前客流统计系统常用于商场、旅游景区、公共活动区域、博物馆等公共场所的管理，它能够为大型机构、企业的运营决策和综合管理提供准确及时的数据参考。

客流统计系统的主要功能为：

流量统计：监测指定出入口的人员进出流量，计算相应封闭区域的人员数量；

密度监控：监测指定监控区域的人员密度，用以预警重点区域密集程度；

人员闯入：监测特定区域人员闯入情况，通常用于安防，或重要与危险区域看护；

排队监测：监测业务受理或活动参与情景下的人员排队情况。

2. 客流统计系统组成

客流统计系统一般包括：客流采集终端、数据中间传输设备、统计分析应用与数据系统、网络客户端应用、客流管理平台。

客流采集终端是客流的采集设备，它将采集到的客流信息通过数据传输设备传送到统计分析应用与数据系统进行分析。在科技馆等场馆，客流采集终端主要包括闸机、隐蔽式摄像头、宽动态相机等前端客流情况设备。

数据中间传输设备将客流采集终端采集到的数据准确无误地传输到统计分析应用与数据系统，一般是指工控机、视频矩阵等记录、传输与接口设备。

统计分析应用与数据系统是后台应用服务器与数据库服务器及相关支撑软件或设备，该系统是整个客流系统运行的核心。在该系统上运行的数据中心平台软件完成前端客流分析终端数据的采集、客流数据的分析汇总、数据报表的展现、用户管理等功能，并最终实现各种功能的应用。

网络客户端应用主要包括 PC 或移动端的应用程序，用户可以通过该应用程序进入客流统计系统，进行各种数据查询，调阅各种分析报表，并可以选择导出所需报表等，通常安装在客流统计系统终端上。

客流管理平台主要包括后台参数设置、报表分析、集中展示程序等，可根据自身需求生成时段、日、周、月、季、年等各类报表和各种形式多样的报表，方便用户实施相应的科学规划及处理措施。

## （八）导览系统

在科技馆中，作为信息的提供方，科技馆有展示自我以及发布信息的需求，而观众的需求主要为被动获取信息以及主动查询信息，因此导览系统应运而生。导览系统主要供科技馆发布志愿者招募信息、场馆以及票务信息等，并能够使观众实现地图公交信息的查询、科技馆相关服务活动信息的查询以及关键词的搜索等。在科技馆中，导览系统包括固定导览系统和移动导览系统两类。

1. 固定导览系统

固定导览系统是展示科技馆信息并为参观者提供信息服务的系统，它包含位于公共空间的外设终端和呈现于终端的信息内容。随着信息技术的进步以及科普场馆参观者需求的多元化，科技馆固定导览系统也应当提供多元化的信息服务，包括展馆的基本信息介绍、地图查询、展厅展品信息查阅等。

根据固定导览系统架设位置的不同可区别化设计其服务功能。

（1）对于位于场馆进出口附近的设备，使用者更加注重信息的查阅功能，所以系统应包含以下功能：

展馆基本信息的展示，如开闭馆时间、票务信息等；

展厅地图查询及导览；

良好的导航及检索预览功能；

展厅活动的介绍预览。

（2）对于位于展厅内部的设备，这些地区设备使用者更加注重展厅内容的阅览，因此要求系统具有以下功能：

展品信息的查阅，包括展品位置、基本介绍及音视频信息播放；

展厅活动介绍及相关音视频播放；

其他科普类信息的展示，包括数字科技馆内容、科普视频等。

在软硬件条件充足的前提下也可以使任意设备兼具以上两类功能，但要注意区别化设计。为了提供区别化服务，对功能进行拆分可使系统显得不那么臃肿，提高用户体验性。

2. 移动导览系统

移动导览系统是以科技馆已有资源为基础，充分利用公众个人智能终端，针对公众对游览的需求所设计的一套能够体现公众随意性和自主性的系统。

（1）导航功能　智能导览系统移动终端能够通过室内及室外定位技术，确定观众当前位置，并根据观众需要提供导航服务。

（2）服务功能　向公众提供针对科技馆的各项服务功能，包括资讯查询功能（公众通过系统对关键字进行搜索，返回相关结果）、预约功能（包括团体预约和个人预约功能，预约成功后返回验证码，到馆后将验证码作为凭证兑换门票）、购票功能（通过系统进行购票，系统需要与支付系统进行对接，达到一站式服务）、客服功能（用户可通过系统与场馆服务人员适时进行沟通咨询）等。

（3）讲解功能　公众通过近距离无线通信技术（NFC）、iBeacon、自动回复或二维码等方式获取讲解服务，系统所展示页面需能够满足安卓、iOS 和 WP8 三种不同操作系统的要求，且保证在大部分主流手机终端的各种分辨率中能够正常显示。同时，页面要求能够流畅播放视频、音频内容，要求支持多种多媒体格式，包括但不限于 AVI、MP4、MP3、FLV、WMV、WMA、MOV、MKV、3GP，能顺畅显示文字、图片、视频及 3D 模型。要求页面具有分享到朋友圈和关注公众号两个按钮，同一件展品的多张图片可左右切换或计时切换，视频可播放及暂停。

（4）提醒功能　系统应该为公众提供提醒服务，当公众满足系统设定的位置提醒条件时，系统应通过预定的方式通知公众。同时，公众可以通过设置起点、终点、中间点等信息自动生成最有效路径。

（5）网络连接　系统需要能够正常与 WiFi 连接，以提高用户体验效果。可借助科技馆内的无线网络系统，并支持提供导览信息点播和下载。

本节执笔人：王一帆　韩景红　周　际　赵兵兵
单位：中国科学技术馆

# 第四节　科技馆特效影院的建设

## 一、特效影院简介

### （一）特效影院的内涵与分类

1. 特效影院的内涵

特效电影，又称特种电影，是指以非常规的电影制作手段，采用非常规电影放映系统及观赏形式的电影作品。[①] 特效影院即指利用特殊的播放系统，包括放映机、银幕、座椅乃至环境设施等，来放映特种电影的影院。它在建

---

① 国家广播电视总局电影局. 特种电影管理暂行办法［S］. 2002 - 11.

筑构造及设备配置上与传统影院有很大不同，更加强调观众的整体感官体验。特效影院通过超视角画面、运动仿真、模拟环境等特殊影、音、味效果，为观众营造一种身临其境的氛围。

2. 特效影院的种类

特种电影有很多种形式，如球幕电影、巨幕电影、环幕电影、4D 电影和动感电影等。球幕电影又称"穹幕电影"，是指在半球面银幕上放映的电影；巨幕电影是指使用比常规宽银幕电影更高更宽的银幕，具有高清晰度大画面和高保真立体声的特种形式电影；4D 电影也称四维电影，D 代表维度，是指在 3D 立体电影的基础上增加环境特效模拟仿真而组成的新型电影；动感电影是指影院观众厅的地面或座椅能带动观众身体随画面展示的情节做不少于两个自由度运动的电影。① 按照不同类型电影的组合，又有其他的电影形式，如 3D 球幕电影、球幕动感电影、4D 动感电影、4D 巨幕电影等。

**（二）科普场馆中特效影院的作用**

1. 作为科普电影的良好载体

与普通电影相比，特种电影在设备设施及技术方面的变化更容易增加观众的好奇心，激发观众的参与兴趣。正因如此，特效影院是放映科普影片的最佳选择。特效影院一般放映一些自然环保、科学探险、天文宇航等题材的科普影片。观众通过观看影片可获取科学理论知识，感受科学研究方法，体验科学探索过程，激发科学求索兴趣。

2. 展示电影相关的科技成果

特效影院及其放映设备是科学技术发展的产物。电影从黑白发展到彩色，从无声发展到立体声，经过近百年的时间逐步走向了成熟，但是观众对电影的娱乐性和感官效果不断有更高要求。于是出现了各种形式的特效影院，银幕从环形到球形，还有的在影院内设置了多种环境模拟设备，让观众从视觉到嗅觉、触觉等多重感官都有了全新体验。因此，每一种特效影院都是观众了解电影新技术、体验现代科技的载体。观众观看特效电影，既能体验电影技术发展带来的非同寻常感受，也能在参与体验中了解现代影视的相关技术发展。

---

① 中国科学技术馆. 中国科学技术协会 2011 年科普基础设施标准研究课题项目：科学技术馆特效影院建设标准（建议稿）［R］. 2011.

3. 通过感官体验引发科学思考

特效影院让观众感受高科技电影技术带来的特殊体验，其直接目的在于展示和体验。通过吸引观众体验电影，使观众在体验中产生兴趣、爱好、联想和思考，这种调动观众参与的方式正吻合了现代科技馆鼓励观众参与的教育理念。因此可以说，特效电影本身就是一件大的展品。如动感电影除采用立体电影放映技术外，还集液压机械、自动化控制、计算机编程等为一体。观众坐在动感座椅上随着影片场景变换感受了动感效果，同时也会思考座椅为什么会动，怎么和电影配合。因此，这不仅是体验电影的过程，也是引发思考、启迪创新的过程。

## 二、特效影院设置原则[①]

### （一）确定影院规模的主要因素

建设特效影院之前应当合理确定建设规模，控制建设投资，提高投资效益。特效影院规模过大，影院上座率低，不仅会造成前期投资的浪费，而且对特效影院的日常运行也会产生不良影响；规模过小，无法满足观众的观影需求，影响观影质量。科技馆特效影院的建设规模，主要由所在城市的常住人口规模和科技馆规模决定。

在对全国科技馆特效影院的调研数据进行统计的基础上，从较完整的数据中剔除年观众量少、上座率低的科技馆数据，对影院运行指标良好的科技馆按照规模分类，进行对比分析，计算得出城市每万人占有影院面积、城市每万人占有影院座位数等数据。分析结果表明，特效影院规模和城市常住人口之间的比例趋近于一个确定值（表2-1），并分析得出特效影院规模与科技馆建设规模之间的关系（表2-2）。

表2-1　特效影院建设规模和所在城市常住人口的关系

| 科技馆规模 | 城市每万人占有特效影院建筑面积（平均值） | 城市每万人占有特效影院座位数（平均值） |
|---|---|---|
| 特大型馆 | 0.858m²/万人 | 0.380 个/万人 |

---

① 中国科学技术馆. 中国科学技术协会2011年科普基础设施标准研究课题项目：科学技术馆特效影院建设标准（建议稿）［R］. 2011.

续表

| 科技馆规模 | 城市每万人占有特效影院建筑面积<br>（平均值） | 城市每万人占有特效影院座位数<br>（平均值） |
|---|---|---|
| 大型馆 | 1.074m²/万人 | 0.304 个/万人 |
| 中型馆 | 1.047m²/万人 | 0.234 个/万人 |
| 小型馆 | 0.629m²/万人 | 0.174 个/万人 |
| 平均值 | 0.902m²/万人 | 0.273 个/万人 |

表 2-2　特效影院建设规模和科技馆建设规模之间的关系

| 项　　目 | 特大型馆 | 大型馆 | 中型馆 | 小型馆 |
|---|---|---|---|---|
| 特效影院数量 | 2~4 | 2 | 1~2 | 1 |
| 球幕影院 | 宜建 | 选择其一 | 选择其一 | 不宜 |
| 巨幕影院 | 宜建 | | | |
| 动感影院 | 宜建 | 宜建 | | |
| 4D 影院 | 宜建 | 宜建 | | 宜建 |
| 影院面积/科技馆面积<br>（平均值） | 0.021 | 0.049 | 0.043 | 0.054 |
| 影院座位数/科技馆面积<br>（平均值） | 73.4 个/万 m² | 114.8 个/万 m² | 111.1 个/万 m² | 124.1 个/万 m² |

## （二）不同类型特效影院的建设规模

### 1. 球幕影院

球幕影院以球幕直径度量影院规模，一般宜建直径 18m、23m 的球幕影院。可依据科技馆规模适当调整球幕影院的建设规模，但球幕直径不宜大于 30m、不宜小于 13m。这是因为球幕影院的建筑结构比较特殊：球幕直径太小，会大大削弱球幕临场感的效果；直径太大，又会增加建筑成本和设备成本。

### 2. 巨幕影院

巨幕影院以观众座位数度量影院规模，大型馆可根据情况设置此类影院，座位数宜设 300~600 座，大型以下的场馆不宜设置此类影院。

### 3. 4D 影院

4D 影院以观众座位数度量影院规模，座位数宜设 40~100 座，可随场馆大小适当调整 4D 影院的建设规模。

4. 动感影院

动感影院以观众座位数度量影院规模，由于设备的特殊性，座位数宜设 20~60 座。

### （三）特效影院相关房屋设置

科技馆特效影院房屋建筑中观众厅的面积由影院规模确定；放映机房的面积根据设备类型不同差异较大，需按设备确定；其他用房需考虑工作人员办公室、库房等需求；公共区域需考虑售票处、卫生间、观众缓冲区等需求。观众缓冲区面积需根据影院的瞬时最高观众容量确定。

### （四）观众量预测

影院筹建过程中应合理预计投资效益，为今后的良性运行打下基础。可以用特效影院单位面积年观众量与展厅人数的比例来衡量投资效益。科技馆特效影院单位面积年观众量可按 80~150 人预计，或者按影院的观众量与常设展厅观众量比例 1：10 预计。

科技馆特效影院设计应按瞬时最高观众容量合理确定各主要专业技术指标，并按百人疏散指标计算特效影院应有的疏散总宽度。瞬时最高观众容量的估算分为影院观众厅内和影院观众厅外，估算公式如下：

$$\text{影院观众厅内瞬时最高观众容量} = \frac{\text{座位数}}{\text{入场时间}}（\text{人／分}）$$

出入口分开情况下：

$$\text{影院观众厅外瞬时最高观众容量} = \frac{\text{座位数}}{\text{入场时间}}（\text{人／分}）$$

出入口未分情况下：

$$\text{影院观众厅外瞬时最高观众容量} = \frac{2 \times \text{座位数}}{\text{入场时间}}（\text{人／分}）$$

计算科技馆特效影院瞬时最高观众容量，可依次推算消防安全疏散楼梯、疏散门、走道、观众缓冲区等各自的宽度、面积、电动扶梯应有的运送能力、观众休息座椅数量等，以及核算与瞬时最高观众容量有关的各专业主要技术指标。

### 三、特效影院建筑要求[①]

关于影院建设的技术要求方面，常规商业影院的相关规范和标准相对健全，从 1994 年起，国家颁布了《电影院视听环境技术要求》（GB/T 3557 – 1994）、《电影院建筑设计规范》（JGJ 58 – 2008）等多部技术规范，对于影院的建筑设计、声学设计、防火设计以及视听效果等内容都做出了具体规定。然而，巨幕、球幕、4D、动感等特效影院与常规影院在构造上有较大区别，不完全适用于常规影院的标准。因此，在总结分析我国特效影院建设现状的基础上，本书提出了以下建议，为科普场馆影院的建设和运行提供参考。

**（一）总体布局**

1. 宜独立设置

根据科技馆建设总体布局，影院建造宜独立于展厅，且应设置独立出入口或通道。

2. 多个特效影院

多个特效影院宜集中设置。特殊布局也可采用分散式或二者相结合的方式。

3. 动感影院及 4D 影院

动感影院及 4D 影院应位于建筑最底层；位于其他楼层时必须采取消声、减振措施。

4. 售票处

售票处位置不应远离影院。

5. 影院附属设备间

影院附属设备间不宜贴临观众厅设置；当贴临设置时，应采取消声、隔声及减振措施。

**（二）建筑设计**

（1）特效影院设计应考虑观众人流组织的合理性，保证有序入场和退场，人流不应有交叉和逆流。不在首层的影院应设置电梯或自动扶梯。

（2）球幕影院和巨幕影院观众厅楼面均布活荷载标准值应取 $3kN/m^2$；动

---

① 中国科学技术馆. 中国科学技术协会 2011 年科普基础设施标准研究课题项目：科学技术馆特效影院建设标准（建议稿）［R］. 2011.

感影院及 4D 影院观众厅楼面均布活荷载标准值，应根据设备特殊要求进行设计。

（3）观众厅应根据电影工艺要求设计空间尺寸。

（4）影院观众厅观众视距、视点高度、视角、放映角及视线超高值应参考现行《电影院建筑设计规范》（JGJ 58－2008）中相关规定；球幕影院、巨幕影院应适当调整。

（5）巨幕影院和球幕影院观众席座椅扶手中距不宜小于 560mm，净宽不宜小于 460mm，排距不宜小于 1100mm；4D 影院和动感影院应根据设备自身特点确定。

（6）观众厅内走道的布局应与观众座位片区容量相适应，应与安全疏散相结合。

（7）观众厅内宜采用台阶式地面，前后排地坪高差一般不宜大于 0.45m；球幕影院根据银幕倾角及影院直径的特殊性可适当加大地坪高差。

（8）影院银幕应由坚固金属支架支撑，银幕弧面中点至幕后的墙面距离不应小于 1.2m。

（9）放映机房楼面均布活荷载标准值不应小于 $3kN/m^2$。特殊较重设备应按实际荷载计算。

（10）放映机房内应设置放映窗口和观察窗口，放映窗口应安装光学玻璃。

（11）放映机房应有独立的疏散通道，其安全出口不得与观众厅出口合用。

（12）影院前厅应设有明显观众入场标识，并应与观众厅座位数协调。影院前厅面积不应小于 $0.3m^2/$座。

（13）公共区域应设独立影院售票处，售票处应有醒目的显示设施，可显示节目场次、时间等信息。

（14）公共区域应设卫生间，卫生间与观众厅的距离不宜大于 50m。

（15）观众厅、放映机房和疏散通道中应预留设备安装所需的预埋管线、设备运输通道、设备安装维修空间等。

（16）室内装修应采用防火、防污染、防潮、防水、防腐、防虫的装修材料；装修不得妨碍消防设施、疏散通道及安全出口的正常使用。

（17）观众厅内装修必须牢固，吊顶与主体结构吊挂应构造安全。体量较大、管线较多的吊顶内应有检修空间，影院应设置检修马道。

（18）观众厅银幕后方应选用无反光黑色材料，走道地面宜采用阻燃深色地毯，观众席地面宜采用耐磨、耐清洗材料。

（19）放映机房和辅助设备间的地面宜采用防静电、防尘、耐磨、易清洁材料，墙面与天花板应做吸声处理。

（20）观众厅内的建筑声学设计，应保证适合的混响时间、均匀的声场、足够的响度，满足扬声器对观众席的直达辐射声能，保持视听方向一致，同时避免回声、颤动回声、声聚焦等声学缺陷并控制噪声的侵入。观众厅的立体声效果以覆盖全部座席的 2/3 以上为宜。

（21）建在展厅内的特效影院，应将噪声控制在国家相关环境噪声标准的规定之内。观众厅应设隔声门，隔声量不应小于 35dB。出入口应设置声闸。当放映机与空调系统同时开启时，空场背景噪声不应高于电影院 NR 噪声评价要求。

（22）建在综合建筑内的球幕影院、巨幕影院，应形成独立的防火分区。

（23）观众厅内座席台阶结构应采用不燃材料。吊顶应采用 A 级装修材料，吊顶内吸声、隔热、保温材料与检修马道均应采用 A 级材料。墙面、地面材料不应低于 B1 级，银幕架、扬声器支架应采用不燃材料制作，银幕和所有幕帘材料不应低于 B1 级。

（24）面积大于 $100m^2$ 的地上观众厅和面积大于 $50m^2$ 的地下观众厅，应设置机械排烟设施。观众厅通风和空气调节系统的送、回风总管道及穿越防火分区的送、回风管道在防火墙两侧应设防火阀。风管、消声设备及保温材料应采用不燃材料。

（25）观众厅内设置消防自动喷水系统时，应按现行《自动喷水灭火系统设计规范》（GB 50084 - 2017）中的相关规定设计系统及水量。

（26）放映机房及辅助设备间应采用耐火极限不低于 2.0h 的隔墙和不低于 1.5h 的楼板与其他部位隔开。吊顶装修材料不应低于 A 级，墙面、地面材料不应低于 B1 级。放映机房应设火灾自动报警装置。

（27）放映机房及辅助设备间宜采用气体灭火系统，其设计应符合现行《气体灭火系统设计规范》（GB 50370 - 2005）中的相关规定。

（28）由于特效影院的特殊性，对于球幕影院和巨幕影院，尤其公映要求或高度超过现行《自动喷水灭火系统设计规范》（GB 50084 - 2017）的要求，无法布置自动喷水灭火系统时，建议可设置固定消防炮灭火系统或大空间智能喷水系统。其设计应符合现行《固定消防炮灭火系统设计规范》（GB 50338 - 2003）中的相关规定。

（29）特效影院建筑灭火器配置应按现行《建筑灭火器配置设计规范》（GB 50140 - 2005）中的相关规定执行。

（30）室内消火栓宜设在影院前厅、观众厅主要出入口和楼梯间附近以及放映机房及辅助设备间入口处等明显位置，并应保证有两支水枪的充实水柱同时到达室内任何部位。

（31）观众厅疏散门的数量应经计算确定，至少不应少于两个，门宽不应小于1.40m。应采用甲级防火门，并应朝向人流疏散方向开启。疏散门不应设置门槛，在紧靠门口1.40m范围内不应设置踏步。疏散门应为自动推闩式外开门，严禁采用推拉门、卷帘门、折叠门、转门等。

（32）观众厅外的疏散通道在2m距离内应无障碍物、悬挂物。当疏散通道有高差变化时宜做成坡道，当设置台阶时应有明显标志、采光及照明。疏散楼梯踏步宽度不应小于0.28m，踏步高度不应大于0.16m，楼梯最小宽度不得小于1.20m，转折楼梯平台深度不应小于楼梯宽度；直跑楼梯的中间平台深度不应小于1.20m。

（33）特效影院应设置给水排水系统，其中放映机房、设备辅助用房及卫生间根据使用要求设置给水排水设施，观众厅宜设置消防排水设施。特效影院用水定额、给水排水系统的选择，应按现行《建筑给水排水设计规范》（GB 50015 - 2003）中的相关规定执行。

（34）特效影院应设置通风和空调系统，须符合现行《工业建筑通风与空气调节设计规范》（GB 50019 - 2015）中的相关规定。通风和空气调节系统应采取消声减噪措施，防止噪声通过风口传入观众厅。

（35）观众厅内供暖制冷标准应达到夏季不高于25℃，相对湿度不宜大于65%；冬季不低于20℃，相对湿度不宜小于30%。观众厅内气流应进行专项设计，布置风口时，应避免气流短路或形成死角，银幕附近不宜设置风口。

（36）放映机房的空调系统应做到单独控制，以满足放映机房温湿度要求。放映机房温度宜在18～22℃，相对湿度在40%～60%，数字放映机可适当放宽。根据放映系统的具体要求，放映间应设有直通户外的排风通道，放映设备上方不宜设置风口。

（37）特效影院配电设计应符合现行《低压配电设计规范》（GB 50054 –
2011）中的相关规定，其照明和电力的电压偏移均应为±5%。影院附属设备
和放映设备宜采用相互独立供电。事故照明及疏散指示标志可采用连续供电
时间不少于30分钟的蓄电池作为备用电源。

（38）特效影院为独立建筑时，其防雷措施应符合现行《建筑物防雷设计
规范》（GB 50057 – 2010）中的相关规定。

（39）放映机房设备用电采用380V、TN – C系统，根据不同的设备配置，
提供用电容量。放映机房专用工艺电源应按照放映设备及配套的音响设备
确定。

（40）观众厅及放映机房等墙面及吊顶内的照明线路，应采用阻燃型铜芯
绝缘导线或铜芯绝缘电缆，并要求穿金属管或金属线槽敷设。

（41）观众厅照明应采取多路调光方式，并采用智能照明控制方式。观众
厅亮度建议在75～150lx，放映机房及设备间宜在75～150lx，放映时可调节到
20～50lx，其他房间的照度应符合现行《建筑照明设计标准》（GB 50034 –
2013）的规定。

（42）观众厅、疏散通道、楼梯间用于疏散的事故照明的最低水平照度不
应低于0.5lx。

（43）疏散指示标志应符合现行《消防安全标志第1部分：标志》（GB
13495.1 – 2015）和《消防应急照明和疏散指示系统》（GB 17945 – 2010）中
的相关规定。

（44）特效影院所包含的建筑设备、安防系统、消防系统应纳入科技馆整
体智能化管理系统中。

（45）特效影院应配备足够的便于扩展的通信基础设施，放映机房内应有
直拨电话、网络接口。

## 四、特效影院技术参数和设备选型

### （一）球幕影院（天象厅）

1. 系统组成

胶片电影放映系统：胶片电影放映机、供收片机构、控制机柜、辅助设
备（水冷却机组、空气压缩机、整流器等）。

数字天象系统：投影机、数字播放服务器、数字星空软件。

光学天象系统：操作控制台、恒星球、行星投影、日月投影及辅助设备等。

音响系统：数字音频处理器、功率放大器、音箱、线缆等。

银幕。

影院座椅、照明及特效灯光等相关设施。

2. 基本技术要求

（1）银幕倾角　只放映球幕电影的球幕影院，银幕倾角宜设30°，兼顾天象厅的球幕影院，银幕倾角宜设20°～25°。

（2）图像分辨率　放映数字电影时，图像的分辨率宜不低于4000×4000像素。大型球幕影院宜达到8K像素。

（3）银幕亮度　放映2D电影时，银幕亮度宜不低于4ftL。多机拼接的电影画面，画面之间不能有明显的亮度差。

（4）帧率　2D影片帧率30帧/s，3D影片帧率宜不低于60帧/s。

（5）对比度　放映数字电影时，图像的帧内对比度宜不低于10∶1，顺序对比度宜不低于2000∶1。

3. 设备选型

设备选型与影院建筑、计划播放影片内容和格式、影院所承担的教育任务、预算等因素密切相关。放映设备按所放映的节目类型不同可分为三类：胶片电影播放系统、数字视频播放系统、实时星空演示系统。

（1）胶片电影播放系统　胶片电影播放系统主要采用大画格胶片放映机配置鱼眼镜头和高增益银幕来实现。常见设备有 IMAX（加拿大）的70mm 15片孔放映机和 SimEx-Iwerks（加拿大）的70mm 8片孔放映机等。但随着科技发展，胶片电影逐渐被数字电影所取代，胶片放映机也逐渐退出历史舞台。

（2）数字视频播放系统　数字视频播放系统是目前球幕影院主要选用的放映方式，一般以多台投影机拼接形式投射整个银幕，配以数字播放服务器，系统造价一般低于实时星空演示系统。主要供应商包括 Fulldome. Pro（乌克兰）、D3D Cinema（美国）、昊天天文仪器、赢康（wincomn）、莫高丝路、恒润科技等。

（3）实时星空演示系统　实时星空演示系统兼具数字星空演示功能和数字视频播放功能，主要用于具有天文科普功能的天象厅和球幕影院，供应商主要包括 Evans & Sutherland（美国）、Sky – Skan（美国）、Zeiss（德国）、

RSA Cosmos（法国）、Sciss（瑞典）等。

（4）**光学天象仪** 有条件的场馆还可设置光学天象仪，光学天象仪通常不会单独安装使用，一般需要辅以数字天象投影系统或其他辅助投影系统，适合大型场馆或天文馆采用。供应商主要包括 GOTO（日本）、Zeiss（德国）、Konica Minolta（日本）、昊天天文仪器等。

（5）**银幕** 以播放电影和视频节目为主的球幕影院宜采用倾斜式银幕，倾斜角度为15°~30°，座椅向前放置。只播放数字星空或光学天象仪节目的影院可采用水平式银幕，座椅向心排列。球幕影院的银幕一般为穿孔铝板，有搭接和拼接两种形式，一般拼接幕效果优于搭接。光学天象仪一般配合较低增益银幕使用。

（6）**移动球幕影院** 对于未建设影院的场馆可考虑使用移动球幕影院，它具有成本低、安装布置灵活的优点。移动球幕影院可分为正压式（充气式）和负压式（抽气式）两种，后者需搭建银幕框架，屏幕相对规整。投影形式有单机鱼眼镜头投影和多通道投影拼接两类，影院内装备小型音箱。

**（二）巨幕影院**

1. 系统组成

数字电影放映系统：数字电影服务器、数字电影放映机；

音响系统：数字音频处理器、功率放大器、音箱、线缆等；

银幕；

影院座椅、照明及特效灯光等相关设施。

2. 基本技术要求

具体要求参考《数字电影巨幕影院技术规范和测量方法》（GD/J 040 – 2012），其主要指标如下。

（1）**银幕亮度** 2D 放映时银幕中心度亮度应为 $48cd/m^2 \pm 10cd/m^2$，3D 放映时银幕中心度亮度（立体眼镜后观看）宜不低于 $15cd/m^2$。

（2）**对比度** 2D 放映帧内对比度100：1，2D 放映顺序对比度1200：1。

（3）**双机亮度差** 使用双机放映时，银幕上相同位置的两机亮度差应不大于10%（以接近标准亮度值者 $48cd/m^2$ 为计算基准）。

3. 设备选型

设备选型与影院建筑、计划播放影片内容和格式、影院所承担的教育任务、预算等因素密切相关。

（1）立体形式　巨幕影院银幕面积大，宜采用双机播放。立体眼镜分主动式和被动式两大类，主动式为电子快门眼镜，被动式有光谱式、偏振式眼镜，其中偏振式眼镜购买和维护成本相对较低，在巨幕影院中使用最为广泛。

（2）数字电影放映机和服务器　数字电影放映机供应商主要有 IMAX（加拿大）、中国巨幕、Christie、Barco、NEC 等。数字电影服务器供应商主要有 IMAX、中国巨幕、杜比、GDC、Doremi、辰星科技等，其中杜比、GDC、Doremi、辰星科技属于通用数字电影服务器，而 IMAX、中国巨幕与本品牌电影放映机配套使用，不兼容数字电影数据包（DCP），因此节目来源上限制大。

（3）光源　数字电影放映机光源类型主要有氙灯、汞灯、激光三类，其中激光光源寿命长，色域广，维护少，是未来发展趋势。

（4）音响系统　音响系统主要有基于声道的音响系统和基于对象的沉浸式音响系统，基于声道的音响系统主要有杜比数字 5.1、DTS 等，沉浸式音响系统主要有杜比全景声、中国多维声（SMDS）等。

### （三）4D 影院

1. 系统组成

数字放映系统：数字电影服务器、数字电影放映机；

音响系统：数字音频处理器、功率放大器、音箱、线缆等；

银幕；

特效系统：特效控制柜、特效座椅、环境特效设备；

影院照明及特效灯光等相关设施。

2. 基本技术要求

画面技术要求可参考《数字影院立体放映技术要求和测量方法》（GD/J 047 - 2013）。其中主要指标如下。

（1）银幕中心亮度　立体放映时，银幕中心亮度（立体眼镜后观看）应为 $16cd/m^2$（公差范围 $+6cd/m^2$ 或 $-3cd/m^2$）。

（2）串扰度　串扰度应不大于 2.5% 。

（3）帧内对比度　帧内对比度应不小于 50：1 。

（4）双眼亮度差　左右眼的银幕中心亮度差应不大于银幕中心亮度的 10% 。

4D 影院的特效仿真参数建议如下。

座椅运动：垂直升高 30~50mm，左右平摆幅度 30~60mm，前倾或后仰俯仰角不小于 8°。

面水风：可独立供风、供水和复合供雾化水汽。

搔颈：搔颈安装在座椅靠背前面，由观众左右耳边的两个搔颈元件执行，可独立控制。

耳音：由观众左右耳边的两个微型扬声器完成，扬声器功率为 2~3W。

搔腿：采用气动无规则运动触划腿部，运行速度和力度对人体无伤害和疼痛感。

滚珠：滚动频率控制在 0.1~2Hz。

捅背：捅背幅度 3cm，捅背面积 $3cm^2$，压力小于 1kg。

气味：绝对杜绝使用强刺激化学药品，保证安全无伤害。

3. 设备选型

（1）电影放映设备　4D 影院的电影放映设备主要有数字投影机和数字电影机两类，其中后者具有更强的专业性，条件允许的情况下建议配置电影放映机，主要品牌包括 Christie、Barco、SONY、NEC 等。

（2）系统集成　4D 影院环境特效设备和特效座椅主要以系统集成形式进行配置，4D 影院系统集成商主要包括 YAOX（中国台湾）、SimEx-Iwerks（加拿大）、恒润科技、宁波新文三维股份有限公司等。

**（四）动感影院**

1. 系统组成

胶片电影放映系统：胶片电影放映机、供收片机构、控制机柜、辅助设备（水冷却机组、空气压缩机、整流器、液压系统等）；

数字放映系统：数字电影服务器、数字电影放映机；

音响系统：数字音频处理器、功率放大器、音箱、线缆等；

银幕；

动感座椅；

影院照明及特效灯光等相关设施。

2. 基本技术要求

（1）画面技术要求　同 4D 影院。

（2）座椅运动参数建议　上下升降幅度 0~500mm；左右倾斜 ±30°；前后俯仰 ±30°；左右横向 ±300mm；前后平移 ±300mm；水平旋转 ±30°。

3. 设备选型

（1）特效座椅　按照运动维度多少，特效座椅可分为三自由度、四自由度、六自由度几类，其中六自由度是由三个平动自由度加三个转动自由度组成的，模拟效果更好。按照运动机构不同，特效座椅可分为电动、液压、气动三类，其中电动座椅伸缩定位准确，响应快速，模拟效果最为逼真。

（2）安全机构　动感座椅运动剧烈，应配有安全带及安全监测机构。

（3）电影放映设备　同4D影院。

（4）系统集成　运动座椅和控制系统主要以系统集成形式进行配置，系统集成商主要包括：SimEx-Iwerks（加拿大）、恒润科技、宁波新文三维股份有限公司、合昊机电科技有限公司等。

（5）立体眼镜　动感影院适于使用圆偏振立体眼镜或光谱分光眼镜。

本节执笔人：贾　硕　王　丽
单位：中国科学技术馆

# 第三章　流动科技馆

## 第一节　流动科技馆概述

流动科技馆是相对于实体科技馆而言的另一种类型的科普教育设施。本文所指的"流动科技馆"特指由中国科协设立的"中国流动科技馆项目"中的内容，为了表述方便，以下简称为"流动科技馆"。

### 一、流动科技馆的发展

#### （一）流动科技馆的由来

科技馆作为实施科教兴国战略、人才强国战略和创新驱动发展战略，提高全民科学素质的重要科普基础设施，起到了其他科普形式无法替代的独特作用，一直以来得到各级政府的高度重视和广大公众的喜爱。

随着我国经济实力的进一步增强和各级政府对科普事业的重视，科技馆建设有了较快的发展。但由于科技馆建设周期长、建设要求高、维护资金庞大、人力资源不足等因素制约，科技馆建设和发展过程中存在一些不足。一是场馆总量相对不足。按照人均占有科技馆的数量比，我国仅相当于美、英、日水平的1/10左右。[①] 二是发展不平衡。目前，我国东部地区集中了全国半数以上的科技馆，且多集中于大、中城市，很多不适合建科技馆的中、小城市，缺乏科普展教资源和服务，科普基础设施建设处于十分落后的局面，公民的科普需求难以满足。三是展教资源不足。部分科技馆特别是县市级科技

---

① 陈健. 中国流动科技馆发展对策研究报告［R］. 中国科协"科普发展对策研究课题"，2011.

馆，由于人力、财力等资源限制，互动性展品资源匮乏，长期得不到更新，难以吸引公众的兴趣。

为深入贯彻科学发展观，全面落实《全民科学素质行动计划纲要（2006—2010—2020 年)》和《关于进一步加强和改进未成年人校外活动场所建设和管理工作的意见》，加大科普资源开发与共享工作力度，2009 年，山东省科协联合山东省教育厅、财政厅开始"流动科技馆县县通"工程试点，把科普资源送到基层，为山东省各县市的青少年提供参与科普活动的平台。2010 年 3 月，山东省正式启动"流动科技馆县县通工程"，受到公众的热烈欢迎，社会反响热烈。此项活动得到了中国科协领导的高度重视。

2010 年 5 月，中国科协领导在实地调研山东省"流动科技馆县县通工程"后指出："此项工程是山东省科协工作的一项创举，是科普工作面向基层、服务群众、加速流动科普平台建设的一项重要举措，是基层科普资源开发共建共享、全民共享的有效形式，对于进一步提高基层广大公众科学素质，特别是青少年科学素质具有重要而深远的意义，值得在全国推广。"因此，在借鉴山东省经验的基础上，中国科协决定启动"中国流动科技馆项目"，面向全国推广。流动科技馆的实施和推广，是中国科协深入贯彻落实科教兴国战略、人才强国战略和创新驱动发展战略部署，落实《全民科学素质行动计划纲要（2006—2010—2020 年)》要求的一项重要举措。

**（二）流动科技馆的发展轨迹**

2010 年 6 月，中国科协启动了"中国流动科技馆项目"开发工作，由中国科技馆负责项目的具体实施。经过一年的努力，中国科技馆完成了 9 套流动科技馆展览的内容研发和制作。

2011 年 7 月，中国科协将 9 套流动科技馆展览资源配发到山东、四川、贵州、云南、陕西、甘肃、青海、宁夏、新疆 9 省（自治区），联合开展了"中国流动科技馆"全国巡展试点工作。流动科技馆所到之处，受到当地公众特别是青少年的热烈欢迎。截至 2011 年年底，共巡展 24 站，服务公众达 102 万人次。

2012 年，"中国流动科技馆项目"在财政部立项，国家财政支持 1000 万元。一方面，在流动科技馆类型、运行管理模式、标准化建设等方面进行研究与探索，开发了 3 套新型流动科技馆，优化了展览设计方案，形成了较为规范、可持续发展的运行机制。另一方面，确保参与试点的 9 套展览及支持贵州的 1 套展览继续发挥作用，使国家财政投入的资金发挥最大的社会效益。同年，根据中国科协领导的指示，提出了"要探索形成广覆盖、系列化、可持续的流动科技馆公共服务工作机制"的工作要求，推动中央和地方联合共建，分区域实施好中国流动科技馆巡展工作。2012 年，共运行流动科技馆 13 套，巡展 46 站，服务公众达 164 万人次。

2013 年，在国家财政的支持下，"中国流动科技馆项目"实施范围进一步扩大。国家财政投入 1 亿元，开发制作了 48 套流动科技馆，东部地区自筹资金开发 16 套流动科技馆，覆盖范围从 9 个省扩展到 23 个省、自治区、直辖市，广泛服务于全国尚未建设科技馆的地区公众，向着"广覆盖、系列化、可持续"的发展目标不断迈进。2013 年，中国流动科技馆共运行 77 套展览，走过 185 个县（市）巡展，服务公众 808 万人次。

2014 年，利用国家财政经费开发展览 50 套，东部地区自筹资金开发展览 16 套，覆盖省份扩大到 27 个省、自治区、直辖市。同年 6 月 9 日，中国科协与财政部联合印发《中国流动科技馆实施方案》，进一步明确了职责任务和分工，中国科协主要负责流动科技馆巡展组织实施和业务指导，财政部主要负责中国科协组织的流动科技馆展览资源及展教活动开发经费安排，各省级科协和财政部门负责本地流动科技馆巡展的综合协调、经费保障。中国科协与财政部联合发文的举措，极大地增加了各省在财政资金上对项目的支持力度，同时也为中国流动科技馆项目的可持续发展起到了积极推动作用。2014 年，对项目进行了总结评估及绩效再评价工作，收效良好。2014 年，中国流动科技馆运行 146 套展览，走过 374 个县（市）巡展，服务公众 1538 万人次。

2015 年，利用国家财政经费开发展览 56 套，东部地区自筹资金开发展览 19 套，根据绩效再评价意见，2015 年流动科技馆项目招标工作采用按图纸加工制作、展品组价的方式进行，按图加工制作使流动科技馆的工作方式产生重大转变。2015 年，全国运行流动科技馆展览 220 套，巡展 551 站，服务公众 2124 万人次。

2016 年，流动科技馆加大创新展品研发力度，全面更新大型组合类展项——"小球旅行记"，展品更新率达到 86%，开发出一套全新的展览内容及优质的展览资源；此外，实现了流动科技馆展览服务功能的优化升级，完成了局域网系统研发，为观众提供手机 App 导览、语音解说等网络智能服务，通过网络实现局域网资源跨区共享，扩大服务范围，为公众提供不受时间和空间限制的交互式科普服务。2016 年，共面向全国配发展览资源 60 套，东部地区自筹资金开发展览 15 套，巡展 567 站，服务公众约 2021 万人次。

2011—2016 年，"中国流动科技馆项目"共面向全国配发展览 230 套，项目投入经费累计达到 3.9 亿元；东部地区自主研发展览 65 套，投入经费 7500 万元。全国流动科技馆共巡展 1747 站，累计服务观众约 6757 万人次，超额完成在财政部立项时提出的 4 年完成"开发 192 套展览、巡展 1500 个县、服务公众 5000 万人次"的任务指标。其中，中小学生参观比例占 90% 以上，受到全国各地观众的热烈欢迎和喜爱。

## 二、流动科技馆的内涵及主要特征

### （一）流动科技馆的内涵

流动科技馆是实体科技馆的另一种展示形态。它以开展科学技术普及工作和活动为主要目的，具备小型科技馆基本展教功能，为县级基层地区的公众提供参与互动的、科学实践的、流动的、临时的科普展览和教育活动，重点为没有建设科技馆的县级基层地区提供科普服务。与一般科技馆不同的是，流动科技馆是流动的，以各地现有的公共基础设施为展览场地（体育场、图书馆、学校报告厅、青少年活动中心等），展教资源可以在不同地区最大限度地共享，普惠更多基层公众。

2010 年，中国科协将此项工作纳入重大项目实施范畴，并正式命名为"中国流动科技馆项目"。经过认真研究论证，将"流动科技馆"定义为：以"参与、互动、体验"为教育理念，以经过模块化设计后的科技馆展品和活动为载体，以巡回展出的方式，将展览资源送到尚未建设科技馆的地区，为公众特别是青少年提供免费的科学教育服务，解决我国基层科普设施不足和科普资源配置不足的问题，以便加快科学知识及科学观念在边远地区、贫困地区的传播速度和覆盖广度，促进公民科学素质薄弱地区公众科学素质的提高，实现科普资源的公平和普惠。

### （二）流动科技馆的特征

与实体科技馆相比，流动科技馆主要有以下特点。

1. 经典与高新展项结合，内容丰富

流动科技馆展览以"体验科学"为主题，分为科学探索、科学生活、科学实践 3 个展区，包括"声光体验""电磁探秘""运动旋律""数学魅力"

"健康生活""安全生活""数字生活"7 个主题共 50 件互动型经典展品，涉及多个学科领域，与最新的虚拟现实（VR）技术、3D 打印技术、智能控制技术、充气式移动球幕影院等高新科技展示手段相结合，并配套科学表演和科学实验等教育活动，为经济欠发达地区的公众提供前所未有的新奇科学体验。

2. 模块化设计，机动灵活

为满足基层对科学内容的多元化需求，以及考虑各地所能提供的场地条件，"中国流动科技馆"的展示内容采取模块化设计，以科技馆最经典的基础科学内容展品为基础，融入了健康生活、安全生活、数字生活等主题内容模块，同时与科学表演、科学实验和科普影视等相结合，组成内容丰富、形式生动的流动科技馆科普资源。

各地可根据场地条件，以模块为单元，对 5 个内容模块进行拆分和组合，在展览面积 $300 \sim 800 \mathrm{m}^2$ 的多种场地条件下展出。这种模块化、组合式展览形式极大地满足了基层需求，同时，有利于展览的标准化设计，对展品质量控制与维护来说具有促进作用，为实现流动科技馆的全覆盖和可持续发展提供了有力的支撑。

在展出形式上，流动科技馆展览便于拆装和运输，形式灵活多样，由于其具有较强的流动性，因此，辐射范围较广，可利用各地现有公共基础设施作为活动场地，深入实体科技馆无法辐射的县市。

3. 服务县（市）级公众，着力公平与普惠

按照《科学技术馆建设标准》，城市户籍人口数量不足 50 万的城市不宜建设科技馆。根据第五次全国人口普查结果，城市户籍人口 50 万以下的城市主要是县和县级市，据统计，我国城市户籍人口 50 万以下的县及县级市共计 2064 个（不包含市辖区），这是流动科技馆应该服务的范围。为了使这些地区的公众也能享受科技馆这种快乐、启发式的科普教育形式，可以通过流动科技馆形式为这些地区的公众提供展教服务。流动科技馆采用点对面的流动式服务方式，以县及县级市为中心，面向所在城市及周边地区短期开放，影响面较广。

总之，流动科技馆与实体科技馆各有特点，又相互补充，通过明确各自职能，合理分工，可以形成合力，有效满足不同区域、各类人群对科普资源的需求。流动科技馆主要服务县、县级市地区，对实体科技馆辐射不到地区

的公众尤其是青少年提供科普服务，促进科普公共服务的公平与普惠，为全民科学素质的提高起到了积极的推动作用。

# 第二节　我国流动科技馆的发展现状

## 一、流动科技馆的发展成效

"中国流动科技馆项目"实施以来，不仅完成了"十二五"期间的各项工作任务，而且项目的发展还呈现出以下主要特点。

### （一）流动科技馆展览数量持续增长，受益人数快速提升

经过 2011 年和 2012 年两年的试点，"中国流动科技馆项目"积累了丰富的项目经验。2013 年，在财政部立项后，流动科技馆展览保有量以年均53 套的速度持续增长。目前，（除港澳台数据外）全国 29 个省均有多套流动科技馆的展览项目；随着展览数量的增长，参观展览的人数大幅提升。如表 3 - 1 和图 3 - 1 所示，2011 年项目试点时，9 套展览接待观众总计 102万人次。2016 年，展览保有量达到 282 套，接待观众量达到 2021 万人次；单套展览平均每年接待的参观者约 7 万人次，相当于一座中小型实体科技馆的年接待观众人数。

表 3 - 1　"中国流动科技馆项目"基本情况统计

| 年份 | 投入经费/万元 | | 开发套数/套 | | 运行套数/套 | 观众人数/万人 | 巡展站点数/站 |
|---|---|---|---|---|---|---|---|
| | 中西部 | 东部 | 中西部 | 东部 | | | |
| 2011 | 1800（自筹） | | 9 | 0 | 9 | 102 | 24 |
| 2012 | 1000 | | 4 | 0 | 13 | 164 | 46 |
| 2013 | 10219.5 | 2750 | 48 | 16 | 77 | 808 | 185 |
| 2014 | 10000 | 2930 | 50 | 19 | 146 | 1538 | 374 |
| 2015 | 8350 | 1656 | 56 | 18 | 220 | 2124 | 551 |
| 2016 | 8000 | 1500 | 60 | 15 | 282 | 2021 | 567 |

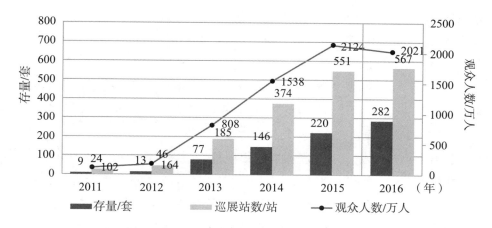

图 3 - 1　流动科技馆历年展览套数、巡展站数及参观人数对比

2015 年，国家提出"精准扶贫"的战略方针，中国科协要求"中国流动科技馆项目"对全国 592 个贫困县实现全覆盖。截至 2016 年 12 月，中国流动科技馆项目已覆盖 474 个贫困县，全国贫困县市巡展覆盖率达 80%。

各地政府、各省科协高度重视流动科技馆巡展项目，围绕实施《科学素质纲要》，按照"广覆盖、系列化、可持续"的工作部署，扎实推进中国流动科技馆巡展工作，以富有实效的举措，高效、有序地完成 2016 年巡展任务（图 3 -2），实现各省第一轮覆盖任务指标。

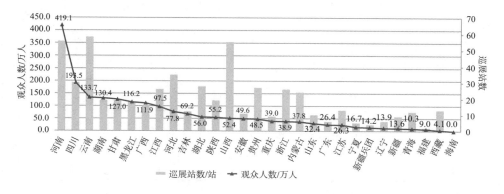

图 3 - 2　全国流动科技馆 2016 年运行情况

其中，河南省流动科技馆巡展 2016 年接待观众 419 万余人，占全国流动科技馆全年接待观众人数的 20%，实现河南省全省县市覆盖率 97.2%，贫困县巡展覆盖率 100%，改善了基层科普阵地相对薄弱的现状，覆盖面广，社会

效果显著。四川、云南、湖南、甘肃、黑龙江、广西 6 省流动科技馆巡展平均接待观众超过 100 万人，对省内公民科学素质建设和科教事业发展起到了积极作用。全国范围内，流动馆巡展年接待观众 50 万 ~ 100 万人的有 6 个省，10 万 ~ 50 万人的有 12 个省，还有部分省份因为地广人稀、受恶劣自然条件限制及资源配套较少等因素，年接待观众近 10 万人。

**（二）展览品质快速提升，制作成本逐年降低**

经过多年的摸索，"中国流动科技馆项目"制定了按图加工的展览制作模式，探索标准化、批量化生产的机制和办法，在工艺质量上不断提出新的标准和要求，不仅降低了制作成本，还使得展品的品质和质量大幅提升。

如表 3－2 所示，2012 年，单套展览的开发经费为 200 万元/套。经过标准化图纸的设计、按图加工制作方式的确定以及招标模式的转变等项目管理机制的改进，展览制作正在向批量化、标准化生产的模式转变，单套展览的制作成本大幅度降低。2015 年，单套展览的制作成本为 98 万元/套，比 2012 年降低了 50%。2016 年，流动科技馆展览内容进行了更新升级，展品更新率达 50%，新增 3D 打印机、VR 设备等展项，虽然单套展览制作总经费略有增加，为 112 万元/套，但单件展品的制作成本持续降低。

表 3－2　中国流动科技馆展览社会效益测算表

| 年份 | 单套展览制作经费 /万元 | 单站观众人数 /万人 | 单套展品参观人数 /万人 |
|------|------|------|------|
| 2011 | 200 | 4.25 | 11.3 |
| 2012 | 195 | 3.57 | 12.6 |
| 2013 | 190 | 4.37 | 10.5 |
| 2014 | 135 | 4.11 | 10.8 |
| 2015 | 98 | 3.85 | 9.8 |
| 2016 | 112 | 3.56 | 7.17 |

经过测算，中国流动科技馆展览每套展品制作成本约 140 万元，每套展品寿命周期 14 站，运行成本总计 140 万元，平均每站 3 万人参观体验，参观成本约为 6.66 元/人次，投入产出比高。

2014 年 10 月，财政部对项目进行了绩效再评价，报告显示，社会公众对流动科技馆的满意度达到 90% 以上。同年 12 月，中国科协对项目进行了总结评估，认为项目收效良好。

**（三）展示内容和形式逐年丰富，教育效果和质量稳步提升**

"中国流动科技馆项目"紧跟公众实际需求以及科技发展步伐，积极将国内外科技发展成果以及新技术热点转化为展示内容，不断丰富公众的体验感受。2013 年，新增机器人演示项目、教育活动资源包，并自行开发移动球幕影片；2015 年，增加创客教育的相关内容，配置 3D 打印机；2016 年，流动科技馆展览配置了电子互动屏，进行展览的电子导览和辅导；新增 VR/AR 技术的相关展示，将前沿科学技术带到公众身边。

2015 年，为了丰富流动科技馆展览内容，中国科技馆启动了"中国流动科技馆展品研制项目"，项目设立了展品研制专项经费，促进了新展品研发、球幕影片开发等展览内容的更新升级。

2016 年全面更新大型组合类展项——"小球旅行记"，流动馆展品更新率达到 86%，以全新的展览内容及优质的展览资源面向广大观众。其中，新的组合展项——"机械韵律"由"单球"升级为"多球"，融入"机械 + 电控"组合的展示方式，增加多种机械传动结构，结合智能机械手臂、二进制原理、分色识别等多项科技知识点，其效果更新颖，知识内容更多元；2016 年开发并完成球幕影片《探月工程》《智能制造》，将国家重点科技项目及前沿科技知识通过特效影视展现给广大基层群众。同时进一步提升球幕影院硬件设备，采用新型自动气闭式影棚，升级播放设备，为公众提供更好的观影体验；实现科普服务功能的优化升级，通过完成局域网系统研发，为观众提供手机 App 导览、语音解说等网络智能服务；通过网络实现局域网资源跨区共享，增加了偏远地区公众接触优质科普资源的机会；利用"互联网 +"模式扩大服务范围，让更多的公众享受流动科技馆这种"交互体验式"的科普教育。

此外，各项目执行单位充分利用流动科技馆资源，积极开展丰富多样的科普教育活动。如有些省市因地制宜，通过身边科学讲座、演讲比赛、科普剧汇演等形式，使中国流动科技馆巡展形式更加多样，拓宽了科普的受众范围，提升了观众的认知度；部分省市在巡展期间普遍开展观后征文活动，得到热烈响应；还有些地方融进了当地的主题科普活动，如结合流动馆展览举办科普节，扩大巡展的影响。

### （四）观众满意度及社会知名度逐步提升，社会效益显著

2016 年，为了对"中国流动科技馆项目"实施六年以来的科普效果进行客观评价，发现问题并制定有针对性的对策和解决方案，为本项目"十三五"的规划布局提供基础数据和参考依据，中国科技馆委托北京大学作为第三方机构开展了"中国流动科技馆项目科普效果评估"工作。评估小组通过借鉴国外科普设施的评估成果经验，结合我国流动科技馆的特点和目标，首次提炼形成了观众满意度效果、社会知名度等多个维度的流动科技馆科普效果评价体系。通过向全国 22 个省发放 6000 余份调查问卷以及对 7 个省（直辖市）的 21 个站点进行深入观众调查和访谈的方式，对全国流动科技馆的实施效果进行了全面评价。

就观众满意度效果而言，结果显示：表示"非常满意"和"比较满意"的观众约占总数的 87%；认为流动科技馆对于知识助力"非常有帮助"和"比较有帮助"的观众约占总数的 90%；参观结束后表示"非常希望"和"比较希望"再次参观流动科技馆的观众占总数的 83%（图 3 – 3）。"中国流动科技馆项目"覆盖观众的年龄分布广泛，基本覆盖了从 12 岁以下到 65 岁以上各个年龄段的人群，其中 13 ~ 18 岁以下青少年的比重高达 68.7%。

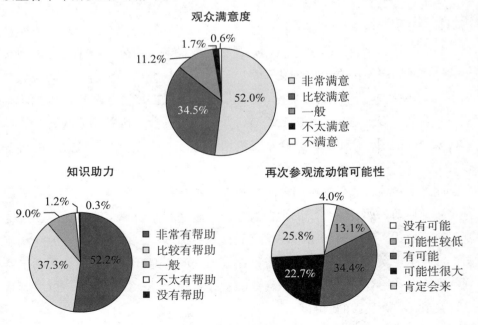

图 3 – 3　中国流动科技馆观众调查情况

就社会知名度而言，结果显示：六年来共有 511 家媒体对流动科技馆的相关新闻进行过报道，报道总数为 2249 篇。其中新华网、网易网、人民网、中国网、光明网、搜狐网为中国流动科技馆项目的主要报道媒体，充分说明该项目受社会主流媒体的关注程度高，社会影响力显著（图 3-4）。

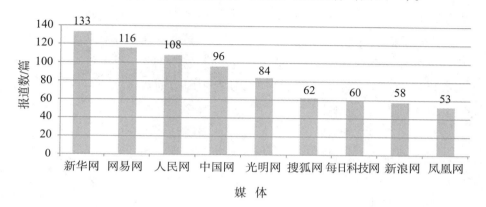

图 3-4　媒体针对流动科技馆报道篇数

按照省份做媒体报道细分统计结果显示：四川省是对流动科技馆项目宣传报道数量最多的省份，其次是河南、甘肃、陕西、湖南、贵州、江西等地，充分表现了这些地区对流动科技馆的重视程度和社会知晓程度。从区域分布上来看，报道主要集中在中西部地区，尤其是以西部大开发省市为主，充分说明流动科技馆在西部科普资源相对贫乏地区具有更高的社会知名度，对于推动西部地区的科学教育公平普惠工作起到了积极的作用（图 3-5）。

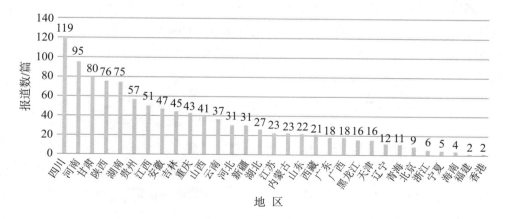

图 3-5　各地区对流动科技馆的媒体报道数量

各地流动馆的巡展活动引起了各大媒体的关注，纷纷对流动馆项目进行宣传报道。据不完全统计，2011—2016 年，平面媒体共计报道流动科技馆 170 余次，其中《人民日报》《光明日报》等中央媒体报道 31 次。以"中国流动科技馆"为关键词在百度搜索，网络媒体报道及转载达 148000 个词条（截至 2016 年 7 月 25 日）。2015 年 9 月 17 日，"中国流动科技馆在甘肃环县巡展期间孩子们观看移动球幕影片的场景"入选 2015 年新华社年度国内新闻照片；2016 年 7 月 6 日，"贵州岑巩县流动科技馆巡展"图片新闻荣登 2016 年《人民日报》第 2 版要闻版，中央媒体对中国流动科技馆项目的关注大大提升了该项目的社会影响力。

流动科技馆互动、体验的展览形式，受到展览地观众的一致好评，也引起了地方党委和政府对科协科普工作的重视，提升了科协工作的彰显度。流动科技馆项目的实施，一方面，缓解了中西部地区科普展教资源匮乏的现状，对提高当地公民科学素质、促进科普事业的发展起到了积极的推动作用。另一方面，推动了地方科普工作的开展，有效调动了各级科协和科技馆、各有关部门开展科普工作的积极性，提升了基层科普服务能力，对基层科普基础设施的建设发挥了带动效应。

## 二、流动科技馆的内容设置

中国流动科技馆项目在进行内容设计之前，通过问卷和访谈的方式进行了广泛深入的需求调研，通过各级科技馆、各级科协科普部、接展单位和公众调研，多渠道了解不同人群感兴趣的科学领域和内容；同时，考虑到基层科技馆目前的展示场地现状，还进行了展示规模的调研，了解基层科技馆所能承受的最大展示规模和服务承载能力，以确保项目后期执行的可行性。

### （一）前期需求调研

1. 内容需求调研

2012 年 3 月、4 月，为了调查各地公众对流动科普设施的需求，项目组对九个试点省的展览情况进行了现场调研，当地的公众对展示内容普遍表示喜欢和满意，同时也提出了希望能有机会看到更多的内容展示，如与百姓生活相关的科技、高新技术展示等。根据《"中国流动科技馆"项目实施相关情况调查问卷（2012 年）》，关于内容需求的统计情况见表 3 - 3。

表3-3　流动科技馆展示内容需求调查结果

| 内容 | 9家省科技馆 | 31家省科协科普部 | 36家巡展基层市县接展单位 |
|---|---|---|---|
| A：声、光、电 | 78% | 87% | 97% |
| B：数学 | 78% | 71% | 81% |
| C：天文 | 89% | 84% | 94% |
| D：节能环保 | 67% | 94% | 94% |
| E：安全 | 67% | 94% | 81% |
| F：健康 | 89% | 94% | 86% |
| G：信息技术 | 67% | 81% | 89% |
| H：科技热点 | 78% | 94% | 94% |
| I：农业技术 | 44% | 65% | 64% |
| J：航空航天 | 89% | 84% | 83% |
| K：生物技术 | 56% | 84% | 86% |
| L：其他 | 互动型 | 互动型 | 3D动画、对话机器人、应急体验 |

　　调查数据显示，声、光、电等基础科学内容需求仍比较高。与生活相关的健康最受关注，关注度均在90%左右。科技热点、信息技术、航空航天、生物技术，这些公众不易接触到又感兴趣的高新技术内容，也普遍受到基层的关注；节能、环保内容是全球关注的热点话题，对国家的可持续发展及公众节约、环保生活观念和习惯的形成有重要作用，是必要的科普内容；天文在地方站点广受欢迎，云南省科技馆提出设置流动天文影院，其在巡展中曾试运行过天文影院，场场爆满，受到热烈欢迎，为流动影院进行了有益的尝试。调查发现，由于地方已经有农业宣传车等宣传形式，因此公众对农业技术的关注度相对较低。

　　"中国流动科技馆"试点巡展中配备了液氮、机器人舞台、记忆合金等科学表演及科学教育活动，将体现科技馆特色的教育活动带到展览现场，极大激发了观众的参与热情。作为科技馆展示教育手段的拓展，教育活动应继续保留并发展。

　　2. 规模需求调研

　　2011年，在试点工作中，承接"中国流动科技馆项目"需要站点提供600m² 室内展示场地，进行展品展示与开展教育活动。巡展试点中站点使用过的场地主要包括体育馆、图书馆、学校报告厅、青少年活动中心等国家已建成的基础设施。但部分县市站点由于经济发展等限制，缺少带有这么大室内场地的建筑，使得流动科技馆无法前往，限制了流动科技馆的普及范围和效用的实施。

调查结果显示，11%的省科技馆以及26%的省科协在"展示面积及规模需求"一栏选择了"400m² 及以下"这一选项；36家已经完成巡展工作的地方科协，有18%选择"400m² 及以下"这一选项，这一定程度上说明县市级以下科协在展示场地的提供上存在较大的困难，要满足流动科技馆巡展要求的600m² 展示场地并不是一件容易的事情。同时，在"展示面积及规模需求"一栏选择了"700m² 及以上"的省级科技馆及省级科协占比56%，表明条件较好的地区仍需要较大的展示规模。由此可见，流动科技馆的规模须兼顾各种需求，增强展览活动的灵活性和适应性。

**（二）流动科技馆的展览内容设计**

2010年6月，中国科协启动了流动科技馆项目，首批研发试制流动科技馆展览，完成了初步展览设计方案，确定了统一的展览大纲及展品目录。随着项目的逐年推进，在历年的工作经验基础上，流动科技馆保持原有展览规模和总体框架基本一致，通过删减部分展示效果不理想及不适合继续进行流动展出的展品、整改存在设计缺陷的展品、补充新展品等措施，完善展览内容，在展品外形、材料、工艺、设备选型、展箱和展架设计等方面逐步统一，形成了标准化图纸，进一步提高展览质量，形成了现有的展览设计方案。

1. 设计思路

中国流动科技馆以"体验科学"为主题，通过"科学探索""科学生活""科学实践"三部分内容相结合，达到激发科学兴趣、启迪科学观念、培养实践能力的目的。

"科学探索"旨在展示人类对自然规律的认知，以及认识自然过程中的智慧、思想和方法。通过声光体验、电磁探秘、运动旋律、数学魅力四个主题展区30件展项，为观众营造探索科学的场所，其绚丽多彩的声光变化，奇妙有趣的电磁效应等现象使观众在互动体验中，感受科技的神奇，体验探索的快乐。

"科学生活"从贴近百姓生活的角度入手，向公众展示蕴含在日常生活中的科学知识，通过健康生活、安全生活、数字生活三个主题展区，集科学性、知识性、趣味性于一身的 20 件互动展项，使观众在欢快、愉悦的互动体验中，产生更深层次的思考，引导公众在生活中有意识地学科学、用科学，以科学的态度对待问题，以科学的思维分析问题，以科学的方法解决问题，选择更加科学的生活方式，使生活更健康、更安全、更时尚。

"科学实践"通过妙趣横生的科学表演，丰富多彩的科学实验，引人入胜的移动球幕影院为公众提供观看科学表演、参与科学实验、体验特效影视的机会。科学表演、科学实验和科普影视与互动展品交相呼应，进一步激发起观众特别是青少年对科学的兴趣，提高他们的动手能力，拓展他们的视野。

中国流动科技馆采取模块化设计，共设置"科学探索""科学生活""科学实践" 3 个主题展区，下设 10 个分主题展区（图 3-6）。模块化设计不仅能够使流动科技馆具有更强的灵活性和适应性，从而更好地满足广大基层群众的不同需求，同时也有利于展览的标准化，对流动科技馆的质量控制与后期维护具有良好的促进作用。

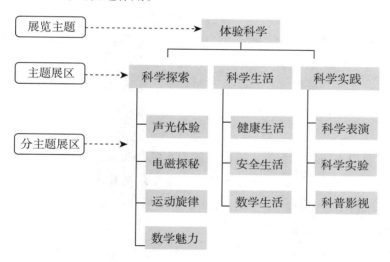

图 3-6　中国流动科技馆展览框架

2. 设计原则

与常设展览不同，流动科技馆的特点是"流动"，因此，在设计过程中，展品内容、形式、体量、结构等，都须以便于"流动"为前提，并确保展品运行可靠、坚固耐用，应遵循以下原则。

（1）入口处设计与展览风格一致的主题门头。展品内容和形式的确定以科学原理通俗易懂、内容贴近生活、技术手段成熟、展示效果精彩、便于小型化、运行稳定为原则。

（2）科学实践主题展区的内容设定应生动、精彩、安全、便于操作和维护。

（3）每个展品均须设有图文板，内容包括：清晰、简要的操作说明；通俗易懂的原理介绍；符合时代、贴近生活的知识拓展；图文并茂。

（4）包装箱与展台一体设计，运输时组装成包装箱，展示时组合成比较美观的展台，并须满足不同展品的固定、取电、展品名称和图文板安装等需求，此外，还须便于多个展台的组合，以满足稍大体量展品的特殊需求。展台尺寸以 $750mm \times 680mm \times 800mm$ 为基准，特殊需求展品的长宽尺寸可按倍数进行扩大。展台应坚固耐用，不易变形，抗冲击、碰撞。连接件设计合理，便于频繁拆装。

（5）在观众操作过程中要杜绝安全隐患，展品及展台结构须无尖角、尖楞；用电展品的电路设计须安全、可靠，观众操作机构须采用安全电压；观众活动区域，不能有电线外露，需用过桥板进行封闭。

（6）计算机、控制系统的选型，要能适合较为恶劣的环境，抗干扰性强，稳定性高，能适应多次拆装、运输的要求。

（7）所有展品开关机须具有通电自动开机的功能，非电脑类展品须断电自动关机，电脑类展品须设重启装置。

3. 内容描述

（1）主题门头　通过与展览风格一致的主题门头，将流动科技馆的展览主题、展览名称、展览概况，以及主办、承办单位名称等内容进行集成，一方面起到烘托氛围的作用，另一方面使参观者对展览的概况有所了解。

（2）分主题展区（10 个）

1）声光体验。声音和光是客观存在的自然现象，人类从未停止过对其客观规律的认知、探索和思考。"声光体验"展区通过展示声音和光的现象与特性，启发观众认知现象背后的规律。参与者通过互动展品和趣味的体验方式，增加对声音与光特性的认知，激发对其规律探索的热情，感悟展品中蕴含的科学原理和科学知识，感受其中的智慧，启发灵感和思考，领会科学精神和科学方法。这一展区包括窥视无穷、画五角星、激光竖琴、声驻波、红外血管成像、空中成像等展品 10 项。

2）电磁探秘。电磁现象奇异而美妙，很早便吸引人类对其进行不辍的探索，电磁的研究成果对人类社会的发展产生了深远的影响。"电磁探秘"展区通过展示电与磁奇妙的现象，引领观众探寻现象背后的奥秘，感悟电磁对人们生活的影响，启发观众参与科学实践的兴趣，达到培养科学思想和方法的目的。这一展区包括旋转的银蛋、雅各布天梯、尖端放电、美丽的辉光等展品7项。

3）运动旋律。人们生活在一个多姿多彩的运动世界里，对各种运动规律的认知使人们的生活发生了巨大变化。飞机天上飞、轮船水中行，这些都得益于对客观规律的探索与发现。"运动旋律"展区通过对重心运动、圆轮转动、流体运动等规律的展示，使观众从新的视角领略和体验运动之美，感受展品中蕴含的科学知识、规律和思想，亲身体会运动在生活中的奇妙之处。这一展区包括听话的小球、椎体上滚、小球旅行记等展品6项。

4）数学魅力。"数学魅力"展区通过一些奇特现象的展示，启发观众探寻现象背后的数学规律，体味用数学思维解决问题的乐趣。这一展区包括双曲线槽、最速降线、椭圆焦点、圆锥曲线等展品7项。

5）健康生活。身心健康是拥有美好生活的前提，而科学的生活观念、良好的生活习惯则是保持身心健康的关键。"健康生活"展区通过对心脏、大脑、消化系统、神经系统的功能及科学饮食、不良习惯等内容进行互动展示，使观众在参与和体验中认识自身，理解健康的含义和生活习惯与健康的关系，增强关爱健康的意识。这一展区包括食物金字塔、反应测试、手眼协调、认识脑等展品8项。

6）安全生活。安全是幸福生活的重要基础，在日常生活中提高安全意识，学习和掌握一些基本的安全、避险和自救的知识是非常必要的。"安全生活"展区设置了一组有关居家安全、交通安全、食品安全，以及应对地震等突发紧急事件的展品，让观众通过游戏和体验，了解生活中常见的安全问题及预防措施，增强安全防护意识以及在紧急情况下的自我保护能力。这一展区包括消防闯关、地震避险、交通安全员等展品6项。

7）数字生活。数字生活是依托于互联网，以一系列信息技术为基础的生活方式，可以带给人们更加方便、快捷、舒适的生活体验和更加便利、高效的工作方式。"数字生活"展区通过对立体影像技术、物联网技术、编码识别技术等科学内容的展示，使观众在参与、体验的过程中，了解前沿科技，感受高新技术带给我们的美好生活。这一展区包括智能家居、3D电视、未来生活等展品 6 项。

8）科学表演。科学表演是科技馆中深受观众喜爱的一种科普教育活动，它内容丰富多彩、形式灵活多变，精彩、奇妙的实验现象，妙语连珠的生动讲解，加上亲身参与体验，常常使得观众流连忘返。而集体互动的方式则会激起观众更大的参与热情，引发参观的高潮，为此，在中国流动科技馆设置科学表演台，专门进行科学表演，包括机器人表演、静电表演、风力发电演示、记忆合金表演 4 项。

9）科学实验。科学实验是以体验活动为主要内容，选取经典、有趣的科学实验案例，与动手制作相结合，达到科学性、趣味性和可操作性的统一。通过动手制作、组装竞赛等多人参与的活动，为观众提供参与科学实验的机会，从中感受科学的乐趣，提升自身动手实践的能力，培养青少年的探索精神。根据流动科技馆的展览主题设置了电磁实验、光学实验、力与机械 3 个科学实验项目。

10）科普影视。特效影视拥有震撼和新奇的视觉效果，非常受观众尤其是青少年观众的欢迎。同时天文、生物等很多类型的内容难以用展品表现，但影视素材丰富且精彩。为了拓展流动科技馆的展示内容和形式，引入移动球幕影院。移动球幕影院采用充气式的便携结构，配合清晰的数字放映设备，放映天文、地理、航天、生物等自然探索内容，用震撼的效果、精彩的场面、有趣的内容补充和丰富流动科技馆的展示。

**（三）流动科技馆的配套教育活动**

近年来，为创新流动科普展教模式，促进科普资源与教育活动的有效衔接，各地区巡展单位大力开发推广流动科技馆配套教育活动，依托流动科技馆展品，开展内容丰富、形式多样、深受基层青少年喜爱的教育活动。

1. 流动科技馆教育活动的类型及案例

（1）展品讲解及导览 基于展品开展的教育活动是最能体现科技馆教育特点的一种活动类型，不仅能帮助观众理解展品的科学内涵，提升展览的教育效果，而且能让观众真正参与其中，体验探究学习的乐趣。近年来，很多地方科技馆更加注重提升流动科技馆的教育效果，因此开发了大量基于展品的教育活动。例如，黑龙江省流动科技馆巡展过程中，依托流动科技馆展品开发了《趣味科普教育活动指导手册》，针对数十件展品配套开展了 10 项互动教育活动，包括动手比拼、知识问答、展品仿制等环节活动。这些趣味科普教育活动具有知识性、趣味性、竞技性，使观众进一步了解展品中所富含的科学知识，获得了广大青少年的喜爱和良好的社会反响。

（2）科学表演及科普剧　在巡展工作开展中，为了使青少年更好地理解相关科学知识，在生动的表演中学习科学知识，巡展单位结合流动科技馆巡展展品，开发了多个寓教于乐的科学表演、科普剧活动。例如，四川省站点巡展期间，开发了"伯努利定理实验串烧""干冰'零'距离"等表演类教育活动，借助趣味科学实验秀的形式，启发青少年的好奇心，激发探索展项的热情，同时通过实验现象也可以让他们直观地感受到科学原理在日常生活中的应用。活动结束后，根据现场随机访问，90%的学生对活动记忆很深刻，并且能准确地说出实验演示过程及展示的科学原理；老师们则认为这类活动是学校教育的良好补充，形式新颖，效果直观，能吸引学生，并达到良好的传播效果。

（3）科学课及实验课　流动科技馆的展品大多是物理、化学、生命科学等基础科学的内容，与学校科学课程有着密切的相关性，可以作为学校课堂教具开展教学活动，因此很多地方科技馆都依托流动科技馆展品和活动开发了学校科学课程。例如，吉林省流动科技馆开发了"比特实验室"和"雅各布天梯"的配套科学实验课，通过配套科普剧的演绎、学生动手实验和配套知识讲解等过程让参与的学生们进行探究式的学习，培养动手能力，激发探索精神和科学兴趣。

（4）征文比赛　为扩大流动科技馆的科普效益，深化巡展活动的影响力，各地巡展单位联合当地教育部和学校，开展配套参观征文比赛活动。例如，山东省枣庄站巡展期间开展了"参观县域流动科技馆，体验机器人学习营，争做科学小达人"小作文征选活动，共收到征文400余篇，让全市青少年学生开阔了眼界，增长了知识，启迪了思维，获得了课堂上无法获得的知识和体验。河南省永城市配合流动科技馆河南巡展活动，举办"我的中国梦'学科学、爱祖国、爱家乡'有奖征文活动"，各学校高度重视，精心组织，广大师生积极参与，踊跃投稿，取得了良好的宣传和教育效果，活动共收到稿件560多篇。

2. 流动科技馆教育活动存在的问题及解决方案

随着科技馆事业的迅速发展，各地科技馆加大了科普教育活动的开发力度，努力结合馆内外教育资源开发特色活动，进行积极的探索和实践，科普教育活动的数量和种类有了明显增长。然而，从总体来看，我国流动科技馆科普教育活动的水平和能力仍然不高，还存在诸多问题。

一是活动整体数量偏少。从目前全国巡展的总体情况来看，配合流动科技馆项目的展览教育活动数量较少，大多数省份仍然采用仅陈列展品和少量文字与图片展板的形式，较少配合相关的互动教育活动。

二是内容陈旧、形式单一。教育活动的开发更新较为缓慢，现有的教育活动形式比较单一，依托于展品进行原理讲解的相关活动比较多，而形式创新、活泼的活动比较少。

三是持续性不足。不少巡展站点仅在开幕时有相应的教育活动开展，在后期的巡展过程中则无法保证持续的活动进行，使得教育活动的受众很少，覆盖面很小，持续性不足。

四是教育活动专业人员缺乏。流动科技馆教育活动的开展，目前主要依托学校教师及志愿者完成，缺少专业的教育活动人才，致使教育活动的开发和组织开展上出现更新慢、无法持续的情况。

要想提升流动科技馆的教育效果，重视和提升配套教育活动的质量和水平迫在眉睫。首先，要使项目执行单位意识到配套教育活动开发的重要意义，要认识到依托展览资源的优秀教育活动，可以加深观众对于展览和展品科技内涵的理解，强化展览、展品的科普展教效果。其次，要重视配套教育活动的开发和组织实施，可以通过各省市流动科技馆教育活动开展工作交流，形成好的活动案例进行推广，活动内容设计时要及时捕捉政府和社会公众关注的重点和热点，大力开发科普剧、实验表演等新颖的、互动性强的活动，同时加大活动宣传力度。最后，要建立能有效进行教育活动开发及实施的人员队伍。

## 三、流动科技馆的运行管理

### （一）流动科技馆管理运行机制面临的挑战

随着近年来我国经济社会发展水平的快速提高，全国科技馆行业逐步呈现繁荣发展的良好局面，一些已建成开放的大中城市科技馆尝试性地开展了流动科技馆服务。但是，从全国总体上来看，流动科技馆还存在机制不健全、发展不均衡、缺乏整体系统规划等一系列问题，距离建设中国现代科技馆体系下的流动科技馆的要求还存在较大差距，未来发展还面临诸多机制性的障碍。

1. 流动科技馆服务运行机制还处于初步探索阶段

当前，我国绝大多数的大中城市科技馆主要是以服务本地居民和外来游客为主，开展流动科技馆服务还未成为大中型科技馆的主要职能之一。少数发达地区的省级科技馆，例如山东省科学技术馆，利用自身资源优势，并结合本省基层科普工作实际，开展了诸如"流动科技馆县县通"等的流动科普服务项目。但是，由于种种原因，各地在开展流动科普服务中的工作模式大相径庭，服务质量和水平也参差不齐，体现出流动科技馆的运行管理机制还很不成熟。①

2. 流动科技馆持续发展的投入保障机制还不完善

流动科技馆的发展依托于大中城市科技馆的科普服务辐射能力建设，所需的资金保障、技术支撑、管理力量主要来自大中城市科技馆。当前，全国已建成的大中型科技馆在经费保障、人员编制、科普资源建设能力等方面还相对存在不足，这势必限制其投入资金和力量发展流动科技馆的运行服务，致使目前有相当部分已建成的流动科技馆运行效果大打折扣。另外，在吸纳社会力量开展流动科普服务方面，全国的各级科技馆都还处在尝试探索的阶段，尚未形成有效的工作机制。

3. 缺乏科学有效的流动科技馆考核评价机制

由于统筹全国科技馆发展的整体工作格局还未建成，全国流动科技馆的服务运行机制和投入保障机制尚待完善，流动科技馆的绩效评估机制、奖惩机制、竞争机制等一系列科学有效的考核评价机制还未形成，严重制约流动科技馆的长期可持续发展。

### （二）科技馆体系下流动科技馆的管理运行机制探索

在中国现代科技馆体系视角下，建设流动科技馆的基本思路是充分考虑体系建设的整体性、相关性、动态性、目的性和层次性，以增强大中城市科技馆科普服务辐射能力为着力点，形成以大中城市科技馆为主要力量的"大联合、大协作"服务工作机制，建立"广开源、高效益"的资金投入机制和奖优罚劣、鼓励竞争的考核评价机制，实现科普服务资源的高效集约化配置，

---

① 赵凯，范楠，等. 科技馆体系下流动科普设施管理运行机制研究 [M] //程东红. 中国现代科技馆体系研究. 北京：中国科学技术出版社，2014.

促进科普服务的共建共享和均衡化发展。

1. 流动科技馆服务的要素构成

根据服务系统的基本构成要素理论，服务系统包括服务的提供者、服务的需求者、服务所需软件和硬件、服务环境以及各类支撑资源等。① 由此推论，流动科技馆服务的要素构成应包括流动科技馆的开发建设者和运行管理者、流动科技馆的需求者、流动科技馆所需的硬件和软件、流动科技馆的运行环境以及各类支撑资源等。

流动科技馆的建设者和运行管理者是指整个流动科技馆服务活动的组织者和实施主体，它负责向整个服务过程提供必要的人力技能、物质资源和知识信息等。因此，流动科技馆服务的提供者应是具备全方位科普服务能力的公共实体，能够在科普资源开发、科普教育活动开展等方面为流动科技馆提供充足而持续的支持。

流动科技馆服务的需求者，即服务的对象，是指由于受到时空等因素的限制，难以到达大中城市科技馆接受科普教育的基层公众，特别是基层边远地区的青少年公众。

流动科技馆服务的软件是指包括各项制度、办法在内的整个运行机制，以及在具体服务过程中制订的各种活动方案、计划和收集的信息情报等；流动科技馆服务的硬件指服务所需的物质资源，如展品展具、服务车辆、设备器材等。

流动科技馆服务系统的服务环境和各类支撑资源指提供流动科普服务所需的基本公共设施，比如道路、场所条件、水、电等基础设施条件。

2. 流动科技馆服务的基本流程

开展流动科技馆服务业务的基本流程大致可以分为 5 个步骤：制订计划、资源准备、选择具体服务对象、在服务对象所在地开展流动科普服务、信息反馈与效果评估。由于实体科技馆是有效运行流动科技馆服务系统的最佳实施主体，因此在中国现代科技馆体系下，大中城市科技馆将作为核心功能载体承担起开发运行流动科技馆的职能，其服务运行机制如下。

（1）制订计划。大中城市科技馆根据所在行政下辖区域内的幅员、人口、

---

① 张成福，李丹婷，李昊城. 政府架构与运行机制研究：经验与启示［A］. 中国行政管理，2010 - 02.

经济社会发展水平和公民基本科学素质等实际情况，统筹制订流动科技馆服务计划，以兼顾本地服务与流动服务协调发展为原则，合理配置科普资源，面向科普资源贫乏的基层地区有计划、分步骤地实现科普服务全覆盖，实现区域内科普服务成效的最大化，形成制订惠及城乡各类人群的科普服务计划的工作机制。

（2）资源准备。流动科技馆服务的资源准备是指为开展流动科技馆服务准备必要的人力、物力、信息等软硬件资源。科技馆体系下，大中城市科技馆在自身科普资源的开发、教育活动的开展等方面充分兼顾流动科技馆服务的需要，实现其人力资源、财力资源、物质资源、信息资源，同时为科技馆本地服务和流动服务提供支撑保障，形成"一套资源，多种用途"的集约型资源配置格局，建立以公共财政投入为主、广泛吸纳社会资金的经费投入机制和以大中城市科技馆技术力量为主、整合各类社会力量的科普资源开发机制。

（3）选择具体服务对象。在开展流动服务前，大中城市科技馆将在地方科协组织、教育部门和文化部门等机构的支持配合下，在服务对象目标群体中开展流动科技馆服务的需求申报，优先选择具备开展活动的必要条件同时又远离大中城市科技馆、迫切需要接受科普教育的服务对象。在确定具体服务对象之后，大中城市科技馆将根据流动科普资源筹备情况，选择适当的软硬件资源并结合地方实际制订具体服务工作方案，在地方相关机构的配合支持下开展流动科技馆服务，构建大中城市科技馆与地方相关职能部门联合协作的工作机制。

（4）在服务对象所在地开展流动科技馆服务。大中城市科技馆根据预先制订的工作方案，组成以科技馆展览技术、教育辅导等专业人员为主，以现场协调、观众组织、后勤保障、志愿服务人员为辅的工作团队，完成现场布局设计、布展安装、媒体宣传、观众组织、现场活动、安全保障等一系列具体工作，形成以专业队伍为主、一般性工作人员和服务志愿者为辅的一线服务团队工作机制。

（5）信息反馈与效果评估。对服务效果进行专业评估是保障流动科技馆服务系统健康运行发展的必要措施。大中城市科技馆在开展流动科技馆服务的事前、事中、事后，有针对性地搜集服务对象的反馈信息，结合非流动服务评估工作中取得的成果和经验，开展对比分析研究，目的是有效改进流动科技馆的服务工作，并统筹规划科普资源的创新发展以及在本地服务与流动服务之间的配置结构，实现资源使用效益的最大化，建立专业化、标准化的服务效果评估机制。

3. 科技馆体系下的全国流动科技馆的运行机制探索

流动科技馆的运行机制关键是通过协同整合各项要素，通过规范性的服务流程，为服务对象提供高品质的科普服务，以达到项目可持续健康发展的目标（图3-7）。

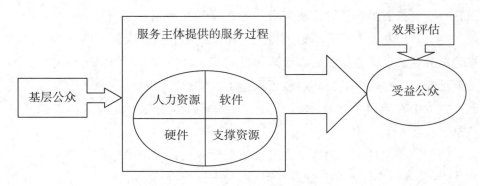

图3-7  流动科技馆服务运行模式示意

在中国现代科技馆体系下，流动科技馆不仅具有依托大中城市科技馆开展工作的服务运行机制，而且在宏观层面具有中央、省、地市"三级联动"的合作机制，实现科普资源在纵向维度的有机整合，进一步协调发展、优化配置，构建职责清晰、运行高效、保障得力、服务到位并覆盖全国县（市）级行政区的流动科技馆服务网络（图3-8）。

在"三级联动"合作机制下，各级科技馆承担的相应职责分工如下。

（1）国家级科技馆。负责全国流动科技馆服务规划和标准的制定，同时以自身实践起到引领示范的作用。国家级科技馆有义务对省、市两级科技馆开展业务培训、咨询指导工作，并通过国家专项的形式联合省、市两级科技馆共同实施面向全国县级的流动科普设施服务，实现中央、省、市三级馆科普资源的共建共享。

（2）省级科技馆。负责按照全国流动科技馆服务规划和标准，重点对本省区域内的城市居民开展流动科普服务。省级科技馆具有相对较好的资源基础和较强的服务能力，适宜同国家级科技馆联合实施较高水平、较大规模、服务功能较为全面的流动科普设施服务，例如开展实施"中国流动科技馆"

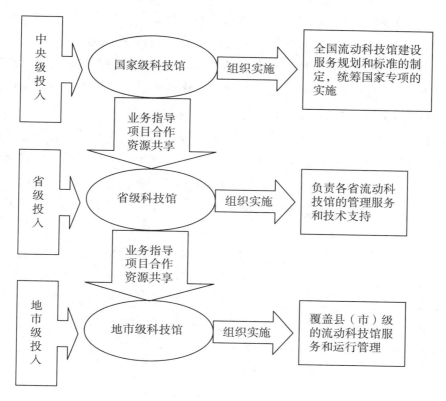

图 3 - 8　全国流动科普设施服务的联动协作机制示意

项目。同时，省级科技馆有义务利用自身资源和区域内的其他社会资源，以多种形式实现本省城市流动科普服务的全覆盖，并发挥承上启下的作用，指导地市级科技馆开展流动科技馆服务工作，指导协调本省范围内流动科技馆服务资源的共建共享。

（3）地市级科技馆。负责按照全国流动科技馆服务规划和标准，在国家级科技馆和省级科技馆指导协助下对本市区域内的县（市）级公众实现流动科普服务的全覆盖。地市级科技馆开展流动科普服务的区域相对较小，适宜开展形式简单灵活、内容多样、单次服务时间较短和频次较高的流动科普设施服务。同时，地方科技馆应充分利用国家级和省级科技馆的科普资源，结合自身资源特点，开展特色化、个性化的流动科普服务。

建设流动科普设施的实现方式是在加强大中城市科技馆财力资源、人力资源、物力资源、政策资源的基础上，对大中城市科技馆的基本职能、内设机构、资源调配等做出重新布局或适当调整，将流动科普设施服务与大中城市科技馆服务有机整合，并协同相关机构形成切实有效的服务运行机制。

在此基础上，明确大中城市科技馆的基本职能之一是在其所在的行政区域内开展向下覆盖的流动科普设施服务。大中城市科技馆设立负责流动科普服务的专门机构，制定规章制度或管理办法，明确岗位职责，制订工作计划，设立专项经费，协调流动科普服务部门同科技馆内部的设计开发、教育活动实施、对外联络等部门的协作配合，从科技馆总体工作的角度统筹兼顾流动科普服务与其他各项工作的关系，充分发挥内部资源的整合效应。同时，与开展流动科普服务所必需的相关协作单位，如地方科协、教育、文化、群众社团等机构建立职责清晰的工作联动机制，确保服务工作取得实效。

在中国现代科技馆体系下，中央、省、市县各级科技馆不仅具有服务基层的科普职能，还应具有上下联动、共建共享的协作职能，实现全国流动科普设施服务的协作联动工作机制。通过建立全国科技馆行业发展联盟，统筹国家级、省级、地市级科技馆行业资源，形成各司其职、覆盖全国的流动科普设施服务发展格局；行业成员之间通过项目协作、经验共享的发展方式，不断充实完善流动科普设施服务的协作运行机制。

## 第三节　科技馆体系下我国流动科技馆的发展展望

### 一、加强展教资源开发能力建设

流动科技馆展教资源开发"不是规范的基本建设工程，也不是单一的技术工程，而是集科学、技术、教育、艺术、工程于一体化的多项目、跨地域的复杂系统工程，仅凭科技馆有限的展览开发专业人员无法做好"[1]，需要科技馆、科普企业、各领域社会力量共同参与。只有打破专业壁垒，加强各方深度合作，组合社会各种资源和力量，优势互补，才能实现流动科普设施展教资源开发的创新发展、规模化发展和规范化发展。能否整合不同开发项目，

---

[1]　郭羽丰，江洪波. 推动科普展览开发的协同创新 [C] //中国科普产品博览交易会科技馆馆长论坛暨 2012 年全国科技馆馆长论坛论文集. 北京：中国科学技术出版社，2012：30.

将不同专业的人员组合为一个团队，是流动科技馆展教资源开发能力提升的
基础。

## （一）重视需求调查与研究

国外的流动科普设施展教资源开发多以市场需求为引导，重视前置研究
和市场调研。例如，芝加哥斐尔德自然历史博物馆在 1985—1995 年创立了展
览开发、设计和制作方法。其展览开发团队开展了对观众的深入研究，以确
定观众兴趣和知识基础。通过调查和试验，他们将关于某一主题的最新的科
学观点与用于支持这些观点的展品结合起来。展览开发总预算的 10% 用于前
期研究。[①]

我国流动科技馆展教资源的开发则既要满足国家层面的需求，围绕基础
科学和国家社会发展的重大主题组织开发，又要围绕满足基层公众不同的需
求进行开发。通过科技馆体系的建设，流动科技馆展教资源开发应定期组织
开展需求调查，建立基层科普展教资源需求信息库，定期面向社会公布开发
指南，引导流动科普设施科普展教资源开发方向和提高科技馆、企业开发人
员把握需求的能力，结合基层需求有针对性地开发。

## （二）促进展教资源内容与形式的创新

国外流动科普设施展教资源的开发非常重视科学家、艺术家等社会各方
人士的参与，从主题选择、内容展现、形式设计等方面为创新提供了条件。
以法国国家自然历史博物馆为例，他们非常重视巡展的设计方面，不仅注重
调研，以观众为本，而且科学家贯穿于展览策划的始终，有绝对话语权。[②]

科技馆体系下科普展教资源开发应改变过去科技馆 + 企业的模式，积极
健全完善合作机制，加强馆际之间合作、科技馆与科研院校合作、馆企合作，
吸引社会多元化的投入，研制特定功能和主题的展教资源。

通过科技馆体系的建设，可以完善各类展教资源的开发和采购制度，高
度重视创意、策划、设计等方面的智力因素，提高在项目设计制作采购费用
中策划、设计费用的比例，优化创新环境。加强展教资源开发人才的培养和
队伍建设，当前特别是要发现和培养选题策划、内容设计方面的人才，逐步

---

① 洛德 G D，洛德 B. 博物馆管理手册 ［M］. 郝黎，等，译. 北京：北京燕山出版社，2007：
91 - 92.

② 吉尼亚. 法国自然历史博物馆展览策划及实施的启示 ［J］. 上海科技馆，2010，2（4）：
34 - 39.

提高流动科技馆展教资源开发的创新能力。

### （三）推动标准化建设

流动科技馆展教资源标准化生产能力的提升对提高展教资源的耐用性和易维修性，促进展教资源开发的规模化发展有着重要意义。应积极推进制定流动科技馆展教资源产品设计、开发的标准规范，如科技馆展览设计规范、科技馆展品设计制作标准；积极探索建立科技馆相关产业的行业组织和科技馆相关企业资质认定、市场准入与淘汰制度。

## 二、加强配套教育活动的开发和执行能力建设

国外的流动科普设施把组织展教活动放到和科普展教资源开发同样的位置，以澳大利亚"科学马戏团"为例，"科学马戏团"由澳大利亚国立大学、澳大利亚国家科学中心、壳牌澳大利亚公司共同合作，通过互动展览、趣味科学实验表演、教师职业培训以及土著社区的专门课程，为边远地区带去丰富的科普资源。活动策划由澳大利亚国家科学中心负责，仅科学实验表演目前已有 11 个主题和 200 多个细化的实验项目。澳大利亚国立大学负责为"科学马戏团"提供人力资源，招收 16 位理工科背景的科学传播专业研究生作为展览的核心团队成员，通过培训，使他们具备利用科学实验表演对公众开展科普的能力，保障了科普展教活动的组织与开展。[①] 加强配套教育活动能力建设首先应提高项目执行单位对开展教育活动的重要性的认识，要具备同步开发教育活动与展教资源的意识和能力。

## 三、加强基层科技馆人才队伍的专业化培养

要加强流动科技馆专兼职工作队伍建设。各级科技馆应成立专门机构和团队负责流动科技馆的运行管理。此外要通过多种形式持续吸引热心于科普事业的各界人士加入巡回展览的兼职工作人员和志愿者队伍中来，建立一支包括科学家、大学生、志愿者等在内的专兼职运行团队，保持队伍的稳定性。通过加强巡回展览工作队伍的技术培训和各种形式的学习交流，提高专兼职人员的展教活动服务水平。

---

① 李志忠，叶春华，苑楠. 中国科学技术馆赴澳大利亚国家科学中心观摩"科学马戏团"项目考察报告 [R]. 中国科学技术馆，2012.

此外，通过科技馆体系的建立，应进一步发挥实体科技馆在技术保障中的专业优势，以省科技馆和市科技馆为基础成立运行维护中心，除承担资源调配、日常管理等工作外，还应利用科技馆的专业技术团队，为流动科技馆提供布撤展、展品维修以及基层科技馆人员的教育技能培训等服务。

本章执笔人：龙金晶　苑　楠
单位：中国科学技术馆

# 第四章　科普大篷车

## 第一节　科普大篷车概述

### 一、科普大篷车的由来和内涵

我国地域广袤，地区之间、城乡之间经济和社会发展水平差异较大，广大基层地区科普基础设施建设比较落后。2000 年，中国科协根据我国基层科普工作的需要，针对基层科普基础设施短缺的问题，借鉴国外开展科技传播的先进经验，提出了研制多功能科普宣传车的建议，并在国家财政的支持下，承担了研制和配发任务。这种专用车辆可以装载展品、资料、展板等科普资源，卸载展开后，具备小型科技馆所具备的多项功能，使不便到大城市科技馆参观的基层公众，特别是青少年，能够亲身感受科学技术知识带来的快乐和科技馆展品的魅力。根据车辆的功能和服务对象，这种流动的科普设施，以最通俗化的方式被命名为"科普大篷车"。

因此科普大篷车的内涵可以表述为：通过特制的改装车和车载展品等科普资源为基层地区（特别是贫困、边远地区）学校、社区、农村提供科普服务的公益性流动科普设施。

### 二、科普大篷车的主要特征

和其他科普设施相比，科普大篷车主要具备以下特征。

#### （一）科普大篷车提供主动式点对点科普服务

与科技馆和流动科技馆点对面的服务方式不同，科普大篷车采用的是点对点的服务方式，虽然覆盖面不如科技馆和流动科技馆，但服务更具有主动性、针对性，服务内容可根据活动主题和人群做相应调整。因此科普大篷车可作为点对面服务方式的补充和深化，与科技馆、流动科技馆相互配合，服务于基层地区。

**（二）科普大篷车灵活多变，受外在条件影响小**

科技馆规模较大，展品丰富，拥有大量的展教资源，功能较为完备。但科技馆建设标准严格，投资较大，建设周期较长，对人口密度和规模要求高，维护成本大，建设地点主要集中在大中城市。

流动科技馆相对灵活，内容较为丰富，展示效果较好，但展览规模也相对较大，对展出场地和运输条件有一定要求，只能深入道路条件比较好的县及县级市城区，无法深入乡镇农村。

和以上二者不同，科普大篷车展览规模相对较小，展期按天计算，灵活性较高，活动成本低，活动场所限制较小，尤其可在广大边远地区、农村地区及交通不便地区发挥重要作用，从而填补科普展教服务的空白。

**三、科普大篷车的发展历程**

2000 年，国内首台科普大篷车——Ⅰ型车在合肥研制成功。

2001 年，Ⅱ型科普大篷车在南京研制成功。

2002 年，Ⅰ型、Ⅱ型车正式开始配发。

2004 年，科普大篷车的采购工作由中央国家机关政府采购中心招标采购，标志着项目走向市场化。

2005 年 4 月，中国科协印发了《科普大篷车管理暂行办法》，规范申报、配发、采购、交接、车辆使用管理、资产管理及监督检查等工作。

2006 年，科普大篷车项目由中国科协科普部交由青少年科技中心实施，全国科普大篷车总量超过 100 辆。

2007 年 9 月，全国首次开展"科普大篷车联合行动"。

2008 年 9 月，"节约能源资源"和"保护生态环境"主题式Ⅲ型科普大篷车在北京研制成功，并于 2009 年开始在内蒙古试点工作。

2009 年 11 月，针对县级科协工作需要，成功研发Ⅳ型农技科普大篷车并配发至各地开展试点工作。

2010 年 9 月，"保障安全健康"主题式Ⅲ型科普大篷车在北京研制成功，并开始在青海试点工作。

2010 年，首次年度配发车辆超过 100 辆。

2012 年，科普大篷车项目由中国科技馆运行实施，逐步纳入中国科技馆体系建设，车辆科普功能不断提高。

2013 年，科普大篷车全国保有量突破 700 辆，启动信息化管理平台开发工作。

2014 年，科普大篷车全国保有量突破 800 辆，信息化管理平台开发完成并试运行。

2015 年，科普大篷车全国保有量突破 1000 辆，新疆实现全覆盖，项目实现信息化管理。

科普大篷车经过 16 年的发展，截至 2016 年年底，已成功研制 4 种车型，已向全国 32 个省、自治区、直辖市（含新疆建设兵团，不含港澳台数据）配发了 1345 辆科普大篷车。

## 第二节　科普大篷车发展现状

### 一、科普大篷车配发情况综述

#### （一）年度配发情况

从 2000 年开始，中国科协研制并开始配发科普大篷车。到 2006 年，全国科普大篷车总量超过 100 辆。随着《全民科学素质行动计划纲要》的颁布，科普大篷车配发速度不断加快，2010 年首次年度配发车辆超过 100 辆，2006—2010 年共配发科普大篷车 294 辆。2011—2016 年配发数量为 958 辆，约占总配发量的 71%，使得基层科普工作能力得到显著提高（图 4 - 1）。

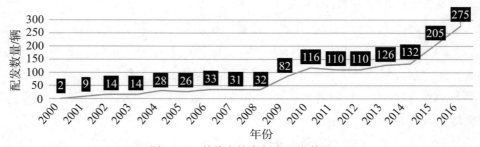

图 4 - 1　科普大篷车年度配发数量

**（二）地区配发情况**

目前全国各省、自治区、直辖市（港澳台数据除外）均配有科普大篷车。在此基础上，从经费和政策上重点对中西部地区予以支持，目前中西部地区配发科普大篷车的数量约占全国数量的 84%（图 4－2、图 4－3）。

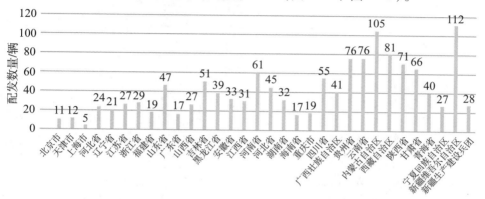

图 4－2　科普大篷车省级配发数量（截至 2016 年年底）

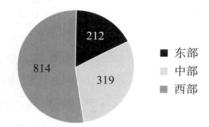

图 4－3　科普大篷车东中西部地区配发数量（截至 2016 年年底）（单位：辆）

**（三）配发单位分布情况**

在已拥有科普大篷车的单位中，主要以市、县属单位为主，其中县属单位占总数的 70%（图 4－4），且以各地区科协为主（图 4－5）。

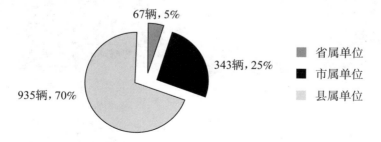

图 4－4　科普大篷车各行政级别单位配发数量分布情况（截至 2016 年年底）

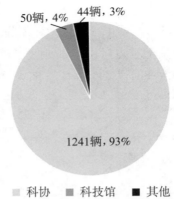

50辆，4%  44辆，3%

1241辆，93%

■ 科协  ■ 科技馆  ■ 其他

图 4 - 5 科普大篷车运行单位分布情况（截至 2016 年年底）

## 二、科普大篷车内容建设现状

### （一）配套车型研制情况

从 2000 年至今，中国科协共成功研制Ⅰ型、Ⅱ型、Ⅲ型、Ⅳ型 4 种科普大篷车。

Ⅰ型科普大篷车为大型车，采用二类厢式运输车底盘改装，长 9.9m，宽 2.42m，高 3.45m，安装整体封闭式厢体，可容纳标准为 700mm × 700mm ×1000mm 的展箱 30 个，科普展板 40 块，配有放映系统、多功能功率系统、照明系统、音响系统，车内可乘 3 人（含驾驶员）（图4 - 6）。

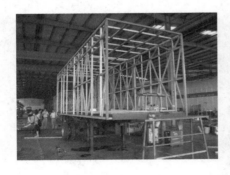

图 4 - 6 Ⅰ型科普大篷车

Ⅱ型科普大篷车采用依维柯牌客车改装，车长 7.133m，宽 2.0m，高约 2.995m，可容纳 440mm ×540mm ×640mm 的车载展品箱 25 个，随车配备了汽油发电机、液晶显示器、扩音设备等，安装了车顶广场 220V 照明系统和车内 220V/12V 双电源照明系统，并在车身右侧安装进口遮阳篷。车内可乘 5 人（含驾驶员）（图 4 - 7）。

图 4 - 7　Ⅱ型科普大篷车

Ⅲ型科普大篷车为无动力、半挂式、主题式大篷车，车长 8m，宽 2.5m，高 4m，车体分为舞台型、主持型和仓体活动型，围绕全民科学素质纲要工作，根据"节约能源资源""保护生态环境"和"保障安全健康"3 个主题开发了不同的车载展品和活动（图 4 - 8）。

图 4 - 8　Ⅲ型科普大篷车

Ⅳ型科普大篷车共分为 3 种车型：金杯型、依维柯型、全顺型，分别长 5020mm × 宽 1690mm × 高 2225mm、长 4845mm × 宽 2000mm × 高 2500mm、长 4666mm × 宽 1974mm × 高 2228mm，可乘 5 ~ 6 人。用于装载简单科普设备和

开展农技试验。2012 年开始，Ⅳ型科普大篷车开始装配壁挂科普展品，展箱 7 组，互动展品 24 件，可乘 3 人（图 4-9、图 4-10）。

图 4-9　Ⅳ型科普大篷车（依维柯型）　　图 4-10　Ⅳ型科普大篷车（全顺型）

科普大篷车发展初期，主要以Ⅰ型、Ⅱ型为主，体量较大。随着基层对科普大篷车的需求逐年增多，受经费和交通条件的限制，Ⅰ型车需求受到限制，体量适中、展示效果较好的Ⅱ型车和灵活轻便的Ⅳ型车受到基层的欢迎。目前Ⅱ型和Ⅳ型车是配发的主要车型（图 4-11）。

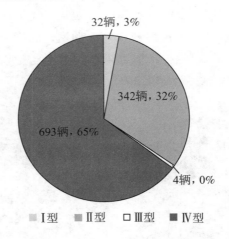

32辆，3%

342辆，32%

693辆，65%

4辆，0%

■Ⅰ型　■Ⅱ型　□Ⅲ型　■Ⅳ型

图 4-11　科普大篷车各车型配发数量（截至 2016 年年底）

### （二）车载资源开发情况

科普大篷车由车辆、车载资源、车载设备组成。科普大篷车的车载资源是科普大篷车的主体装备，是为科普大篷车专门设计制造的，具有体积小，重量轻，便于运输、安装和布展，较好的抗震性、可靠性和耐久性等特点，使其与实体科技场馆使用的科普资源有所不同。

相对于其他科普设施，科普大篷车最显著的特征即为其"车辆与资源的定制关系"。目前科普大篷车主要是依据车辆与车载设备和资源的固定关系、服务对象进行开发的。

根据车辆与车载设备和资源的固定关系，科普大篷车可分为三类：专用型、部分通用型和通用型。

专用型是指根据科普大篷车的展示主题需要设计车辆、车载展品、设备和活动等，车辆与车载设备和资源基本固定，如目前开发的Ⅲ型车，车载资源围绕"节约能源资源、保护生态环境、保障安全健康"主题进行开发，主要用于面向城镇劳动人口宣传节能环保、安全健康知识。

部分通用型是指车内配备固定设备（如实验台）和模块化的可替换的展品资源。如2012年前开发的Ⅳ型农技车，主要向农民提供养殖、种植、加工等实用科技信息和科普知识等（图4－12）。

图4－12　Ⅳ型农技车配备的农技服务箱

通用型是指车辆与展品不固定，可根据服务需要更换车载设备和资源，主要面向中小学生、农民和社区群众开展互动科普宣传，内容以科技馆基础科学展品为主。

专用型科普大篷车具有展示内容深刻、群众参与度高、活动效果好的优势；通用型科普大篷车则具有成本小、可载资源多、组织灵活等优势；部分通用型科普大篷车则兼具二者特点（表4－1）。

表 4 –1　基于车辆与车载设备和资源固定关系的科普大篷车类型

| 类　型 | 特　　征 | 车载设备和资源 | 服务对象 |
|---|---|---|---|
| 专用型 | 车辆与车载设备和资源固定 | 整体设计，基本为固定资源 | 城镇劳动人口 |
| | Ⅲ型车和天文车 | | |
| 部分通用型 | 部分固定，部分可更换 | 固定部分（实验台）+主题资源 + 单件资源 | 农民 |
| | Ⅳ型车（2012 年前开发） | | |
| 通用型 | 全部可更换 | 可拆卸更换的科普展品 | 中小学生、农民、社区群众 |
| | Ⅰ型车、Ⅱ型车、Ⅳ型车（2012 年后开发） | | |

　　根据中国国情和发展现状，通用型科普大篷车研制成本相对较低，资源可定期更换，组织活动灵活多样，是目前我国科普大篷车内容建设的主要形式。

　　2012 年以前科普大篷车展品由各配车单位自行选购。2012 年后，为了进一步提高展品质量，提升展教效果，项目团队从基础科学展品中选出最适合户外展示的精彩展品，通过优化设计，打包成套，灵活性、针对性和耐用性得到加强，更适合在基层地区展出。

　　目前，Ⅱ型科普大篷车主要包括电磁展区、光学展区、数学展区、力学展区和生命与健康展区五大展区 25 件基础科学展品。这些展品同科普资源包、科普影视相结合，可以组成 100 ~ 200 m$^2$ 的科普展览（图 4 – 13）。

图 4 – 13　Ⅱ型科普大篷车车载展品及活动现场

为进一步发挥Ⅳ型车在农村科普中的重要作用，项目团队创新研发了壁挂类展品，主要包括数学思维、机械传动、电磁现象、运动与力、视觉体验、材料科学6个主题24件展品。展品可安装于展台，也可悬挂于墙上，使Ⅳ型车的展教功能大大加强，受到基层群众欢迎（图4－14）。

图4－14　Ⅳ型科普大篷车壁挂式车载展品

### 三、科普大篷车运行管理情况

科普大篷车项目工作是一项复杂的系统工程。从工作进程来看，目前主要流程包括车辆申报、确定配发计划、政府采购招标、生产车辆、交接车辆、办理调拨手续、活动组织等。工作涉及面广，调度资源量大，需要动员较多方面力量来支持和参与。目前，项目主要是由中国科协科普部、中国科技馆以及相关单位共同组织实施的。

### （一）科普大篷车项目管理职责分工

中国科协科普部为职能管理部门。主要职责是审定科普大篷车项目的年度经费预算；审定科普大篷车年度工作方案、预算使用计划以及年度项目总结评估等；审定科普大篷车的年度最终配发方案。

中国科技馆为项目执行单位，主要负责提出科普大篷车项目的年度工作方案和预算使用计划，对年度项目工作进行总结评估；组织科普大篷车的年度配发工作；组织新型科普大篷车车辆及车载资源的研发和试点工作；对各地科普大篷车的运行进行业务指导、监测评估；围绕科普大篷车事业发展，组织开展相关调查研究工作；围绕提高科普大篷车服务能力，组织开展经验交流和业务培训，提供展教资源服务等。

各省级科协负责组织辖区内科普大篷车的申报，监督辖区内科普大篷车的运行，指导落实辖区内科普大篷车的资源共享，完成中国科协下达的有关任务，负责落实科普大篷车运行配套条件，并对科普大篷车的运行进行监督、指导和管理。积极争取当地政府及相关部门对科普大篷车的支持，切实保障科普大篷车运行所需经费及其他条件，为科普大篷车营造良好的运行环境。

科普大篷车运行单位主要按照中国科协的总体要求，结合本地区实际情况开展科普活动。包括：组建科普大篷车工作队伍，制订工作计划，组织科普大篷车活动，维护车辆、设备和车载资源。

运行单位主要按照以下要求加强车辆日常使用管理：

（1）要确保科普大篷车的科普工作用途，不得挪作他用或改变车辆内部结构。

（2）车辆的外部标识须保持配车时外观样式。开展活动时可粘贴临时宣传图标和文字，但不得长期改变科普大篷车的外观。

（3）做好车辆的日常养护工作，定期进行车辆、车载设备及车载资源的检查和维护。

（4）严格遵守国家关于机动车管理的有关法规，按时办理相关审查手续。

（5）积极开展科普活动，加强活动策划和宣传工作，不断丰富和创新活动形式，注重行车线路的科学性和经济性，提高工作效率。

（6）在每次科普活动结束后，及时登录全国科技馆科普服务平台，填报活动信息。

（7）科普大篷车配发给运行单位后，未经中国科协批准，不得转让和调拨。车辆报废前须上报中国科协，报废后及时报中国科协备案。

科普大篷车车辆和车载资源供应方是科普大篷车工作的重要协作单位，负责按照中国科协制订的年度配发计划，按时保质完成科普大篷车的改装与生产，为运行单位提供良好优质的配套服务。车辆、设备及车载资源的采购应严格按照相关规定实施。

**（二）科普大篷车的配发政策**

科普大篷车采取中央财政补贴、地方财政配套的经费筹措方式配发，中国科协负责科普大篷车的研发和集中采购，采购完成后，以固定资产调拨的形式将车辆划归地方属地管理，地方车辆使用单位负责开展科普大篷车的日常工作并承担相应经费。

中国科协在综合考虑全国实体科技馆、流动科技馆和大篷车的布局以及各地的需求情况后，确定享受中央财政补贴的科普大篷车配发计划。

主要配发原则如下：

（1）需求原则 对西部地区、少数民族地区、革命老区、边疆地区、贫困地区等科普设施匮乏地区给予一定的政策倾斜。

（2）激励原则 对积极落实科普大篷车保障经费及其他配套条件、科普工作开展较好的省予以优先配发或特别配发。

（3）更新优先原则 优先配发给车辆更新单位。科普大篷车运行 10 年或行驶里程达到 10 万千米后，可申请车辆更新。展品运行 3 年后，可申请展品更新。

### （三）科普大篷车项目的信息化管理

为提高科普大篷车项目的管理效率，及时了解各地开展工作情况和科普服务效果，中国科协和中国科技馆建设了全国流动科普设施科普服务平台（图 4 – 15）和北斗动态管理系统（图 4 – 16）。全国流动科普设施科普服务平台科普大篷车版块 2014 年建成并试运行，2015 年正式投入使用，项目申报配发、数据统计、工作动态、效果监测等环节基本实现信息化管理，工作效率得到提高，促进了项目的可持续发展。

图 4 – 15 全国流动科普设施科普服务平台科普大篷车版块

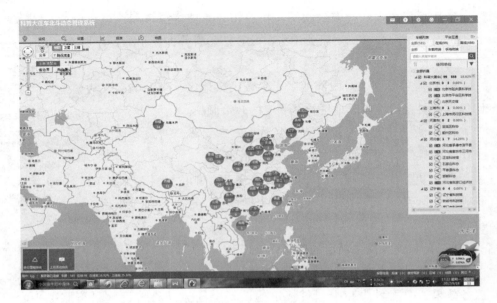

图 4 - 16　北斗动态管理系统

**（四）科普大篷车地方管理情况**

各省、直辖市、自治区科协负责本省科普大篷车的申报及运行管理工作，在实际工作中开创并积累了许多成功的做法和经验，确保了全国科普大篷车的稳步发展。

1. 加强配发管理，优先配给最需要的基层单位

河南、贵州、云南、甘肃、新疆、内蒙古等省（自治区）财政积极支持大篷车配发工作，采用省（自治区）财政补贴的方式积极为基层单位配发大篷车。到 2016 年年底，新疆、西藏、内蒙古等地区已经实现科普大篷车全覆盖。

河南省科协专门设计了《科普大篷车配发单位综合得分情况表》，对各申报单位从辖区人口总数、有无科普场馆、科普工作是否先进、地方领导重视程度、资金到位情况等进行综合评分，并按照得分高低优先安排配发。

2. 整合共享资源，拓展了科普大篷车的科普功能

为满足广大群众尤其是青少年不断提高的科普需求，增强科普展品的吸引力和趣味性，很多省份以大篷车为载体，整合省内资源，拓展了科普大篷车的科普功能。如新疆科普工作队联合新疆维吾尔自治区公安厅交通警察总队、新疆维吾尔自治区新闻出版局发行处、新疆维吾尔自治区中医药管理局、

新疆维吾尔自治区监狱管理局教育改造处等 38 家单位签署《科普资源共建共享合作协议》，极大地丰富了科普大篷车的宣传资源。

3. 创新活动形式，开展丰富多彩的科普活动

很多省份结合省内实际情况，开展了许多富有特色的科普活动。如云南省科普大篷车集中展开了"科普富民兴边""科普大篷车边疆万里行巡展活动""科普大篷车千村万户行""科普与民族文化共建共荣行动计划""双语科普""科普大篷车五进"等特色活动。

重庆市结合当地大城市、大农村、大山区、大库区的特殊情况，依托科普大篷车灵活机动的优势，开展了"科普大篷车渝州行"活动，以实际行动有效提升了全市公民科学素质。

4. 完善运行管理机制，切实保障大篷车稳定运行

山东省要求各配车单位成立专门队伍，落实运行经费，制定了工作制度。省内所配发车辆常年活跃在基层一线，深受基层科普工作者和公众欢迎。

云南积极推进科普大篷车信息化建设。率先启动了全国科普大篷车远程管理平台试点工作，正式建立了微信公众平台，进一步加强了全省已配科普大篷车的统一协调和管理。

**（五）科普大篷车的社会效益分析**

1. 推动了基层科普尤其是农村科普工作的开展

由于科普大篷车机动灵活的特点，极大地满足了基层公众的科普需求，被亲切地称为"科普轻骑兵"。在全国科普日、科技活动周、"科技、文化、卫生"三下乡等重大科普活动中，科普大篷车已经成为必不可少的重要角色。根据各省每月报送的运行数据统计，截至 2016 年年底，科普大篷车累计行驶里程达 3100 万千米，开展活动 17 万次，受益人数 1.96 亿人。

各级科协，尤其是基层科协，积极利用科普大篷车在基层地区开展科普活动，有力推动了基层科普尤其是农村科普工作的开展。例如，河南省长垣县常年开展科普大篷车送科技下乡活动，格外引人关注，深受农民欢迎。2015 年 6 月 3 日，长垣县利用孟岗镇集会组织开展"三下乡"，由于当时人员密集，过往行人车辆时时处处受阻，交通极为不便，但是当听说县科协的科普大篷车下乡来免费为群众送科技、送图书、送致富信息等服务时，人们异常兴奋，马上自觉让出一条通道，保障科普大篷车优先通过，并积极主动协助科协人员搬运展品、书籍，确保了"三下乡"活动的顺利开展。

2. 提高了基层科协的科普服务能力

科普大篷车主要配发对象为基层科协，通过科普大篷车这一载体，基层科协组织策划科普展教活动的能力明显提升，在全国范围内形成了一支服务基层公众的科普队伍。

3. 提高了广大农村地区公众的科学文化素质

科普大篷车体现出科普的流动性，将以往只能在城里看到、听到、摸到的科技馆资源，让农村、中西部、少数民族地区的公众同样可以感受到，他们也能像城市的公众一样感受科技馆的先进理念和科普展品的魅力，接受现代科学知识的熏陶，这在一定程度上弥补了我国科普资源空间上分布不均衡的缺憾，增加了公众获取科技知识和信息的机会，提高了我国农村地区居民的科学文化素质。

## 第三节　科技馆体系下科普大篷车重点发展方向

中共十八大报告提出，要确保 2020 年"公民文明素质和社会文明程度明显提高"，"公共文化服务体系基本建成"，"基本公共服务均等化总体实现"，"全民受教育程度和创新人才培养水平明显提高"，"普及科学知识，弘扬科学精神，提高全民科学素养"，要"坚持面向基层、服务群众，加快推进重点文化惠民工程，加大对农村和欠发达地区文化建设的帮扶力度"。

科普大篷车作为开展流动科普教育的文化惠民工程，在今后的发展中主要把公平普惠放到首要位置，坚持面向基层、服务群众，加大对农村和欠发达地区文化建设的帮扶力度，充分发挥其普及科学知识、弘扬科学精神、提高全民科学素养的重要作用。

### 一、配发工作进一步向贫困地区倾斜

未来科普大篷车会加大配发力度，积极探索分省覆盖的配发模式，最终完成全国科普大篷车基本覆盖的任务。同时要努力实现贫困地区县市的全覆盖。

到 2020 年，我国要实现全面建成小康社会的奋斗目标，重点在中西部地区，难点在集中连片特困地区。全国 14 个连片特困地区基本覆盖了全国绝大

部分贫困地区和深度贫困群体，一般的经济增长无法有效带动这些地区的发展，常规的扶贫手段难以奏效，扶贫开发工作任务异常艰巨。因此，必须加大力度，帮助这些地区实现经济又好又快发展，帮助贫困群众提高自我发展能力，为到 2020 年如期实现全面建成小康社会的奋斗目标提供坚实的保障。

因此，科普大篷车将优先加大对连片特困地区的投入和支持力度，加快科技知识传播的速度和广度，促进基本公共服务均等化，提高贫困地区公众的科学素质，从根本上改变连片特困地区面貌。

### 二、积极开展专用车型及新能源车型研发

我国专用型主题车目前处于起步阶段。未来会借鉴国外经验，围绕公众兴趣较大的科学主题，如天文、化学、生物、消防、交通等开发专用型主题科普大篷车，基本包含有实验、体验等动手环节，互动程度高，活动形式多样。

为贯彻落实国家"十三五"规划要求推广新能源汽车的计划，未来科普大篷车会积极开展新能源车型的研发工作。

### 三、内容设计追踪科技发展前沿，引导科学理念

在未来，考虑到科普大篷车的内容需求，科普大篷车的展示内容将会体现现代科技馆展示内容和方式的发展，给地方公众带来参与、体验、感受的机会，同时又会跟踪科技发展动态，引导科学理念，和流动科技馆展示内容实现差异化发展。

科普大篷车会更加注重车辆展示空间设计，增强光电、自动控制、多媒体展示等先进技术在车载设备和资源开发中的应用；加大实验、游戏、影视、体验空间等比重，如 VR 展品、机器人展项、球幕影院等，增强车载展品设计的趣味性、互动性和启智性，注重通过自我思考、逐步动手完成的活动设计，提高群众参与度和在活动中的实际受益能力。

科普大篷车展示内容建设还会关注当前世界科技前沿问题，加强对具有前瞻性、先导性和探索性的科学技术的宣传与传播，如生物技术、信息技术、新材料技术、先进制造技术、新能源技术、海洋技术、空间技术等，让基层地区的公众了解世界高新技术前沿的发展方向，促进新兴产业的形成和发展，充分发挥科普在经济发展和建设创新型国家方面的重要作用。

## 四、不断提高信息化管理水平

充分利用先进的信息化管理技术，不断提高科普大篷车项目的信息化管理水平，促进全国科技馆科普服务平台和北斗动态管理系统整合，形成流动科普设施信息化管理平台。进而实现流动科普设施信息化管理平台与中国数字科技馆的整合，实现各类科普设施的信息共享与资源共享。

## 五、推行大联合、大协作的运行管理机制

### 1. 三级联动的合作机制

在中国特色现代科技馆体系下，科普大篷车在宏观层面具有中央、省、市县"三级联动"的合作机制，实现科普资源在纵向维度的有机整合，进一步协调发展、优化配置，构建职责清晰、运行高效、保障得力、服务到位并覆盖全国社区、学校、农村的科普大篷车服务网络。各级科协、科技馆在科普大篷车的开发、管理、运行等工作中承担着不同任务。其中中国科协和中国科技馆承担着项目的总体规划、开发及全国的运行管理工作。省级科协和省级科技馆承担着本省的项目规划、运行管理等工作，为基层用车单位提供资源服务和技术支持。市县级科协和科技馆负责科普大篷车的运行及活动组织等。

### 2. 多方共建机制

在三级联动的基础上，将进一步鼓励科普展品研制单位、有能力的科技馆、有关科研院所、大专院校、学会和企业、基金会等机构参与车载设备和展品的开发；鼓励行业部门、企事业单位开发行业类、主题类、社区类科普大篷车或车载设备和展品，为其面向公众开展科普教育创造有利条件，并引导其加入统一配发和运行体系；以多种激励方式（冠名、赞助、车辆及车载设备和资源的直接开发等）推动地方有关机构研制具有当地特色的新型科普大篷车；为各类组织和群体在科普大篷车的研制、配发、运行中发挥作用提供通道和依据。

加强科普大篷车的兼职人员和科普志愿者队伍建设。通过多种形式吸引热心于科普事业的科技工作者、教师、科普创作人员、科技传媒记者和编辑、科普场馆工作人员、科普理论研究工作者、青少年科技辅导员、大学生加入科普大篷车的兼职工作人员和志愿者队伍中来，发展城市社区、乡村科普志

愿者队伍，培养科普宣传员，进一步提高科普大篷车工作团队的素质。

通过大联合、大合作的管理机制，各方力量积极参与科普大篷车项目的建设，不断扩大项目的社会效益，促进项目可持续发展，为提高全民科学素质做出贡献！

本章执笔人：陈　健
单位：中国科学技术馆

# 第五章　基层科普设施

## 第一节　农村中学科技馆

### 一、农村中学科技馆概述

根据2011年《第八次全民科学素养调查结果》[①] 显示，2010年我国具备基本科学素养的公民比例为3.27%（2005年调查结果为1.6%），其中城镇劳动者具备基本科学素养的比例为4.79%，而农民仅为1.51%，低于2005年全国平均数；按地区，西部省（直辖市）明显低于东部省市，有7个省（直辖市）低于1.6%。西部与东部、农村与城镇的差距明显。

针对我国公民科学素质与世界发达国家相比差距甚大、严重影响和制约我国经济社会发展的实情，2006年国务院颁布《全民科学素质行动计划纲要（2006—2010—2020年）》。之后10年，我国公民具备科学素质的比例显著提高。虽然我国公民科学素质提高较快，但发展不平衡，与世界发达国家相比差距依然很大，特别是我国公民科学素质公共服务不均衡，城镇新居民、农民、边远和少数民族地区群众接受科普服务的机会明显偏少。

《中国科协事业发展"十二五"规划（2011—2015年）》中提到，提升全民科学素质是"十二五"期间的重要任务，要扎实推进科普资源共建共享，加强科普基础设施建设。规划中还强调要建设农村科普示范服务体系和青少年科普活动场所。作为中国科协所属的公募基金会，中国科技馆发展基金会

---

① 中国公众科学素养调查课题组. 第八次中国公民科学素养调查结果 [R]. 中国科普研究所，2011.

在实施创新驱动发展战略、建设创新型国家的大背景下，围绕中央提出的"到 2015 年实现我国公民具备基本科学素质的比例超过 5%"的目标，2012 年，在中国科协和教育部的大力支持下，积极争取社会资金，募集资金 2000 万元，实施农村中学科技馆公益项目。项目专注于提升西部特别是经济欠发达地区农村青少年科学素质。

项目旨在培养中学生讲科学、爱科学、学科学、用科学的意识和思维方式，特别是通过科技馆互动体验式的学习，鼓励学生大胆设计制作自己的创意作品。通过项目的实施，努力达到"一提升、两促进"的发展目标，即提升农村青少年科学素质，促进教育资源均衡化，促进科技馆展品产业化。

2012 年 8 月，农村中学科技馆公益项目启动仪式在北京举行，中国科技馆发展基金会与正大环球投资股份有限责任公司和新时代证券有限责任公司签订了捐赠协议。第十一届全国人大常委会副委员长、中国科协主席、中国科技馆发展基金会名誉理事长韩启德等领导嘉宾出席启动仪式。当日，中央电视台新闻联播报道了活动消息，同时，《人民日报》、《光明日报》、新华网等 30 余家主流媒体进行了全面报道。

2013 年 1 月，《中国科协办公厅关于做好农村中学科技馆公益项目试点工作的通知》要求通过该项目的实施，逐步探索扩大项目覆盖面的机制；探索试点中学管理运行的机制；探索科普展品规范的机制。

同时，为规范和加强该项目的管理、有效保障捐赠方资金的透明使用，2013 年 1 月发布的《中国科技馆发展基金会农村中学科技馆公益项目管理办法（试行）》规定：基金会与当地省科协和受助学校，共同签订《农村中学科技馆公益项目合作协议》，明确各方权利与义务，并按程序实施项目。

根据中国科协科普部《关于推荐 2013 年农村中学科技馆公益项目试点的通知》的要求，中国科技馆发展基金会积极开展工作，经过 3 年多的不懈努力，截至 2016 年 12 月底，全国已有 29 个省（自治区、直辖市、兵团）建立了 293 所农村中学科技馆。其中，中国科技馆发展基金会全额资助 82 所，中国科技馆资助 126 所，地方自建 70 所，有关单位支援建设 15 所，直接受益人数（学生）137 余万人次。3 年来，在中国科技馆发展基金会的引领和示范下，河北、内蒙古、吉林、黑龙江、安徽、山东、贵州、西藏、陕西、宁夏等省（自治区）的科协，自行组织力量制作展品在本地区展出。在项目实施取得良好效果的情况下，部分中央机关（单位）也将扶贫资金用来购置农村中学科技馆展品，送到基层学校。例如，全国政协在贵州省赫章县、中国科协在江西省寻乌县、致公党云南省委在云南省腾冲县分别捐资建设 1 所农村中学科技馆。

## 二、农村中学科技馆项目内容

### （一）组织体系

项目由中国科技馆发展基金会、省（自治区、直辖市、兵团）科协和受助学校三方共同签订合作协议。捐赠方（基金会）、保障方［省（自治区、直辖市、兵团）科协会同教育部门］、受助方（农村中学）三方分工负责具体实施。捐赠方提供资金，负责筹建；受助方提供场所（不小于 $60m^2$），负责日常运行；保障方负责项目协调和具体落实、后期保障、管理与支撑。日常维护和管理由受助方和保障方共同负责，运行费、维护费、展品更新费协商解决。

### （二）农村中学科技馆组成

1. 科普展品

科普展品由 18～20 件互动展品和创意组合插件等组成，分为数学、声学、力学、光学和电磁学等，主要通过互动方式展示和模拟基础科学原理，寓教于动。

2. 数字科技馆

数字科技馆基于计算机，通过单机或互联网展示和应用中国数字科技展馆内容。它将各类科普展厅、科普资源数字化后集中展示，突破了时间和空间的限制，内容丰富，趣味十足，寓教于乐。

3. 科普图书

每个馆配套约 1000 册图书。图书种类主要涵盖科学知识、人文地理、历史文化、科学家传记、百科全书以及励志等方面，内容新颖、健康，寓教于读。

4. 科技创意作品（挂图或展板）

科技创意作品由若干创意作品挂图或错觉画组成，主要鼓励学生开放思维，展示他们自行制作的优秀创意作品，集中展示，寓教于行。

5. 多媒体投影设备

多媒体投影设备综合利用，既可播放科普影视作品，也可用于科学课集中教学，广泛使用。

6. 鸣谢牌

鸣谢牌用于对捐助建馆的组织表示感谢。

**（三）各方职责及功能**

1. 中国科技馆发展基金会

中国科技馆发展基金会负责项目策划，动员社会力量，筹集资金，寻求政府支持，制定标准，对实施过程进行监督和评估等。

2. 各级科协

各级科协负责争取政府和社会资源的支持，承上启下协调落实，指导监督农村中学科技馆落地和运行，宣传并组织当地公众参观学习。

3. 受助学校

受助学校负责承担农村中学科技馆的日常运行、管理和维护。

4. 辅导老师

辅导老师负责引导学生实践，训练学生创新思维和动手能力，培养具有创新能力的学生，使创新作品涌现出来。

**（四）互动展品目录及配套设施要求**

1. 展品目录及配套设施要求

（1）互动展品目录：农村中学科技馆互动展品目录如下（表5-1）。

表5-1　农村中学科技馆互动展品目录

| 序　　号 | 学科类别 | 展品名称 | 展品类型 |
|---|---|---|---|
| 1 | 声光体验 | 窥视无穷 | 机电/机械 |
| 2 | | 激光竖琴 | 机电 |
| 3 | | 人力发电 | 机电 |
| 4 | | 益智游戏 | 机电 |
| 5 | 健康生活 | 手眼协调 | 机电 |
| 6 | | 健康误区 | 机电 |
| 7 | | 反应测试 | 机电 |

| 序　号 | 学科类别 | 展品名称 | 展品类型 |
|---|---|---|---|
| 8 | 电磁探秘 | 神秘的磁力 | 机械 |
| 9 | | 雅各布天梯 | 机电 |
| 10 | | 美丽的辉光 | 机电 |
| 11 | | 旋转的银蛋 | 机电 |
| 12 | 运动旋律 | 锥体上滚 | 机械 |
| 13 | | 听话的小球 | 机械 |
| 14 | | 哪个滚得快 | 机械 |
| 15 | 数学魅力 | 双曲线槽 | 机械 |
| 16 | | 滚出直线 | 机械 |
| 17 | | 椭圆焦点 | 机械 |
| 18 | | 最速降线 | 机械 |
| 19 | 安全生活 | 报警训练 | 机电＋多媒体 |
| 20 | | 交通安全员 | 机电＋多媒体 |

注：表中目录为 2016 年展品。该目录每年会有更新。

（2）配套设备要求：配套设备要求如下（表 5 - 2）。

表 5 - 2　农村中学科技馆配套设备要求

| 设备设施 | 配套设备要求 | 备　注 |
|---|---|---|
| 书柜 | 规格：1200mm × 500mm × 2200mm（长 × 宽 × 高）；柜身：采用防静电、防腐蚀、有绿色环保认证材料；柜身上部设计满足图书摆放及学生作品展示，下部为储物柜，内设一层隔板，可根据现场情况制作 | 3 组 |
| 错觉画 | 内容由中国科技馆发展基金会提供 | 8 幅 |
| 鸣谢牌 | 内容由基金会提供 | 1 块 |
| LOGO 标识牌 | 图案由基金会提供 | 1 块 |

2. 展品设计及制作要求

（1）尺寸要求

台面尺寸为：700mm × 700mm × 150mm（长 × 宽 × 高）。

箱体尺寸为：500mm×500mm×550mm（长×宽×高）。

底座尺寸为：550mm×550mm×100mm（长×宽×高）。

（2）材料要求

台面材料：玻璃钢结构，表面金属烤漆；或抗倍特板材料。

箱体及底座材料：冷轧钢板喷塑，箱体结构须装拆、维护方便，须开维修门。

（3）展品、台面及箱体颜色须搭配协调。

（4）展品使用条件为固定场地，要求结构安全、合理、耐用、维修便利。

### 三、农村中学科技馆运行管理

实施 3 年来，中国科技馆发展基金会通过以下 5 项管理机制保障运行效果。

#### （一）择优机制

1. 选点择优

2013 年 1 月，根据《中国科协办公厅关于做好农村中学科技馆公益项目试点工作的通知》中的要求，请各有关省、自治区、直辖市、兵团科协高度重视："主动争取当地政府的领导和支持，创造性地做好试点工作，探索社会动员机制。"各地纷纷响应，中国科技馆发展基金会根据上报材料，按照向经济欠发达地区、少数民族地区、主动提供配套设施地区倾斜的原则择优资助。

2. 企业择优

所有展品制作、电脑投影设备等，均通过公开招标方式进行竞标，从品质、价格、时效、服务等方面进行择优选择。

#### （二）监督机制

项目竞标后，在实施过程中，全程接受捐赠方、中国科技馆发展基金会监事和相关部门的监督。同时，中国科技馆发展基金会通过网站等渠道向社会公开项目的实施情况，以保证项目实施的公开、透明和效果。此外，通过签订三方协议，用于厘清中国科技馆发展基金会与省（自治区、直辖市、兵团）科协和受助学校相关权责。协议规定，中国科技馆发展基金会拥有农村中学科技馆相关标识、设计、冠名的所有权；负责募集资金或实物（展品、数字科技馆设备、标识牌等），并以实物运抵受助中学；负责组织相关机构或人员进行项目实施检查、效果评估、实物资助审查；负责组织协调相关企业或机构对学校科技教师进行培训等。省（自治区、直辖市、兵团）科协负责组织项目申报、备案；组织并会同当地财政、教育等部门协商项目的具体落实，并将建成后的农村中学科技馆日常运行费、展品更新费和维护费等列入当地政府财政预算，予以支持；对建成后的农村中学科技馆提供技术咨询与支持等。受助学校负责提供符合农村中学科技馆相关设施摆放要求的场地（60m² 以上）及其他基础条件；组织本校学生定期参观本馆，并定期免费向周边居民、其他中小学开放参观；鼓励并辅导学生动手制作创意作品；提供专门人员对农村中学科技馆进行日常运行和维护；在基金会组织培训时，负责提供本单位人员所产生的差旅、伙食等费用；负责定期向基金会通报参观人数和展品、计算机、投影设备等的完好率，及时反映项目开展中遇到的各种状况，并提供年度工作总结和推荐学生创意作品。

### （三）评估机制

"社会组织具有非政府性、非营利性、自愿性，在经济和社会建设中可以发挥巨大的社会功能，这是人们所公认的。"[①] 基金会是我国社会组织中最主要的三种形式之一。根据《基金会管理条例》和民政部对社会组织的相关要求，中国科技馆发展基金会与各级科协（或科技馆）不定期地对已建馆的运行情况进行检查和评估；同时，中国科技馆发展基金会专家评审委员会不定期对中学进行走访调研，一是实地调研场馆运行情况，二是听取反馈意见，三是择优推荐。通过各种规范透明的方式，中国科技馆发展基金会在行业和领域中创出自己的品牌，在社会上树立良好的形象，社会声望和影响力不断提升，通过该项目的实施，向社会公众和合作伙伴传递着公益的正能量。

### （四）激励机制

农村中学科技馆评优纳入科技馆发展奖的提名范围，中国科技馆发展基金会通过"科技馆发展奖"颁奖，对在农村中学科技馆建设与运行中做出积极贡献的个人和组织予以表彰和奖励。

中国科技馆发展基金会理事会每年对下一年资助的学校，进行筛选评优。一是评估学校的科普活动开展情况，特别是学生动手作品制作情况；二是评估科协组织管理情况，重点是配合基金会开展培训的情况；三是评估当地政府资金的支持情况。基于以上因素，结合基金会下一年度实施计划，考虑适

---

① 白平则. 如何认识我国的社会组织 [J]. 政治学研究，2011（2）：3–10.

当为该省（自治区、直辖市、兵团）增配农村中学科技馆或其他科普资源。

**（五）培训机制**

随着项目实施规模逐步扩大，根据受助学校反馈情况，负责农村中学科技馆的科技教师有较强的培训需求和意愿。截至 2016 年年底，中国科技馆发展基金会先后在贵州省毕节市、北京市、上海市、贵州省贵阳市、湖北省武汉市等地举办 5 次展品及展教、实验活动培训班，累计培训人数达 500 余人次，培训内容和形式受到了基层学校一线教师和地方科协、科技馆的一致好评。学校、科协普遍认为，针对学校科技教师进行相关展品辅导、维修和教育活动开发等培训课程，非常及时、特别解渴，希望能够多搭平台，多给机会，建立培训的长效机制，让科技馆与学校的教育有机结合起来。

值得一提的是，2015 年 10 月在贵阳市召开 2015 年度农村中学科技馆工作交流及培训会，来自中国科协、中国科技馆发展基金会、贵州省科协、贵州省科技馆以及地方相关科协的人员及受助学校科技教师共 150 余人参加。会议总结农村中学科技馆启动以来的实施情况，交流工作经验，研讨工作思路，展示项目成果，培训科普人才，同时，研讨项目在"十三五"时期的发展规划。这次会议提高了对农村中学科技馆的重要性、紧迫性和必要性的认识，明确了新时期发展思路：一是要坚持科技馆的理念，在不断突破展品内容的同时，开展内容丰富、形式多样的展教活动。二是以互联网思维开展项目培训工作。中国科学技术馆和各个地方科技馆可以通过"互联网＋"的形式进行线上指导和展品维修等工作。三是要加强高新技术方面的展示，中国科技馆发展基金会拟对已建成农村中学科技馆配套 3D 打印设备，争取让农村地区青少年与城市青少年同时享受前沿科技。四是要坚持大联合、大协作的工作机制，积极争取各方面的广泛支持，要紧紧依靠各级政府财政的支持，紧紧依靠教育主管部门的支持，紧紧依靠社会各方面力量的支持，特别是在科普资源配置和科普人才培养方面的支持力度。

## 四、农村中学科技馆项目效果与典型案例

### （一）项目主要效果

1. 促进教育资源均衡化

该项目在推动中国特色现代化科技馆体系（即实体科技馆、流动科技馆、科普大篷车、数字科技馆）建设中，填补"最后一公里"的空白，使广大农

村地区，特别是经济欠发达偏远地区、少数民族地区的农村青少年可以享受到与城市学生，从理念、内容、形式上都十分相近的科普资源，从而促进科普、教育资源的均衡化。

2. 带动学校教育理念的提升、教学方式的改变

项目建成后，受助中学教师纷纷反映，科技馆展品展示的原理引发学生们的思考，改变了过去照本宣科、单一说教式的教学方式，使其逐渐变为互动、体验、交流式的问答教学，成为探究式教学的新尝试。特别值得一提的是，有的中学每年自发举办科技辅导员培训班。开设培训内容有科技创新能力培训、科技选题、科技想象画创作、教师创新能力教育、课程改革中的科技教育和科教制作、自制教具的意义和方法及发明技法等，很接地气。

3. 学生动手能力不断提升

一些中学的学生，受到科技馆展品的启发后，亲自动手制作创新作品，比如广西壮族自治区大圩一中积极引导学生进行创造发明，学生作品《医护跷跷板》《保湿羽毛球筒》《双刀片削笔刀》分别获第二、第三、第四届广西壮族自治区发明创造成果展览交易会中小学生发明创造特别奖。此外，云南省沧源县民族中学利用每年10月份省、市、县都举行"青少年科技创新大赛"的机会，教师们通过馆藏图书的阅览和农村中学科技馆展品的结合，撰写了相关的科技论文并获奖。在教师的影响引导下，起初孩子们仅以画画或手工作品参赛，后来发展到能独立完成一些具有一定意义的调查报告，例如高二学生钱志恒和杨浩的《沧源县城废旧电池危害的调查报告》获得云南省二等奖。

4. 辐射周边社区居民和学校

农村中学科技馆是基金会、科协、教育跨界合作的一个项目，三方约定农村中学科技馆建成后，学校周边的社区居民、学校均可预约免费参观。据初步了解，受助学校基本兑现了承诺，受众达到137万余人次。

5. 促进科技馆展品产业化

农村中学科技馆的展品是从实体馆展品形式转换而来的，由于展品较稳定，有些展品还增加了展示功能，实施4年来，根据学校每年反馈的意见，基金会不断提高展品标准，促使企业从质量到工艺不断改进。制作企业表示，由于基金会的严格要求和用户的反馈，其展品质量、工艺逐步改进。随着覆盖范围的扩大，企业平均每套报价略有下降，但服务水平逐年提升。正是这

种市场倒逼机制，促使企业创新意识和能力不断提高，以满足用户对于展品耐用、易于维修等多方面的需求。

**（二）典型案例**

自治区基金会在项目实施过程中坚持以点带面，树立典型（省、市、县、校四个层面），扩大影响的原则。

1. 西藏自治区农村中学科技馆建设情况

充分利用本地资源，发掘潜能，在西藏自治区成立 60 周年之际，联合教育部门一起实施，并动员社会力量，两年共建农村中学科技馆 58 所。在 2016 年实现在全自治区 74 个县区中学全覆盖。西藏自治区科协副主席林立指出，西藏自治区之所以大力推进农村中学科技馆项目建设，是因为该项目切合西藏自治区的实际，加快建设并发挥其功能作用，有利于尽早推动学校科技教育和科普活动的广泛开展，提升西藏自治区广大青少年的科学素质。首先，西藏自治区面积 120 万平方千米，人口 310 万人，辖 7 个地市，74 个县区。地广人稀的特点使得建设自治区级和地市级实体科技馆辐射人口少，参观路途远，交通不便，且目前地市财力人力条件还达不到建设实体科技馆的能力。其次，西藏自治区各县人口少，所以青少年学生数量也少，多数县仅有一所初中学校，乡镇设小学，高中在地市。西藏自治区实行免费义务教育，全县初中学生都会集中在县中学学习生活。学校属于各地的重点援建项目，场地宽裕，条件普遍较好。再加上学校很难组织外出参观活动，所以在县中学建设科技馆就意味着可以惠及全县所有的青少年。最后，西藏自治区科协没有青少年科技中心，地市县级科协组织薄弱，科普工作队伍特别是青少年科普活动人才短缺。把科技馆建在学校，一方面充实了学校科技教育活动的设施；另一方面可利用学校科技教师的资源，经常性地组织学生开展科技教育和科技活动。

2. 贵州省农村中学科技馆建设情况

截至 2015 年年底，贵州省共建 25 所农村中学科技馆（3 所在建）。其中，贵州省各级科协出资建设 15 所，中国科技馆发展基金会 3 年连续资助 9 所。在中国科技馆发展基金会的带动下，全国政协对贵州赫章县出资捐赠 1 所。贵州省的一些农村中学科技馆开展了丰富多彩的活动，例如选拔中学生担任小讲解员，为社区居民进行讲解。学校自主编印科技辅导相关手册，自主制定农村中学科技馆管理办法等。其中，贵州省贞丰县民族中学，现有科技展品 54 件，其中 18 件为农村中学科技馆标准展品，另外 36 件为老师带动学生动手自制展品。贞丰县民族中学为了能够让学生自由创意，开设了一个"金点子"栏。让学生把自己心中想要做的发明、科技调查项目以及社会实践活动都写在上面，如果存在可行性或者具有一定教育意义以及对社会有帮助的项目，就可以在科技辅导员的指导下开展实施。在第 28 届贵州省科技创新大赛中，该校科技小组的科技活动"贞丰民中校园零食情况调查"获得二等奖，"空中城市"和"玉米收割机"获得科幻画比赛三等奖。

3. 宁夏回族自治区石嘴山市农村中学科技馆建设情况

石嘴山市委、市政府对此项目高度重视，指示市科协、教体局等部门抓紧调研，根据项目建设条件和要求，对全市农村中学逐一进行排查，了解掌握基本情况。市委主要领导要求把这项工作与全市全民科学素质、精神文明建设工作，与创建全国文明城市、农村义务教育发展、教育均衡发展等全局性工作结合起来，形成互相影响、互相促进的良性互动机制，推动项目实施。2013 年 10 月，石嘴山市科协制订了《石嘴山市农村中学科技馆公益项目建设方案》，并由市委、市政府办公室以正式文件转发各县区、各部门，从政策上对全市农村中学科技馆项目实施提供保证。方案明确了农村中学科技馆建设目标任务、展品内容、资金来源、时间安排、主要措施等。截至 2015 年 12 月底，石嘴山市政府出资自建 8 所，中国科技馆发展基金会资助 3 所，共建设 11 所农村中学科技馆，基本实现全市范围内农村中学的全覆盖，而且每个学校还配有机器人活动室。

4. 新疆维吾尔自治区察布查尔锡伯自治县海努克乡中学的农村中学科技馆建设

海努克乡中学根据实际情况和学生特点，制定《海努克乡农村中学科技馆管理制度》和开放时间表等。深化科技与课堂的关系，使学生在掌握理论知识的同时又能通过科技馆的现场操作和示范，加深对知识的理解，从而达到举一反三的效果，既掌握了知识，又提高了动手能力。特别是与高中部学生物理相关理论知识联系密切的农村中学科技馆部分展品，如神秘磁力、雅各布天梯等，深受师生喜爱。在九年级物理教学中，农村中学科技馆中物质导电性展品，让学生真实感受哪些物质导电，这样的互动能提高学生的学习兴趣。此外，学校还利用多媒体，播放科技方面知识和视频，从而提高他们的参与能力。

5. 广西壮族自治区防城港市东兴市京族学校的农村中学科技馆建设

京族学校结合农村中学科技馆展示内容，组织以"启迪科学智慧，成就科学梦想"为主题的校园科学节。主要活动有：科普知识有奖竞猜、观看科普 3D 图片、伞降火箭发射表演、航模表演、科学探究活动等。该农村中学科技馆所在地为广西少数民族——京族聚居地，民族文化深厚，乡土气息浓郁。学校因地制宜，探索了一条科普教育与民族文化相结合的教学路子——"走进课堂、走出校门"的教学模式。鼓励学生大胆创新，努力探索科学探究与民族文化相结合的活动形式。"走进课堂"——在各科教学中，全体教师利用农村中学科技馆设备渗透科技教育的内容。学校开展传统式言语演示的同时，增加趣味试验，经典课程有：《探索滩尾海上为什么小船与大船不能齐头并进》（流体流速与压强的关系），《打雷时人们不能停留于海滩的原因》（高压放电），等等。"走出校门"——学生利用农村中学科技馆多媒体技术查阅资料，充分结合学校周围的自然资源，让学生走出校门，亲近自然，了解红树林湿地生态圈物种知识，组织废旧电池回收等活动。

以上这些典型案例都是依托农村中学科技馆场馆资源，广泛开展青少年科技教育活动。不仅将展品与课堂课程相结合，使学生更直观地理解科学理论，还能结合当地民族文化风俗，开展与当地生态环境等相关的科普教育活动。同时，农村中学科技馆向社会开放，将科普范围延展辐射到周边乡镇的中小学生及居民，实现资源利用的最大化。

农村中学科技馆公益项目实施以来，在一定程度上弥补了我国科普资源空间上分布不均衡的缺憾，扩大了服务覆盖面，拓展了公众获取科技知识和信息的机会，推动了科普服务的公平与普惠。同时，项目还带动和促进地方科协开展科普活动，对加强中国特色现代科技馆体系建设做出了有益补充。项目不仅得到舆论的关注和社会的参与，更在受助学校和当地公众中受到普遍欢迎和赞誉，为落实《科普法》和《科学素质纲要》、建设创新型国家做出了独特贡献。

本节执笔人：饶荣亮

单位：中国科学技术馆

## 第二节 社区科普场馆

当前，我国城镇常住人口达到 7.9 亿人，占到我国总人口的 57.35%[①]，围绕这些人开展的城镇社区科普工作，已成为我国科普工作的重要方面，直接关系到全民科学素质的提升、创新型国家的建设和社会的和谐、健康发展。社区科普工作的开展，离不开对场所的需求。随着社区科普工作的不断推进，各类社区科普场馆也得到了发展，它们为社区科普工作的开展提供有力支撑，是社区科普工作稳定、持续和良好发展的重要保障。研究社区科普场馆的状况，对于更好地推进社区科普工作尤为重要。

### 一、社区科普场馆概述

科普场馆，通常指以提高公众科学素质为目的、常年对外开放、实施科普教育活动的场馆。其真正内涵应该是指自然科学类博物馆，包括自然博物馆、科学技术博物馆、专业科技类博物馆、天文馆、水族馆，以及动物园、植物园、生态园、热带雨林、自然保护区等。其功能则包括收藏、研究和展教等几个方面。[②] 随着科学技术的发展及其对生产和生活的影响越来越普遍、深入，科普场馆的收藏、研究功能逐渐淡化，教育功能不断强化，且教育的本质特征表现为：通过实物展项与展品生动再现自然现象的奥秘、科学原理的奇妙、科技实践的艰辛、技术成果的应用，为观众营造一个直接感受和理解科技的开放性学习环境。[③]

就以上严格意义的科普场馆界定而言，早期的社区科普工作中，可能都没有"场馆"一说，用社区科普"场所"可能更为准确。社区科普工作常见的场所包括科普画廊（宣传栏、橱窗）、科普图书室、科普活动室（站、中心）、青少年科学工作室等，以及近年来新兴的一些科普场所，如科普园、科

---

① 中华人民共和国国家统计局. 2016 年国民经济实现"十三五"良好开局［DB/OL］. (2017 - 10 - 21)［2018 - 05 - 02］. http://www.stats.gov.cn/tjsj/zxfb/201701/t20170120_ 1455942. html.

② 谢起慧. 我国科普场馆建设的现状与思考［J］. 海峡科学，2012（3）：92 - 94.

③ 李象益，李亦菲. 科普场馆展览展示创新设计的理念、方法与对策［C］//任福君. 中国科普基础设施发展报告（2012—2013）. 北京：社会科学文献出版社，2013：105.

普广场、科普馆（体验馆、生活馆）等。这些科普场所承载着社区的科普展览展示、科普实践活动等各项科普功能。

　　社区科普场所，作为社区科普工作开展的重要阵地，与社区科普工作息息相关。社区科普是一项群众性强、接地气的工作，贴近居民、贴近生活、贴近实际、想居民所想、做居民所需是社区科普工作的基本出发点。多年来，社区科普都以"生活科学"[①] 作为主要的工作内容，如膳食营养、健康保健、睡眠养生、运动养生、老年常见病康复与保健、节能常识、环保知识等，从生活常识的讲述，到各种生活问题的解决，普及着"满足生活需要、以解决实际问题为目的的知识体系和可以正确处理日常事务的方法"[②]。为了适应社区科普工作的这些特征和需求，社区科普场所呈现出以下几个方面的特征。

**（一）群众性**

　　首先，社区科普场所服务的对象为广大的社区群众。其次，社区科普场所的建设和维护需要充分地组织、发动和依靠群众，以保证社区科普场所能贴近社区居民的实际要求，利于社区居民使用，为社区居民所喜爱，从而促进社区科普工作的有效开展。

**（二）开放性**

　　社区科普场所，大多是开放式的，便于社区居民随时接受科技的熏陶，例如社区内的科普画廊（宣传栏、橱窗）和社区居民生活区附近的科普园、科普广场等。而其他非开放式的社区科普场所，如科普图书室、科普活动室（站、中心）、科普馆等则都有定期开放的规定。

**（三）综合性**

　　首先，社区科普场所肩负着多项综合职能。社区作为我国城市管理体制中的最基层，执行着各部门下达的诸多任务，社区科普场所除具备科普的功能外，还承担着教育、文化、卫生、计生等职能，甚至社区居委会的办公、党务等职能。其次，社区科普场所呈现的内容也是综合的，涉及各类与生活密切相关的科学知识、科学方法等，如健康、饮食、运动、动植物、地震、环境等。最后，社区科普场所的形式也体现出多样综合的特性。同一个社区内，同时会有科普画廊（宣传栏、橱窗）、科普活动室（站、中心）、青少年

---

① 曾国屏，李红林. 生活科学与公民科学素质建设［J］. 科普研究，2007（5）：5 – 13.
② 高建中. 社区科普实践研究——以北京社区为例［D］. 北京：清华大学，2005.

科技工作室、科普园、科普广场等各类设施，为社区居民提供多样化的综合科普服务。

## 二、社区科普场馆的发展

社区科普场馆的发展，与社区科普工作在全社会的不断深入密不可分。2002 年，中央文明办、中国科协等 10 家部委联合开展"科教、文体、法律和卫生进社区"活动伊始，"社区科普"日渐受到社会的关注。2002 年 6 月颁布实施的《中华人民共和国科学普及法》规定，"城镇基层组织及社区应当利用所在地的科技、教育、文化、卫生、旅游等资源，结合居民的生活、学习、健康娱乐等需要开展科普活动"，此后，社区科普得到了繁荣发展。在城镇化的快速发展时期，2011 年，国务院办公厅印发《全民科学素质行动计划纲要实施方案（2011—2015 年)》，专门增加了"社区居民科学素质行动"；2012 年，中国科协、财政部联合实施"社区科普益民计划"（作为"基层科普行动计划"的子计划之一），使得社区科普工作取得了更多实效。在这一历程中，社区科普场所得到了极大的发展。

### （一）规模变化

由于现有的统计数据没有对社区科普场所的分类统计，本部分将以社区科普（科技）活动室的发展来窥视我国社区科普场所发展的概况。统计显示①，2004—2015 年，我国城市社区科普（科技）活动室的发展整体呈现快速增长趋势（图 5 - 1)。其中，2015 年，我国共有城市社区科普（科技）专用活动室 8.20 万个，比 2004 年的 3.05 万个增长了 169%（表 5 - 3)。从总体来看，我国社区科普（科技）专用活动室数量存在明显的地域差异，东部地区的数量远高于中部和西部地区。

---

① 数据来源：中华人民共和国科学技术部. 中国科普统计 2009 年版 [M]. 北京：科学技术文献出版社，2010：48 - 50；中华人民共和国科学技术部. 中国科普统计 2013 年版 [M]. 北京：科学技术文献出版社，2014：49 - 51；中华人民共和国科学技术部. 中国科普统计 2016 年版 [M]. 北京：科学技术文献出版社，2016：47 - 49.

**表5－3　2004—2015年东部、中部、西部地区城市社区科普（科技）专用活动室分布情况**

| 地区 | 城市社区科普（科技）专用活动室/个 | | | | | | | | | |
|---|---|---|---|---|---|---|---|---|---|---|
| | 2004年 | 2006年 | 2008年 | 2009年 | 2010年 | 2011年 | 2012年 | 2013年 | 2014年 | 2015年 |
| 东部 | 14777 | 25373 | 25137 | 34276 | 35763 | 37715 | 43609 | 41280 | 41364 | 43279 |
| 中部 | 8074 | 13372 | 17847 | 18709 | 22661 | 23662 | 28951 | 24229 | 24881 | 19674 |
| 西部 | 7368 | 8326 | 13012 | 14982 | 14778 | 16109 | 19703 | 18404 | 19602 | 19022 |
| 全国 | 30219 | 47071 | 55996 | 67967 | 73202 | 77486 | 92263 | 83913 | 85847 | 81975 |

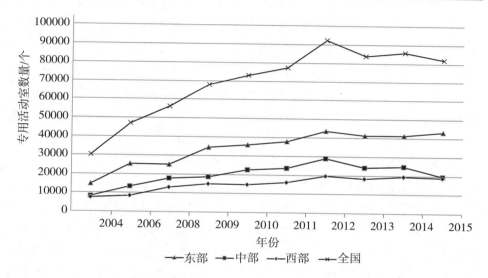

图5－1　2004—2015年东部、中部、西部地区城市社区科普（科技）专用活动室发展情况

从部门的城市社区科普（科技）专用活动室来看，历年来，科协部门建设的活动室数量最多。以2015年为例，科协建设的活动室数量占全国总数的38.06%，其次依次为科技管理、卫生计生部门和文化部门。[①] 这在一定程度上也呼应了上文所述社区科普场所除承担科普的功能外，还承担着其他职能的综合性特点。

**（二）形式发展**

社区科普场所最早期且最常见的形式是科普画廊（宣传栏、橱窗），其次是科普图书室、科普活动室（站、中心）以及近年来的科普园、科普广场和

---

① 数据来源：中华人民共和国科学技术部. 中国科普统计2016年版 [M]. 北京：科学技术文献出版社，2016：47－49。

逐渐兴起的社区科普（体验、生活）馆。

其中，科普画廊是主要建立在城市繁华地段或街道社区、用于营造城市科普氛围的科普基础设施，科普画廊通常利用科普挂图进行科普宣传。科普图书室是主要面向社区居民开展科技类图书、科普读物阅览的科普基础设施。科普活动室（站、中心）主要是利用当地公众距离较近的方便条件开展经常性的群众科普活动的室内场所。① 科普广场、科普园则是主要依托社区内外的广场、公园、植物园等室外场所进行科普展示、开展科普活动的科普场所。

近几年来新兴的社区科普（体验、生活）馆，以科技类博物馆的缩微版，开启了社区科普场所的新模式。例如，2016 年 1 月，合肥科技馆与合肥市包河区常青街道投资兴建淝南社区科普体验馆，占地面积达到 1200$m^2$，集合了科学乐园、儿童天地、非遗作坊、创客空间、科普剧场等板块，向社区居民及中小学生开放。该馆针对社区馆覆盖人群特点，以社区科普教育活动为主，突出“可持续性、有生命力”，按照“贴近社区实际、居民需求导向、突出参与体验”的理念，通过展示和教育活动来提高社区居民的科学文化素养与青少年的科技兴趣和动手实践能力，打造融展示与互动、参观与体验、学习与娱乐于一体的科普宣传平台。②

从中，我们可以发现，社区科普场所已经实现了从最初以科学知识和方法等的宣传普及为主、以展示为主要方式，逐渐扩展为兼顾科普活动实施，到更进一步地集合收藏、展示展览、科普活动实施及互动体验等多种方式，内容包括科学知识、方法和科学探究等的多元化发展。实际上，社区科普场所的这种变化发展，与世界范围内科普场馆的发展趋势——从注重展览、展示到以教育为目的的发展转型——相一致。

### 三、社区科普馆：社区科普的新阵地

社区科普馆，顾名思义，是建在社区、面向社区居民开展科普服务的科技场馆。社区科普馆的建筑面积通常以 100$m^2$ 为单位，辐射人群在万人以内，因此，按照国家《科学技术馆建设标准》对于实体科技馆建设规模和适用范

---

① 任福君，翟杰全．科技传播与普及概论［M］．北京：中国科学技术出版社，2012：102.

② 佚名．安徽省首家社区级科普体验馆开馆 向社会免费开放［EB/OL］．（2016 - 01 - 16）［2017 - 10 - 21］．http：//www. ahwang. cn/zbah/20160116/1488460. shtml.

围的规定①，社区科普馆被称为小微科普馆。社区科普馆的兴起与社区科普面临的困境和科技馆的发展趋势密不可分。一方面，在社区科普工作的推进过程中，社区居民的科普需求日益增长，科普画廊等以展示展览为主的科普模式已经很难吸引公众的兴趣，社区科普设施条件和手段的缺乏成为制约社区科普发展的问题之一。② 另一方面，科技馆的发展逐渐呈现由规模化向流动化、小型化和社区化转变的趋势，不断关注基层组织（如学校、农村、社区），向特定人群提供参与互动的、科学实践的科普展览和教育活动，让更多的公众能更便捷、多方位地接触、了解和掌握科学知识、科学方法，培育科学态度，树立科学思想，崇尚科学精神。在此背景下，社区科普馆应运而生。

由于当前社区科普馆还处于新兴阶段，社区科普实践者们也还处于探索之中，尚未见对社区科普馆比较系统的研究分析，因此，本部分以典型案例为对象，对社区科普馆进行探索性研究。

### （一）社区科普馆的发展和现状

1. 2012 年左右兴起并迅速发展

社区科普馆的兴建约始于 2012 年，2013 年得到快速发展。首先以江苏省扬州市为例，自 2011 年开始，扬州市科协着手在各个市、区、县的社区建立科普体验馆。2012 年 12 月，首个社区科普体验馆投入使用。到 2016 年年初，扬州市已建成 13 家社区科普体验馆，另有 3 家在建。③ 其次以江苏省苏州市为例，2012 年 12 月，苏州市第一批社区科普馆建成并向社区居民开放。到 2016 年，苏州市的各类社区科普馆已达到几十家，而且主题鲜明，各具特色，例如虎丘街道茶文化科普馆、西北街社区"疯狂的木头"科普馆、姑苏区水文化科普教育馆、留园街道植物科普馆、南环社区苏州城市交通科普馆等。④ 再次以山东省青岛市为例，2013 年 4 月，青岛市首批社区科普馆——东于家河社区科普馆建成开放。之后，青岛市掀起了社区科普馆建设的大潮，截至

---

① 中华人民共和国建设部，中华人民共和国发展和改革委员会. 关于批准发布《科学技术馆建设标准》的通知 ［Z］. 2007.

② 中国科协. 中国科协关于印发《中国科协关于加强城镇社区科普工作的意见》的通知 ［Z］. 2013.

③ 佚名.扬州打造社区科普体验馆［EB/OL］.（2016 – 07 – 27）［2017 – 10 – 21］. http://www. yzcn. net/broadcast/recommend/2016 –07/27/cms53248article. shtml.

④ 佚名.2015 年苏州市科普场馆公众开放日活动［EB/OL］.（2015 – 05 – 15）［2017 – 10 – 21］. http://www. szst. cn/kepu – view. asp ?id = 16308.

2014 年年底，共建成社区科普馆 36 家，全市 10 区市均有 2 家以上的社区科普馆，做到了各区市全覆盖。① 最后以安徽省合肥市为例，2013 年年初，合肥市首批社区科普馆——奥林社区科普馆、明光路社区科普馆正式开馆。到 2016 年，合肥市建成社区科普馆十多家，并在 2016 年的全国科普日中纳入"合肥市科普地图"，让更多市民在家门口体会科学的魅力。②

2. 社区科普馆的建设和管理逐渐规范化

在不断发展的过程中，社区科普馆建设的流程日渐程序化，从建设前的调研论证到主题确定、展品配备、场馆建设实施等环节都已有章可循；社区科技馆建成后的管理和运行不断走向规范并形成制度，包括市、县级科协组织以及社区居委会的职责分工、科普馆运行中与周边驻地学校及其他机构的协作共享等。

以山东省青岛市为例，自 2013 年启动社区科普馆建设开始，逐渐形成了比较完善的程序和制度。建馆前，深入基层调研，提出可行性建议，科协提供经费统一购置科普展品；之后，围绕社区居民科普需求开展调研，在充分论证的基础上，确定社区科普馆的设计主题；选配社区科普展品时，按照"便携式、不重样"原则，为各社区配置展品。社区科普馆建设过程中，注意统筹规划、分类指导、分步实施，市、区两级科协在功能定位、展品布置、运行保障方面进行跟踪服务和协调指导。社区科普馆建成后，为更好地促进社区科普馆的管理和运行，青岛市科协制定《社区科普馆管理使用规定》，对区市科协及社区科普馆的任务职责、日常管理规定、展品运营办法、社区科普展品的轮展方式，以及绩效评估与监督检查等工作提出了具体要求，从而保障社区科普馆在建成后具有服务能力，更好地促进社区居民利用社区科普馆，提升科学素质。③

以江西省九江市为例，九龙社区科普馆建设前，市、区科协与社区相关人员到其他省市社区科普馆实地考察调研社区科普馆规划、设计和建设情况，

① 佚名. 青岛在全省率先打造社区科普馆成为典型 已建成 36 家［EB/OL］. （2015 - 04 - 16）［2017 - 10 - 21］. http：//qingdao. iqilu. com/qdyaowen/2015/0416/2373009. shtml.

② 佚名. 合肥市科协加强社区科普馆建设［EB/OL］. （2017 - 12 - 28）［2017 - 12 - 30］. http：//www. ahpst. net. cn/ahpst/web/info_ view. jsp ?strId = 1514432539619537&strColId = 1435548532739006 &strWebSiteId = 1354153871125000.

③ 郑永祺. 统筹规划完善制度全面推进社区科普馆建设创新发展［J］. 科协论坛，2014（10）：31 - 32.

并到科普展品设计公司了解展品的设计、生产、销售状况，经过研究论证和了解社区居民需求后，确定社区科普馆的功能定位、展品布置、运行保障等事项。建成后，为确保社区科普馆的管理运营，市科协指导社区科普馆成立专门的管理机构并制定管理办法。①

3. 社区科普馆的内容设置更加多元化

从 2012 年逐渐兴起到当前的初具规模，社区科普馆的内容建设也在不断丰富和多元。场馆主题从早期以科学生活和安全教育为主的综合主题馆，逐渐发展出各类结合社区特点的特色专题馆，展品形式从早期以挂图、画册、图书、静态展品等为主，逐渐扩展出可体验的动态展品、可互动的操作系统，教育模式从最初以展览教育为主，逐渐扩展到情景式教育、互动体验式教育等相结合的模式。

以江苏省苏州市为例，2012 年 12 月建成开放的首批社区科普馆——润达社区科普生活馆，以提高市民安全意识和自救互救能力为宗旨，设置了"科学健身""消防安全""劳防安全""家居安全""地震安全""食品安全""交通安全"等主题展区，主要形式为展览教育。② 2016 年钻石花园社区科普馆，结合本社区作为动迁安置社区的特点，形成了居家安全、交通体验、防震减灾等展示区域，并全部采用情景式教学方式，模拟居家、交通和地震实景，以真实体验的模式开展科普教育。③ 南环社区苏州城市交通科普馆，作为一个专题馆，集中体现了多元化的特征。首先，该馆的展厅包括"多媒体动态联动沙盘""时光隧道""交通安全""现代交通体验""未来交通"五个部分，其中，"多媒体动态联动沙盘"以声光电等技术演示了苏州 2020 年交通大格局，"时光隧道"以仿真交通工具模型将参观者带回到过去的年代，交通安全厅以展板图片等传统形式让观众关注交通安全，防范交通事故，现代交通体验厅则以地面投影互动答题系统让参观者可参与交通安全标志认知互动。④

① 江西省九江市科协. 社区建起科普馆科普益民在行动 [J]. 科协论坛，2015 (9)：23 - 24.

② 佚名. 吴门桥街道润达社区科普生活馆 [EB/OL]. (2015 - 04 - 16) [2017 - 10 - 21]. http://www.szst.cn/zhuanlan/2012kepuyimin/kecg_22.html.

③ 佚名. 科普馆开进渭塘钻石家园社区 情景互动接地气 [EB/OL]. (2016 - 07 - 28) [2017 - 10 - 21]. http://www.toutiao.com/i6312177878221980161/.

④ 佚名. 苏州城市交通科普馆开放 五个展厅里体验科普乐趣 [EB/OL]. (2016 - 05 - 25) [2017 - 10 - 21]. http://sz.sina.com.cn/news/yz/2016 - 05 - 25/detail - ifxsktkr6064311.shtml.

## （二）社区科普馆的当前困境

社区科普馆在近几年发展过程中也面临着困境，主要集中在科普馆科普资源的配备、维护和持续发展方面。

首先，社区科普馆的资源不能满足社区居民的需求。这种问题的原因可能是多方面的，例如，科普馆在资源配置之前，未能充分调研社区居民的需求，配置的资源不能引起居民的兴趣；或者，资源配置不够充足、特色不够鲜明、资源形式不够新颖或多样化，等等。

其次，社区科普馆的资源更新较慢，难以长期吸引居民。这是科普馆普遍存在的一个问题。通常，在科普馆建成时，出于新鲜感和好奇心，很多居民乐于参加活动，但随着新奇感的消退，科普资源也未能及时更新，参加的人越来越少了，科普馆逐渐成为科普日、科技周或者寒暑假等重点时期开展一些应景活动的场所，其他时间则成了"空关房"。合肥首家社区科普馆——奥林社区科普馆的负责人对此就很有感慨，这种现象在北京、南京、四川的社区也同样存在。[①]

最后，社区科普馆的科普资源难以长期有效运营。社区科普馆的管理、维护和运营费用较高，人员、水电、展品维修、信息更新等费用成为制约社区科普馆尤其是中西部社区科普馆（场所）可持续发展的重要因素。很多社区科普馆为了节约成本，采取预约方式，每周或每月集中开放 1~2 天，更难发挥科普馆在社区居民中开展家门口的常态化科普工作的作用。

## （三）对社区科普馆未来发展的建议

1. 加强顶层设计，完善相关机制，为社区科普场馆发展提供保障

如前所述，社区科普场所通常肩负多项职能部门赋予的职能，应充分利用这种综合特性，将社区科普场馆建设工作纳入社区整体建设规划中，整合社区教育、卫生计生、教育等多方发展需求，统筹协调，确保社区科普场馆的发展有政策和经费的保障。

建立社区科普馆建设及管理的标准、规范和评价机制。制定标准和规范，保障社区科普馆建设的基本功能，并根据评价机制，定期对社区科普馆进行评估，制定相应奖励和退出机制，形成活力，真正发挥科普馆的作用。

---

① 中国科普研究所课题组. 社区科普场所资源配置及运行情况调研报告［R］. 2015.

2. 结合社区特点，面向公众需求，打造个性化社区科普场馆

社区科普场馆直接面向社区居民，只有充分了解社区特点，关注受众人群的需求，才能吸引他们关注和参与，社区科普场馆的建设需要充分考虑到这一点，防止"千人一面"。

笔者在调研中发现，很多社区科普工作负责同志表示经费、场地不是最大问题，配置什么资源老百姓会喜欢且体验之后还能提高科学文化素质才是最大的问题。合肥市首批社区科普馆——明光路社区科普馆负责人介绍，2012 年该馆建成后，他们用了大半年时间都在考虑配置什么，为此做了社区居民调查，召开了科普产品设计公司和社区居民共同参加的座谈会，初步解决了这个难题。[①]

已有社区科普馆要"复活"，实现转型升级，更需要找准居民的兴奋点，将社区特色、生活元素、居民感兴趣的东西一起融入社区科普馆中，才能让科普馆真正走进居民生活。以苏州"疯狂的木头"科普馆为例[②]，社区负责人在充分考虑辖区内檀香扇制作和销售的特色后，将社区原本的檀香扇工作室融入科普馆中，并定期开展技能培训和讲座。同时，借用科普馆以木头为主题的特点，开展延伸活动，促进了馆内资料查阅率和设备使用率的提升，让原本逐渐沉寂的科普馆再次"受宠"。

3. 拓展合作渠道，加强共建共享，促进社区科普场馆可持续发展

在科普馆的资源建设方面，建立实施区域内科普资源共建共享制度，例如建立全区（县、市）范围的社区科普馆联盟，形成展品流动共享机制，鼓励社区科普馆与其他级别和类别的科普场馆开展合作，从源头上解决社区科普馆资源配置的问题，保持展品"动态"流动，时时更新，吸引社区居民的长期关注和参与。2016 年，合肥新建的泗南社区科普体验馆即采取了与合肥市科技馆合作的模式。合肥市科技馆除了协助社区投资建馆，还将该馆作为合肥科技馆的社区分馆，定期向该馆提供软件、硬件设备，以确保软硬件设备得到及时更新。青岛社区科普馆在展品配置上，也采取流动科技馆展品配置的形式，促进展品在各社区巡回展出，让科普展品效益最大化，让更多的居民长期受益。

---

① 中国科普研究所课题组. 社区科普场所资源配置及运行情况调研报告 ［R］. 2015.

② 佚名. 社区科普馆如何走进大众生活［EB/OL］. （2015 - 05 - 13）［2017 - 10 - 21］. http：// di-fang. gmw. cn/sunan/2015 - 05/13/content_15651093. htm.

在科普馆的运营方面，加强与辖区内机构，尤其是中小学的长期合作，促进学校科学教育进社区，保障社区科普馆的可持续发展。这种合作机制一方面能解决社区科普馆利用率不高的问题，另一方面还能在校外科技教育进社区的过程中吸纳社区居民参与，保持社区居民参与的热情和积极性，在长期的浸润中提升科学素质。在这点上，已有社区有较好的经验。扬州首个社区科普馆——石桥社区科普体验馆开馆后，即与周边中小学签订校外科技教育实践与教学基地合作协议书，将科普馆用作校外课堂，首次将小学生科普课堂搬进社区，为驻地学校开展青少年校外科技教育实践搭建了平台。[①] 九江的九龙社区科普馆也借鉴了这一有益经验。该馆建设完成后，社区与周边中小学校签订意向协议书，将科普馆无偿提供给学校用于科普教学活动，促进了社区与学校科普资源的有效结合和充分利用，使社区科普馆的科普功能得到不断拓展。[②]

本节执笔人：李红林

单位：中国科普研究所

## 第三节　青少年校外科技活动场馆

随着我国创新驱动战略的不断推进，为适应国家创新型建设和对创新型人才培养的更高要求，对青少年的科技素养、科学精神、科技能力的培养日益重要。当前，各级科技、教育部门正在进一步加强协作、相互配合，探索建立有效的合作机制，积极建设青少年校外科技活动场馆，发挥各行业开展科普教育的社会资源优势，为做好青少年科技教育工作而共同努力。因此，研究青少年校外科技活动场馆发展问题显得尤为重要。

### 一、青少年校外科技活动场馆的范畴

青少年校外科技活动场馆是指为配合学校科技教育和满足青少年科技学

---

① 佚名. 扬州首个社区科普体验馆投入使用[EB/OL]. (2012-12-24) [2017-10-21]. http://www. kids21. cn/kidswm/dfcz/jssdfcz/201212/t20121224_169340. htm.

② 江西省九江市科协. 社区建起科普馆 科普益民在行动 [J]. 科协论坛，2015 (9)：23-24.

习的需求，政府和社会在校园以外为青少年提供的、用以开展科技活动的场馆。与学校开展科技教育的设施不同，校外科技活动场馆具有鲜明的特征。从目的上看，青少年校外科技活动场馆承担着促进青少年科技素养形成与发展的重要使命。从空间上来看，青少年校外科技活动场馆拓展了学校科技教育的功能空间，形式多样，主题丰富，内容广泛，接近生活、接近生产、接近科学研究一线，对青少年有很强的吸引力，能够迅速激发他们的兴趣，使他们沉浸其中深度学习。从内容上来看，有别于学校科技教育严密、系统、固定的教学内容，青少年校外科技活动场馆往往会提供多种多样的科技内容，鼓励学生根据个人的兴趣、爱好、特长选择适合自己的科技领域来探究体验学习。从方式上来看，青少年校外科技活动场馆为学生学科学、用科学、研科学提供了多元活动方式，更有利于学生科技素养的发展。

### 二、青少年校外科技活动场馆的类型

青少年校外科技活动场馆是一个庞大的体系。根据不同的划分标准，各种青少年校外科技活动场馆可以归为不同的类别。

从提供的内容主题上来看，我国的青少年校外科技活动场馆主要有两大类：一类是综合型场馆，如青少年宫、青少年活动中心、儿童活动中心等场馆，着眼于青少年的全面素质教育，包含有科技活动；另一类是专题型场馆，如科技馆、青少年科技馆、少年科技活动站、青少年科技活动中心等，面向青少年专门开展科技教育类的活动和培训，以提升青少年的科技素养为主要教育目标。[①]

从活动方式上来看，青少年校外科技活动场馆组织活动的方式主要分为三种类型：一是具有严格课程的学习活动，采用正式学习方式，比如在一些科技竞赛培训中就有体系严密的教材和严格的课时安排，采用正式学习的方式组织青少年开展相关科技活动；二是没有严格的课程方案，青少年根据个人爱好在科技场馆中非正式学习，如科技场馆举办临时性主题展览，青少年在参观中初步了解石墨烯、深海探险、量子通信等领域的知识，得到了科普教育，发生了非正式学习；三是介于正式学习和非正式学习之

---

① 刘玉花，龙金晶. 全国青少年校外科技活动场馆发展现状及对策研究 [A]. 中国科普理论与实践探索——公民科学素质建设论坛暨第十八届全国科普理论研讨会论文集，2011.

间的学习，称为设计环境中的学习，即科技场馆通过有目的的环境创设、空间布局、资源投放、流程构造等方式引导学生在特定环境中开展学习，活动开展主要是设计环境中的学习，比如科技馆、博物馆、天文馆等场馆专门设立主题教育区，遵循学科逻辑或者认知逻辑摆放相关学习材料（图片、视频、模型、提示卡），青少年在互动中提出与科学相关的问题并在教师或者提示卡的引导下，有目的地开展探究活动，最终获得对某些问题较为深入、系统的认识。

从资源提供单位性质来看，传统上青少年校外科技活动场馆主要包括三类。一是科技馆、自然博物馆、专业技术博物馆等科普类场所，二是高校、科研机构，三是科技创新园区和科技创新型企业等。①

### 三、青少年校外科技活动场馆的活动实施

科技场馆是青少年科技活动的载体和平台，科技场馆效益的发挥主要通过科技教育活动来实现。科技教育活动的实施要重视科技活动主题的设计、形式的选择与资源的开发。

科技活动场馆的活动主题涉及科技领域的许多内容，非常丰富。目前，科技活动主题主要涉及植物栽培、动物饲养、无线电、机器人、气象、地质、天文、计算机等多个科学技术领域和科技模型、创新大赛等多种形式，跨领域的活动主题正在成为发展的热点。

科技活动形式丰富多彩，可以根据实际情况进行优化选择，主要包括竞赛、夏令营、展览、观测、培训、组装、制作、设计、研发、科学考察、讲座、项目研究、参观、答辩会、网络交流、科普游园、科普巡展、流动科技馆等。各种活动方式根据活动主题、资源支撑、时空因素等进行灵活组合、规范统整，可以逐步形成科学化、程序化、规范化、易操作的高效益活动方式群，这样既可保证科技活动的顺利开展，更能在活动中促进学生体验科技、形成科技素养。

科技活动资源是基础，开发多种多样的科技活动资源是提高活动质量的基础。科技活动资源的开发与建设要形成共建共享共创共用的机制，除科技

---

① 《教育部、科技部、中国科学院、中国科协关于建立中小学科普教育社会实践基地开展科普教育的通知》（教基一函〔 2011 〕 10 号）. （2016 - 07 - 26）［2018 - 05 - 02］. http：// www. moe. gov. cn/srcsite/A06/moe_1492/201107/t20110707_122773. html.

场馆外，高校、科研机构、中小学、厂矿企业、科技"发烧友"也可以纳入到科技活动资源的开发与建设中来。国际科技教育界的优质资源是丰富我国青少年校外科技教育活动资源的重要来源，加强国际科技教育资源交流、拓宽合作渠道有利于教育资源建设。科技教育资源的有效供给要重视信息技术的应用，通过网络技术等手段能够更加便利地服务青少年随时随地获得个人喜爱的科技活动资源，畅通资源与青少年之间的渠道。

基于传播、教育、认知等领域的相关理论，校外科技活动常见开发模式包括传播模型、发现模型、建构模型等。传播模型强调实物在这个过程中的重要性，借助"真实的物件"将信息传达给观众。比如，科技馆举办航天科技展览，利用实物、模型、影像等向青少年展示、传播航天科技知识和我国航天科技取得的伟大成就。发现模型则创造出适合主题的学习情境，鼓励青少年主动探索和思考，提出并解决相关问题，最终获得学习成果。比如天文馆举办陨石专题展示教育活动，展示不同形态的陨石，介绍陨石在地球上的分布情况，引导青少年通过观察陨石和阅读相关说明材料，借助网络探索陨石的典型特征、区域分布状态等问题，加深对陨石的了解。建构模型重在强调参与者的主体性和主动性，引导青少年积极参与、主动思考、深度对话，鼓励青少年根据主办方提供的多种实物及不同的观点，做出自己的、有根据的判断，使青少年有更多的机会建构对科技相关主题的理解和认识。比如在汽车博物馆，开展汽车安全教育活动，围绕汽车的利与弊展开讨论，引导青少年收集不同的观点，通过查阅资料、展开辩论、设计解决方案等活动，促进学生对出行方式、安全出行、生态安全等问题形成带有自身认识的科学观念。

活动质量是科技场馆发展的根本所在，也是科技场馆内涵式发展的基本要求。为青少年提供优质科技教育活动，不仅是构建科技教育场馆体系的需要，更是促进科技场馆转型发展的内在要求。只有科技教育活动开展起来，科技场馆的功能才能得以体现；只有科技教育活动受到欢迎，科技场馆才能获得发展；只有科技教育活动体系建立起来了，科技场馆体系才真正有了灵魂。

### 四、青少年校外科技活动场馆建设发展趋势

受社会经济发展的影响，特别是党和政府统筹推进"五位一体"总体布

局和协调推进"四个全面"战略布局以来，科技、教育、财政、共青团等系统形成合力，共同推进青少年校外科技活动场馆建设。与此同时，国际科技场馆建设的新理论、新做法、新形态不断为我国科技教育界所了解和研习，为我国青少年科技教育活动场馆建设提供了参考和启示。总体来说，我国青少年科技教育活动场馆建设近期将出现以下发展趋势。

## （一） 由外延式发展向内涵式发展转变

长期以来，我国青少年校外科技活动场馆总体规模庞大，但数量依然相对不足、分布不均衡、服务能力也有很大提升空间。针对这些问题，国务院办公厅发布《全民科学素质行动计划纲要实施方案（2016—2020年）》（国办发〔2016〕10号），将"提升科普基础设施的服务能力"摆在重要位置，提出"突出信息化、时代化、体验化、标准化、体系化、普惠化、社会化，推动由数量与规模增长的外延式发展模式向提升科普能力与水平的内涵式发展模式转变"的发展任务。这也对我国青少年科技教育活动场馆建设提出了总要求，指出了内涵式发展的方向，明确了场馆建设的社会功能定位、总体规划布局以及活动服务方式等方面的发展任务。从社会功能上来看，青少年校外科技活动场馆将以科技教育活动的高度定位场馆活动的价值和功能[1]，突出普惠性，面向全体青少年，服务全体青少年，为所有青少年参与科技教育活动提供均等的机会。从规划布局上来看，青少年校外科技活动场馆将采取标准化、体系化建设的方式，注重区域差异、城乡差异的缩小和消除，形成布局合理、统一标准、相互配合的青少年校外科技活动场馆体系。从服务方式上来看，青少年校外科技活动场馆将进一步促进活动内容、活动方式、资源建设方面的发展，通过信息技术手段提高活动资源质量，扩大优质资源覆盖面，促进学生深度参与，切实提高场馆服务青少年科技素质发展的需要。

## （二） 多方合作进一步加强，科技教育合力明显提高

提高科技馆服务质量，需要多方合作，特别是科技系统与教育系统的合作。青少年校外科技活动场馆旨在为青少年发展科技素质提供服务，这就明确了该类场馆的主要服务对象是广大青少年。由于在当前体制下，绝大多数青少年都在各级各类国民教育体系内学习，接受全日制的在校教育，如果没

① Allen. Designs for Learning: Studying Science Museums Exhibits That Do More than Entertain. Science Education 2004, 88 Supplement 1 (7): S17 – S33.

有学校的配合与支持，校外科技教育活动场馆就很难充分发挥效益，对青少年科技素质的提升也非常不利。所以，包括科技系统与教育系统合作在内的多方合作一直受到重视，包括合办各种科技类培训班、组织科技类竞赛活动、共同开展科普活动等。随着科教事业的发展，以浅层次、弱关联、碎片化为主的现存合作方式正在发生变化，逐步向深层次、强相关、机制化的合作方式发展，科技教育合力将进一步加强。

具体来说，多方合作加强将会表现在几个方面。一是青少年校外科技活动场馆的活动设计将由科技馆专业人员、教师、科学家等共同承担，形成科技活动研发共同体，以往由科技馆独自开发或者一家主导的局面会发生改变，活动设计质量将进一步提升。二是由于合作的加强，青少年校外科技活动场馆的资源建设将会出现大发展，科技馆、学校、科研院所以及社会相关机构都会参与资源建设，科技馆活动资源的形式、种类、来源将会更加丰富，数量会出现较快增长。三是校内外科技教育将进一步加强，在教育目标、教育内容、教育方式、教育评价、师资队伍等方面进一步强化，特别是中小学综合实践活动课程的实施将在机制体制上促进馆校合作。比如北京市开展初中开放性科学实践活动，立足北京市丰富的科技教育资源，定期面向社会公开征集活动资源，符合征集条件的高等院校、科研院所、科普场馆与博物馆、企业、社会团体、中小学等企事业单位均可参与申报，构建无边界、跨学科的开放学习服务平台，逐步形成了一整套采购、管理、评价、督导等制度，提升了馆校科技教育合作水平。

### （三）信息化助推青少年校外科技活动场馆发展

随着计算机技术、通信技术、信息技术的迅猛发展，新兴技术近年来在青少年校外科技活动场馆得到广泛应用，将促进青少年校外科技活动场馆发展。《新媒体联盟地平线报告（2015博物馆版）》指出，未来五年，新技术在博物馆领域的应用水平将逐渐增强，不断提高展示、表现能力，丰富观众体验，强化信息传播和交流，同时增加展示的生动性、趣味性、参与性和互动性。利用信息技术，将会在多个方面促进青少年校外科技活动场馆的发展。一是新技术将为更多的青少年提供参与科技教育活动的机会，通过网络技术可以使青少年克服空间和时间上的限制，随时随地参加科技教育活动，而不用必须到青少年校外科技活动场馆中来。二是增强青少年参与科技教育活动的"黏性"，通过社交媒体、移动终端、移动 App 等工具，不仅可以扩大观众规模，也可以提升互动交流的品质，提高青少年参与校外科技教育活动的意愿和忠诚度。三是丰富青少年校外科技活动场馆的类型，随着信息技术的发展，一批网络科技馆和虚拟科技馆将逐渐成熟，青少年不仅可以在网络上参与科技教育活动，还可以通过虚拟技术扩大参与范围和增强参与感受，弥补某些科技活动由于危险性、长周期等原因无法直接参与的缺憾。四是整合资源，创新发展，通过对新技术的追求，强化合作的开放性和广泛性，推动同业合作和跨界合作。五是信息技术本身就是非常具有诱惑力的活动领域，信息技术的探索极大地吸引了广大青少年，与信息技术相关的机器人、无人机、智能穿戴等科技活动主题将会成为青少年校外科技活动场馆的重要活动内容。

本节执笔人：李正福
单位：中国教育科学研究院

# 第六章　数字科技馆

## 第一节　数字科技馆概述

### 一、数字科技馆的内涵

自 2005 年 12 月"中国数字科技馆"项目立项以来，"数字科技馆"一词越来越多地被人们广泛提及。目前，有关非实体的科技馆已有多种说法，比如"虚拟科技馆""数字科技馆""网上科技馆""网络科技馆"等。迄今为止，对于"数字科技馆"的定义，业内尚未形成公认、统一的标准。

综合业内学者和科技工作者对数字科技馆做出的阐述，数字科技馆的定义可以归纳为以下三类。

（1）数字科技馆就是电脑中的科技馆，一切可以用数字技术在电脑中展现科学知识的科普作品都应包含在其中。[①]

（2）数字科技馆是一个虚拟的电脑中的科技馆，它不是像传统的科技馆那样把一些模型、互动展品展现在人们面前，它是利用现代的多媒体技术虚拟出一片无穷的宇宙，虚拟出一个海底世界，或者虚拟出一片森林以及各种各样的动物，在这样一个虚拟的无限大的空间里人们只要轻点鼠标，就能到达他们想去的地方去获得他们想要了解的一些知识。[②]

---

[①] 陈鹏. 新媒体环境下的科学传播新格局研究——兼析中国科学报的发展策略 [D]. 合肥：中国科学技术大学，2012.

[②] 张杰，赖华. 互联网时代的数字科技馆 [J]. 科技广场，2008 (12)：241–243.

（3）数字科技馆是以数字化的形式全面地管理现实科技馆的所有信息。①

随着科技馆公众服务体系的不断完善和发展，数字科技馆的功能与目标定位开始逐渐清晰，人们对现代数字科技馆的含义有了更为深入的认识。本书认为，数字科技馆是以实体科技馆为依托，采用现代信息技术特别是网络技术和虚拟现实技术，通过对实体科技馆资源进行集成、整合和数字化改造，形成的基于网络、有别于其他知识载体、特性突出的科学传播公众服务平台。数字科技馆以引导公众参与科学过程、发现问题和解决问题为主旨，通过虚拟场景和数字化展品，以及线上线下相结合（O2O）的科普活动，赋予公众实体科技馆所不具有的互动性和体验感，激发公众对科学探究和发现过程的内在兴趣，从而提升科技馆的社会服务功能，是对实体科技馆建设和科学知识传播的补充和创新。

## 二、数字科技馆的发展

### （一）全国数字科技馆发展现状和存在的问题

"十三五"以来，全国网络科普工作发展迅速。根据《中国网络科普设施发展报告》显示，截至 2009 年 3 月 30 日，我国网络科普设施数量已经达到 601 个，分布在 30 个省、自治区、直辖市。以中国数字科技馆、山东数字科技馆为代表的一批数字科技馆、科普网站、科普栏目陆续建成，其内容质量、交互性、专业化水平不断提高，形成了由地方科协、全国学会、中科院系统、新闻和门户网站、社会机构、个人等组成的横向科普网站体系，以及由省、市、县三级组成的垂直科普网站体系，构建了覆盖全国的科普网站群。

近年来，全国数字科技馆从网站技术支持、内容和渠道三方面入手，着力进行数字馆的技术改造，继续原创内容建设和优秀科普资源集成，加大与其他优秀科普机构、传媒的合作力度、拓展新合作形式，大力发展数字科技馆微平台，较大地提升了数字馆的知名度和影响力。主要表现为：①数字科技馆品牌建设初见成效，业内口碑良好；②与实体馆结合更加紧密，充分发挥 O2O 科普优势；③多渠道推广，打造"两微一端"平台的品牌效应。

近年来，我国数字科技馆建设发展迅速，但是从建设模式和发展状况来

---

① 何丹，胥彦玲. 浅析我国数字科技馆科普形式的创新［J］. 科普研究，2011（S1）：26 － 28 ＋45.

看，目前我国数字科技馆发展还未形成规模，其科普服务能力还有待提高。其中，专业型数字科技馆发展目标不够明确，各地特色资源的开发尚待加强；各数字科技馆之间的共享与联动体系尚未建立，缺乏统一的规划与协调机制；许多专业型数字科技馆名不符实，科普教育功能未能成为专业型数字科技馆的主要功能。

总体而言，目前我国数字科技馆发展中主要存在以下几个问题。

1. 科协系统的组织体系优势未能充分发挥，政府为主导的公益性网站的作用和地位尚未得到显著体现

中国科协与地方科协，也包括许多科技馆，是科普工作的主要社会力量。作为科普工作的领头羊，其组织体系和信息资源的优势未在网络科普方面达到较优配置并形成整体合力。各地科协或科技馆之间在网络科普方面的互动机制还需进一步研究，网络科普的潜能有待深入探索并充分利用。

2. 扶持政策和保障经费缺乏，地方数字科技馆扶持和保障经费不足

数字科技馆的建设与发展离不开政策与资金的扶持。目前国家对地方数字科技馆的扶持政策及保障经费都相对匮乏，特别是专业型的地方数字科技馆更需要强化政策支持和明确经费保障。

3. 缺乏具备操作性的共建共享机制及建设标准规范，未能形成良好的资源共享态势

尽管已经出台了一些资源共建共享办法及相应的数字科技馆建设标准规范，但由于其操作性不强，也缺乏实践范例，随着互联网技术的快速发展，这些规范方法已不适应时代的变化，从而未能实现真正意义上的资源共建共享。

4. 存在重复建设问题，特色资源的数量与质量亟须加强

由于缺乏统一规划，数字科技馆存在着重复建设现象，造成了资金上的浪费。此外，各地普遍存在特色资源成色不足、展示形式单一、科普效果有限等问题，特色资源的建设质量亟待提高。

5. 数字科技馆发展专业人才缺乏

由于数字科技馆是科普行业中一个新兴的形式，因此这方面的专业人才数量比较缺乏，专业素质有待提高。目前很多从业人员都是兼职从事数字科技馆或官方网站的运行维护与开发工作。

综上所述，数字科技馆是近十年来国内科普行业新兴的一种基于互联网

的服务模式，无论在概念、形式还是顶层设计上尚存在着较大的争议，它的未来发展和建设需要整体布局和全面规划。因此，本章节后续内容将以中国数字科技馆——国家级公益性科普服务平台作为研究对象，并加以陈述和说明。

### （二）中国数字科技馆发展历程和现状

1. 项目立项建设阶段（2005.12—2009.9）

2005 年 12 月，在科技部和财政部支持下，国家科技基础条件平台项目"中国数字科技馆"完成了申请立项，并且由中国科协、教育部、中国科学院共同启动，中国科协作为中国数字科技馆项目的牵头单位，在科技部指导下负责总体规划和组织实施工作。自此，中国数字科技馆项目开始了 3 年的建设历程。中国数字科技馆一期工程建设围绕科普资源共建共享服务需要，以集成和开发科研、教育、科普及社会的数字科普资源为核心，旨在建成我国第一个基于互联网的多学科、多媒体、综合性的大型科普资源共享服务平台。参建单位包括国家重点高校、科研院所、全国学会、各级科协和社会组织等 140 余家单位，地域遍及北京、江苏、上海、香港等十余个省市、自治区、直辖市和特别行政区，建设者近 2000 人。

按照"边建设、边服务"的原则，中国数字科技馆于 2006 年年底开始在互联网上试运行并提供服务。截至 2009 年 9 月 28 日科技部验收通过为止，中国数字科技馆项目建设完成了 92 个面向公众的虚拟科技博览馆、体验馆和科普专栏；建设完成了"青少年创意馆""科技人物"等若干特色专题馆；建设完成了以科普工作者为主要服务对象，以科普创作为主要服务目标，汇集图片、动漫、音像、报告、展品等各类科普素材资源，包含 9 个专项资源库的数字资源馆。项目建设成果及运行成效得到了中央领导同志的肯定和社会公众的广泛关注。2007 年 11 月，中国数字科技馆从 168 个国家报送的 1000多个参评项目中脱颖而出，获得联合国"2007 年世界信息峰会大奖"电子科学类奖项。2009 年 7 月，《中国古代科技》《地球历史》博览馆获得 2009 年"第三届中国数字出版博览会"优秀作品奖。

2. 项目常态化运营阶段（2009.9—　　）

2009 年 9 月至 2010 年 4 月，中国科技馆完成了中国数字科技馆的交接工作。2010 年 4 月起，中国科技馆全面负责中国数字科技馆项目的常态化运行管理与服务工作。作为中国科技馆的主管部门，中国科协领导并宏观指导中国数字科技馆的运行和发展，协调参与全民科学素质行动计划纲要编撰的相关部委和其他参建部门共同做好中国数字科技馆的工作。

中国科技馆领导班子是中国数字科技馆的具体决策机构与管理机构，负责中国数字科技馆各项工作的决策和具体指导。中国科技馆网络科普部作为中国数字科技馆的运行管理与服务承担部门，从资源建设、科普资源服务、技术支撑、宣传推广等方面全面开展中国数字科技馆的日常运行管理工作。

中国科技馆通过组建由科普、教育、信息技术、网站运营、知识产权、艺术设计等领域专家组成的专家咨询委员会，为中国数字科技馆的建设、运营与发展提供专业咨询、决策建议、理论指导和技术支持。此外，作为中国数字科技馆运行与发展的监督机构，中国科技馆还积极依托地方科协、地方科技馆等机构，监测数字科技馆网站资源内容，提供监测与发展建议。

另外，中国科技馆采用公开招标方式，形成市场竞争机制，择优选取社会机构参与中国数字科技馆大型活动的组织、技术支撑和运行服务等社会化运维工作；采取"后收购"形式，遴选具有优质数字科普资源的各部门、企事业单位，参与中国数字科技馆的资源建设工作；公开招募志愿者，让广大网民参与中国数字科技馆的建设与服务，发挥全民的智慧和力量。

在此期间，中国数字科技馆还大力开展多种形式的资源建设工作，包括着力建设原创科普专栏和视频栏目，结合时事热点和中国科技馆短期展览及时推出科普服务专题，与学会、地方科普机构及其他优秀科普组织合作，通过集成和整合优质科普教育资源，加快推进科普资源共建共享，进一步丰富了中国数字科技馆馆藏资源，提高了网站服务质量。同时，中国数字科技馆还开展丰富多彩的线上线下特色活动，重新布局并打造科普微平台，提供多样化的数字科普资源推送和离线科普资源服务，扩大了中国数字科技馆的受众面，为更多的公众提供优质的科普资源和服务，中国数字科技馆网站的浏览量和影响力也得以大幅提升。

截至 2017 年 8 月 26 日，中国数字科技馆网站资源量达 11.40TB，其中官方资源量 9.80TB；网站注册用户数 1172969 户，青稞周刊订阅用户数 1034228 户，官方微信关注人数 496840 人，官方微博粉丝 559 万人；日均浏览量 3732709 页，日均访问人次 141195；ALEXA 国内网站排名从 2010 年年初的万余名迅速上升并稳定在 200 余名，在中国科普类网站中名列前茅。

综上所述，中国数字科技馆是由中国科协联合中科院、教育部按照"大联合、大协作"的理念共同建设的国家科技基础条件平台，是国家认定挂牌的 23 个国家科技基础条件平台中唯一的科普平台。它不仅是现代科技馆体系的重要组成部分，也是现代科技馆体系建设的枢纽工程。

本节执笔人：项　颖

单位：中国科学技术馆

## 第二节　中国数字科技馆建设

数字科技馆的建设离不开内容、系统及渠道等方面。中国数字科技馆以内容建设为抓手，注重中国数字科技馆的系统建设、多渠道发布及线上线下活动。

### 一、中国数字科技馆内容建设

数字科技馆是信息时代的产物，建设好数字科技馆是有效开展全民科普教育的重要举措。数字科技馆集成和整合了丰富的优质科普资源，通过新颖的数字化科普展现形式，为不同用户人群提供优质、有针对性的网络科普服务。

#### （一）重内容建设，以原创为抓手打造精品

内容是网站的灵魂。对于任何一家网站来说，内容质量的优劣、独家内容资源的多少都是其安身立命的根本，也是网站繁荣发展的基石。在各类媒体、网站内容同质化现象严重的今天，原创内容越来越受到重视。可以说，优质原创内容是保持网站竞争力、彰显网站特色和提高网站浏览量的关键因素。近些年来，中国数字科技馆拓展思路，着力进行原创内容建设，开发出不同类型的精品科普资源。

1. 打造精品原创与协作栏目，增加网站独家科普资源量

这些栏目既包括独立开发制作的图文专栏"微专栏"、微视频专栏《榕哥烙科》，也包括独家引进国外优质科普资源的"环宇采撷"栏目，还包括"视错觉博物馆""世界科技发明图鉴"等新增的专题科技博览馆。

2013 年 9 月，中国数字科技馆推出了原创栏目"微专栏"。该栏目以更

新快、话题热和内容新颖为特色，每周从时事热点中选择一个主题，通过撰文、绘图、摘编等形式，用多篇配有图片或视频的短文围绕主题进行科普解读。自上线起至 2017 年 6 月 6 日，"微专栏"共制作 192 期，点击量稳步上升。

近年来随着移动互联网的发展，网络自媒体视频团队不断涌现，其中一些科普微视频，以其新颖独特的内容、短而精的形式和及时快捷的传播特点，在网络中形成了广泛的影响，同时对我国的网络科学传播也起到了重要的促进作用。在这样的背景下，中国数字科技馆于 2014 年正式推出了一档原创科普微视频栏目《榕哥烙科》。节目以时下热门的脱口秀形式为主体，秉持"用最潮流的话题畅谈科学魅力，用最直白的语言解释科学道理"的宗旨，挖掘社会热点事件中的科学原理，用幽默生动的语言对其解析，通俗易懂，深入浅出。截至 2017 年 6 月 5 日，《榕哥烙科》共推出 174 期，受到了广大网友的热烈欢迎和好评，已成为网站的一档品牌栏目。

与环球科学杂志社协作的外国优秀科普资源是中国数字科技馆的另一大亮点。《环球科学》作为美国百年老牌科普杂志《科学美国人》的独家授权中文版，为网站提供了形式丰富的优质内容。目前合作内容主要包含几大版块：①文章类。"环球科学"版块主推全球最前沿的科技资讯、科技博客文章，由专业的翻译编辑团队整理成中文版上线，每年度都会发布约 160 万字的独家文稿，为广大网友提供了最新、最权威的科普文章。②音频类。"科学60 秒"版块提供全球最著名的科学广播节目，主题涵盖科技、健康、地球、科技、心理和太空六大方面，在一分钟内为听众播报、点评全球前沿科技，内容丰富有趣、短小精悍。它除提供原声英文广播外，还提供中英文对照字幕，让中国用户能更方便地理解节目内容，提高科普效果。③视频类。"科学美国人"版块配合微视频热潮，引进并翻译出品"科学美国人"团队制作的专业科普视频。这些视频通过丰富的图片、动画等辅助元素，对与人类生活密切相关的科学问题进行阐释。

此外，中国数字科技馆始终致力于丰富科技博览馆的内容。科技博览馆是中国数字科技馆网站建站的基础，也是网站独有的优质科普资源库，包含天文、地理、物理、化学、生命科学、古代文明、工程技术等 90 多个主题博览馆。

2. 注重与实体场馆结合，开发在线虚拟科技博物馆

各地的科技馆、博物馆等实体科普场馆是科普工作的大本营，里面的每一项展览、每一件展品都是独一无二的优质科普资源。而实体场馆每年有大量观众，这些观众正是有着强烈科普需求的绝佳科普对象。基于此，中国数字科技馆发挥资源配置的天然优势，结合实体场馆的展厅、展品，开发相应的数字化在线科普资源，形成了在线虚拟科技博物馆，进一步丰富了数字馆的原创资源类型，打造出更加鲜明的数字馆网站特色，满足了实体场馆广大观众的科普需求，并让更多的人通过网络了解实体场馆，拓展和延伸实体场馆的科普范围。目前，这类资源主要体现在中国数字科技馆的"走进科技博物馆""展品荟萃""虚拟参观"等栏目中。

"走进科技博物馆"栏目向公众介绍了全国各地的科学技术馆、自然历史博物馆、专业科技博物馆、天文馆、水族馆、地质博物馆和自然保护区。该栏目介绍了每个地区每一类科普场馆的基本概况、主要特色、重点展区展品、专题展览、重要活动等内容，并从地域和场馆类型两个维度提供检索，用户既可以点击中国地图的某个省份或直辖市，了解该地区所有科普场馆的数目和类型，也可以选择某类科普场馆，查看该类场馆在全国各地的分布情况。进入该栏目，用户可以了解各地科普场馆信息，足不出户"参观"全国各地的科普场馆。

"展品荟萃"栏目以科技馆展品为核心，采取"维基百科"式的开放平台模式，允许公众自由上传、编辑、完善、分享和传播展品信息，从而实现科普展品数字资源的共建共享。目前，该栏目已经汇聚了能源、生态、生活、健康、物理、数学、地球、生物、军事、IT、建筑等23个类别1184个展品词条，每个词条囊括展品位置信息、展品操作方法、相关科学原理及在生活中的应用等丰富内容。

"虚拟参观"栏目则让观众在中国数字科技馆的3D模型中身临其境地游览中国科技馆的各个展厅，体验各项展品。

**（二）紧跟时事热点，加强用户细分，提高科普的实效性与针对性**

新时代下的网络媒体，有两个显著特征：一是网民注意力碎片化，二是信息爆炸导致用户真正感兴趣的、有用的、可靠的信息淹没在信息的海洋之中。前者要求科普网站必须敏锐把握热点话题，及时推出有实效性的科普内容，才能赢得广大网民的关注，提升科普效果，更好地发挥科普网站的社会

效益；后者则要求科普网站必须加强对用户的细分，更加精准地向目标用户提供他们所需的、感兴趣的、具有针对性的科普信息，以扩大网站受众，提升用户体验。对此中国数字科技馆有充分的认识，在内容建设时十分注重内容的实效性与栏目的针对性。

1. 准确把握社会热点和网络舆情，全方位、多角度推出科普专题

改版以来，中国数字科技馆不断提高对社会热点、突发事故、重大科技事件等的响应能力，第一时间推出不同形式的科普专题。

2014 年 8 月 3 日，云南省昭通市鲁甸县发生 6.5 级地震。中国数字科技馆快速反应，8 月 3 日当晚即利用官方微博迅速发布与地震相关的科普知识，包括灾后安全饮水、急救常识与技能、家庭防震指南、医学救援、地震逃生等科普常识。截至 8 月 5 日 17 时，共发布相关微博 10 条，阅读量达到 53356 次。同时，网站迅速整合馆内资源，于 8 月 4 日上午推出了《云南昭通鲁甸县地震专题》，专题提供的可下载的科普资源，包括 7 套挂图、24 篇震后心理救助知识文章、4 个动漫、6 个视频、15 个音频等，从不同角度全面介绍了科学应对地震的知识，及时帮助指导灾区民众减灾防病，也为广大公众了解防灾减灾常识提供了快速通道。

2016 年 2 月 11 日晚，美国激光干涉引力波天文台（LIGO）科学合作组织召开全球新闻发布会，宣布人类首次证实引力波的存在，顿时引力波成为全世界人们关注的热点。中国数字科技馆网站于第一时间采访了 LIGO 团队国内两名成员之一——清华大学曹军威教授，并先后以图文专栏、视频播放、视频直播等方式，面向数字馆个人电脑（PC）端和移动端进行内容科普，针对公众关心的焦点问题进行答疑解惑，增进公众对引力波及爱因斯坦广义相对论的了解。

此外，网站还注重从贴近百姓生活的社会热门话题中，寻找科普切入点，挖掘科普主题。一个典型案例是中国数字科技馆针对 2014 年年底最热门的电影《星际穿越》制作了《在中国科技馆轻松看懂〈星际穿越〉》专题，以图文并茂的形式，将电影中的经典场景和故事情节与中国科技馆的科普展品对应起来，通俗易懂地向公众介绍电影里涉及的科学知识。中国科技馆内还张贴了专题海报，引导观众在参观中国科技馆时亲身体验这些展品，在增加趣味性的同时也加深了观众对科学知识的理解，并通过微信平台进行了广泛传播。与此同时，"百科集结号"栏目整合网站科技博客资源，推出了《星际穿

越离我们有多远》特辑，借助热映电影向公众传播有关的物理学和天文学知识。《榕哥烙科》栏目也结合电影制作了《星际就该是拿来穿的》原创科普视频。此外，围绕 2015 年的热门影视剧作《火星救援》《星球大战：原力觉醒》以及首颗暗物质粒子探测器升天、天津港爆炸、春运、人鱼线、新版人民币发行等社会热点话题，中国数字科技馆网站都推出了相关专题或原创视频。

2. 细分用户群体，提供有针对性的科普服务，有效扩大网站受众

为了更精准地向用户提供具有针对性的科普资源和科普服务，最大限度满足不同用户的科普需求，中国数字科技馆不断加强用户细分，针对不同用户群体推出具有针对性的科普资源。

在公众版网站的基础上，中国数字科技馆先后推出了儿童版、英文版、手机版和农业版。其中，儿童版《开开小屋》专门面向 3 ~ 12 岁儿童及其家长开设，分为"看一看""听一听""玩一玩""做一做""读一读""活动"等栏目，内容包含科学家故事、成语故事、益智游戏、少儿英语、百科知识、儿童音频故事等，涉及游戏、动画、互动实验、音频等多种表现形式。其海量的内容、丰富的种类、视听互动相结合的形式，可以提高儿童对科学的兴趣，培养儿童的思维和动手能力，有利于亲子互动学习科学。

中国数字科技馆农业版是 2014 年 11 月上线的面向农民及其他农业科普资源用户的特色版块。该版块包含休闲农业、农业知识、农家致富、农业机械、农业安全和游戏六个栏目。其中，休闲农业栏目主要包含与百姓生活密切相关的蔬菜、水果、养花、养鱼、喝茶等视频资源；农业知识栏目的主要内容是农业百科图文资料；农家致富栏目包含农家致富点子、养殖技术、种植技术、病虫害技术等内容；农业机械栏目主要介绍中国古代农业机械，包括 19 种古代农具的图文介绍和视频；农业安全栏目则用动画形式介绍了农产品安全、农药安全、色素安全以及餐桌上的食品安全等热点问题；游戏栏目中既有大型的农业体验游戏，也有与蔬菜、水果等农作物相关的小型 FLASH 互动游戏。该栏目丰富的内容为广大农民和其他农业从业人员提供了一个获取优质农业科普资源的便利平台，也扩大了网站的用户群体。

中国数字科技馆还通过增加特色栏目，进一步丰富网站资源类型，为网站吸引更多的用户，扩大网站受众和影响力。2014 年 6 月，中国数字科技馆与科幻世界杂志社合作，推出了"天空之城"栏目，填补了网站在科幻资源

上的空白。栏目内容包含科幻资讯、小说、广播剧、微电影、幻迷活动、科幻中的科学等，内容丰富、形式多样。栏目瞄准科幻爱好者群体，同时借助科幻世界杂志社在科幻领域的影响力，努力在中国数字科技馆上建立起科幻爱好者的大本营。目前，随着该栏目内容的不断丰富，越来越多的科幻爱好者正在成为中国数字科技馆网站的忠实用户。

此外，中国科技馆的有声天文栏目"你好，星空"自 2012 年建立以来，已经推出了 781 期（截至 2016 年 2 月 24 日），为天文爱好者奉上了专业的观星指南与精彩的星空故事，深受天文爱好者喜爱。

**（三）积极应用新技术，不断丰富科普形式，拓宽科普渠道**

"酒香也怕巷子深"，内容建设只是科普工作的"一条腿"，如何利用资源向更多的公众提供更好的科普服务进而提高网站知名度和影响力是"另一条腿"。在大力进行内容建设的同时，中国数字科技馆紧随时代潮流，通过积极应用移动互联网和社交媒体等新媒体技术，开展丰富多彩的 O2O 活动，加强推送和离线服务等多种方式，丰富了网络科普的形式，拓宽了科普渠道，大大提高了科普服务水平与科普效果，树立了中国数字科技馆品牌。

1. 积极应用移动互联网和社交媒体，打造科普微平台

随着移动互联网和社交媒体的迅猛发展，微博、微信等移动社交媒体成为重要的传播媒介。2014 年起，中国数字科技馆更加紧跟时代潮流，在认真研究前期数字馆微博发展的基础上，根据形势重新布局了数字科技馆的微平台建设，并从人员安排及内容建设等多方面着力打造基于移动互联网和社交媒体的科普微平台，加强微平台的运营与推广。

目前，中国数字科技馆的微博群与微信群已初具规模。中国数字科技馆官方微博粉丝总量达 106 万人，其中新浪微博粉丝超过 567 万人，腾讯微博粉丝近 10 万人，微信官方账号粉丝超过 52 万人，充分展现出科普微博的影响力。

在微信平台上，陆续开通了"中国数字科技馆"服务号、"掌上科技馆"订阅号以及《青稞》《榕哥烙科》等重点栏目或活动的微信账号。其中，"中国数字科技馆"服务号是基于实体科技馆和数字科技馆的面向公众提供服务的平台，为网民提供数字科技馆活动查询服务，为实体馆观众提供场馆和展品等实用信息。公众也可通过微信账号自助获取相关科普知识及科普信息。

"掌上科技馆"是网络科普信息的推送平台，荟萃了中国数字科技馆的精

品资源，传递网站各类活动资讯，下一步将通过每天为公众推送科学知识、开展线上科学活动、开发基于微平台的网页科普游戏、征集创意等活动，全方位开展科学传播。目前，中国数字馆微信群正在规划建设中，它以栏目或活动为纽带，旨在专注于服务特定人群，从而建立更有"黏性"的科学传播圈。随着微信账号群的建立，中国数字科技馆进一步拓宽了科普渠道，扩大了影响力。

此外，中国数字科技馆还开发了系列移动客户端应用，在不断完善移动客户端功能和用户体验的同时，重点推出了基于手机平台的科普游戏，如科学迷宫、知识竞答、疯狂齿轮、小小航天员等，受到了公众的一致好评。目前中国数字科技馆已累积开发各类客户端应用 80 余款，社会反响热烈。

此外，中国数字科技馆为网站绝大部分图文内容开通了微博、微信、人人、开心网等多平台分享功能，并开发、上线了数字馆 3G 版。资讯、博客、环宇采撷、媒体视点、网视等重点栏目全部登录 3G 版，提高了网民浏览和分享的便利性，有利于扩大网站内容的传播范围。

2. 开展丰富多彩的 O2O 活动，以线下活动带动线上流量

数字科技馆与实体科技馆的发展相互依存、互为促进。近些年中国数字科技馆尝试了一系列的 O2O 活动，期望以此拓宽数字馆的科普传播渠道与宣传形式，提高网站浏览量和影响力，并带动数字馆及实体馆的共同发展。开展的主要活动包括："科学迷宫"展示、全国青年科普创新实验暨作品大赛、中国核科学技术展网络专题、全国科普日在线平台（包含多个活动）、全国科普日现场活动远程直播平台等。

"科学迷宫"首次尝试按照互联网的特点进行顶层设计，按照游戏化、活动化的原则开发，有机地整合了线上、线下科普资源，将现场展示与网站、手机虚拟迷宫游戏、微信答题、微博互动相结合，形成了一种实体展品与虚拟交互相结合的新模式，受到观众广泛好评。

在全国科普在线平台上，中国数字科技馆推出了"中国数字科技馆杯科普游戏征集大赛"活动、"最美的诠释——科技馆展品网络评选"活动、"第四届全国科技馆优秀辅导员在线评选"活动以及"精品资源在线""第四届辅导员大赛获奖作品视频"专题等。此外，中国数字科技馆还负责"2014 全国科普日现场活动远程直播平台"项目的建设与展示。活动期间，平台连接了全国 30 个地方科普活动点，实现了科普日现场活动的远程交互与实时直

播。此外，该项目还首创了基于主会场与分会场的远程互动游戏模式，北京、湖南、辽宁和江苏四地观众采用网络技术、虚拟现实技术和动作识别技术，通过协作方式共同完成了"航母舰载机"的起飞任务。在科普日北京主会场活动开幕当天，中央领导同志通过平台观看了各地科普日分会场活动盛况，对活动给予了高度赞扬。这些线上活动是全国科普日现场活动的有机补充，丰富了全国科普日的科普资源，为现场活动及网站自身凝聚了更多人气。

**（四）开放办网，注重与其他机构合作，实现共享、共赢**

无论是内容建设还是渠道拓展，中国数字科技馆都秉持开放办网理念，积极与其他科普机构或企业合作，实现优势互补、资源共享和协同宣传。

"科技嘉年华"是中国数字科技馆联合各地方科普机构共同建设的二级子站群，它有效集成了各地优质科普资源和活动，通过发挥集群效应，扩大科技传播的影响和范围。目前共有分布在 26 个省、自治区及直辖市的 53 家机构进驻。此外，中国数字科技馆与《科学画报》《世界博览》等 40 余家优秀科普期刊合建"媒体视点"栏目；与中国气象局合作"校园气象网"；与中国食品科学技术学会共办"食品科普网"；与光明网、中国气象局、上海市气象局联合举办"我是气象播报员"活动；与北京大学等联合主办"中国大学生 iCAN 物联网创新创业大赛"；与猪八戒网开展"科普游戏征集大赛"；与共青团中央学校部、中国科协科普部、中国青少年科技活动中心以及黑龙江省科技馆、上海科技馆、广东科学中心、四川科技馆共办"全国青年科普创新实验大赛"等。

## 二、中国数字科技馆系统建设

### （一）中国数字科技馆系统平台建设

1. 中国数字科技馆网站内容协作平台

中国数字科技馆网站内容协作平台，实现了多站点管理、栏目管理、稿件发布、权限控制、图片管理、远程投稿、专题制作等基础功能，集成了移动 App、微信、微博统一发布以及视频管理、编辑等功能，将原来分散管理的网站发布系统内的内容迁移至新的内容管理系统中进行统一管理。

内容协作平台是支撑整个网站群业务的核心，基础功能包括多站点管理、栏目管理、稿件采编发管理、工作流管理、模板管理、多语言版本支持、用户及权限管理、统计分析等模块，实现信息采集、整理、分类、审核、发布和管理的全过程，支持网站、微博、微信、终端等不同格式一体化采编，可根据编辑内容智能推荐发布渠道。支持集群部署，提供可视化数据迁移工具。权限控制的范围实现多级且灵活配置，包括站点、栏目、模板、文档等主要管理对象的访问和操作权限，控制的力度可以精确到对象的某个操作上。

功能模块描述如下。

（1）在线评论　在线评论选件可实现在网站页面发表评论，对评论进行控制和审批，具备自动过滤和统计分析功能。问卷调查选件提供在线投票、填写问卷功能。

（2）图片管理　图片管理选件可将网站的所有图片进行集中的管理维护，为网站提供专业的图库管理和发布应用，同时为文字库网页信息提供图片来源。

（3）专题制作　针对中国数字科技馆网站专题制作需求提供专题制作选件，实现可视化快速拖拽搭建的模式进行快速专题处理。

（4）元数据管理　元数据管理选件可自由创建数据表，灵活定义元数据的类型和结构，支持不同类型内容的输入和编辑处理，实现非新闻类信息不需编程，直接进行快速发布。

（5）表单管理　表单选件可实现网站在线投稿系统的设计，实现注册用户的远程投稿。

（6）可视化模板编辑　可视化模板编辑选件方便用户在 Dreamweaver 中编辑相关产品的模板和页面。社会化媒体选件及微信中间件实现了对微博、微信的统一管理和运营。

（7）网站数据分析　通过网络提供的云服务实现对网站内容（页面/目录）分析、访问路径分析、访问环境分析、访问者行为分析、访问来源分析等。

（8）全文检索　全文检索系统提供站群内多种形式的全文检索功能，提高用户站内搜索的体验，为用户提供丰富、智能、简便的检索服务，检索结果可按相关度、发布时间、标题排序，同时支持关键字反显等机制对来自不同信息源的不同类型的信息对象予以全面而有序的组织管理，改变以文本形式存储信息进行检索的方式，实现按字索引、按关键词索引、按图片检索、按文件类型检索、复杂的组合检索等索引策略，能够适应不同应用环境的需求。

2. 中国数字科技馆资源库

中国数字科技馆面向普通公众、各领域专家、科普机构提供丰富的服务内容，服务内容主要包括"资源服务""互动社区""热点推送"等，同时利用自身资源优势，向各地方科技馆、少年宫、专业博物馆、各类现场科普活动提供服务辐射，使馆藏数字科普资源为更多公众用户服务，在全国范围内提升科普服务能力及品牌影响力，为打造"学习型社会"、提升全民族素质贡献力量。

中国数字科技馆提供的各类服务支持多终端访问，包括 PC、移动电话、平板电脑、触屏设备、大屏/电视等，使用户可以通过更多途径和手段接受科普教育、了解科普知识，并利用科普资源库实现各类科普资源的采集、加工、仓储、组织并对外提供服务，为各类资源服务系统提供基础支撑。

中国数字科技馆资源库的内容包括资源采集中心、资源加工中心、资源推广中心、发现与获取服务中心。

（1）数据采集中心　主要实现将外部环境下产生的不同来源、不同格式的元数据和对象数据采集到系统中，并进行采集过程中的合法性检查、入库前后的数据转换和处理，有效进行数据采集任务的管理和控制。

（2）元数据加工　进行特定对象的元数据创建与维护工作，实现各种类型元数据的查重、创建、修改、保存、检索、删除、编辑、校验等；能够对元数据模板管理；可以根据所处理的资源类别补充完善元数据，追加新的元数据；实现元数据格式转换。

（3）元数据检索　接收用户的查询请求，实现对资源库中元数据的检索功能，并将结果按一定的排序规则返回给用户，在搜索过程中需要支持拼音检索、繁简通查、自动补全辅助功能。

（4）对象数据加工和管理　处理不同来源、不同格式的多种类型（文本、图像、音频、视频，以及它们的复合对象）数字资源的碎片化、抽取缩略图、格式转换和加水印；支持少量资源数字化处理；并为新产生的对象数据指定唯一标识。在系统内部，对各种来源以及自建的数字资源进行管理。

（5）关联关系建立　建立数字资源元数据和对象数据的关联关系，建立各种类型元数据之间的关联关系，实现对不同来源的各种数字资源的统一管理。

（6）资源推广　根据用户请求输出数据，为其他系统提供数据，包括元数据和对象数据。

（7）资源发现与获取　包括提供简单检索、专家检索以及全文检索等多种检索方式，实现对资源的快速定位和呈现。系统需要提供并发访问控制机制，以处理资源（如带宽、服务器吞吐量等）瓶颈问题。

（8）数据清洗转换工具　为了方便定制在数据接收、资源导出等过程中的数据转换处理，系统应基于数据集成中间件技术，提供数据处理后台支撑功能。

（9）数据接口　资源库对外提供一系列访问服务接口，包括入库、出库、检索、展现、下载等接口，以便其他业务系统进行访问和调用。

（10）报表　提供用户管理、数字资源库管理、统计管理以及在线帮助功能，按需输出各种电子报表。

（11）资源库统计分析　对资源库中的各种数字资源进行全方位统计，包括实时数量、日期范围的数量，自定义统计报表模板，自动生成日报、月报、年报等，并可生成多种类型的图表（如柱形图、条形图、折线图、饼图等）。

### 三、中国数字科技馆服务渠道

中国数字科技馆服务形式全面多样。数字馆网站最初提供的服务只有 PC 端在线浏览和资源下载两类，经过不断探索与创新，目前已经能够为公众提供多种服务，包括 PC 端在线浏览、资源下载、虚拟漫游、交流互动、游戏体验和电子邮件订阅服务；WAP 网站、客户端、手机报、微博及微信等微平台服务；网络图文和视频直播、网站服务托管、科普资源征集、论坛交流互动服务；短期展览、线下活动、O2O 活动等。

在网站服务的基础上，中国数字科技馆还提供多种形式的离线科普服务和资源输出服务，以满足不同用户的需求。

离线科普服务包括光盘寄送、离线版数字科技馆、数字科技馆分站点等，其目的是更好地服务网络条件欠缺的偏远地区。其中，离线版数字科技馆伴随流动科技馆、科普大篷车、农村中学科技馆、社区服务站走入乡村、城镇和社区，扩充了展览展示内容，丰富了社区的科普活动。

在资源输出方面，除积极利用微平台进行推送，中国数字科技馆还通过集成网站优质资源，编辑制作手机报和电子周刊《青稞周刊》。2010 年 8 月以来，中国数字科技馆与中国电信互联网及增值业务运营中心合作，于双休日在手机报《新闻早晚报》的科普园地中推出每期 300 字的科普内容。截至 2016 年 2 月，累计发送电信手机报 600 余篇。《青稞周刊》每周定时发送到用户的订阅邮箱，使用户不用登录数字馆网站，也能掌握网站精彩内容。目前，《青稞周刊》的订阅用户达 90 余万户，约占网站注册用户（106 万户）的 86%，深受网站用户的喜爱。

此外，中国数字科技馆的部分资源依托某些科普机构的室外大屏幕或科普展厅直接服务于广大公众。例如，中国数字科技馆向石家庄市科协提供的科普视频在石家庄市市区及市属的 23 个县区的若干个繁华商业路口、广场 LED 大屏幕、公交车移动电视、机场移动电视及其名下网站、官方微博等媒体平台进行播放。这些科普视频资源主题涉及与群众生活息息相关的健康、饮食、环保、气象等方面的科学知识，播放期间受众达数万人次，为群众在休闲中接受科学思想和科普知识提供条件，受到了当地社会各界的好评，视频关注程度排名进入了当地移动电视所办栏目的前 2 位。此外，这些科普视频也输送至北京市昌平区对口援疆的和田地区洛浦县社区、江苏《泰州科普》云媒体电视、秦皇岛市科协及武汉科技馆等，借助当地的电子大屏和科普服务平台为当地老百姓服务。

**四、中国数字科技馆线上线下活动**

数字科技馆的线上线下活动是指线下的实体活动与数字科技馆的结合，通过线下实地体验和线上宣传互动，吸引更多的人走进科普场馆，形成人人参与、随时随地科普的良好氛围。线上线下活动需要具备两个基本要素：第一，线上平台。需要具备数字科技馆的网络平台，例如论坛、博客、微博、微信等。第二，线下场地。需要科普场馆、学校等线下活动场地的支持。从年龄细分来看，数字馆的线上线下活动分别面向学龄前儿童、中小学生、大学生、社区居民等不同群体。从活动类型来看，活动分为沙龙类、比赛类、展览类等。沙龙类有"青稞沙龙"；比赛类有"全国青年科普创新实验暨作品大赛""宝贝报天气——我是气象播报员""宝贝搜索计划"；展览类有"智逃迷宫"等。

此外，中国数字科技馆还通过对现有科普展品进行信息化改造及建构基于互联网技术的科普展品远程控制系统，实现对实体科技馆展品的网页远程控制。这将是未来线上线下活动结合的另一发展趋势。

在全国各地各级科技馆，甚至有实力的学校，均有各式各样的科普展品可供体验。按照一定的规则操作展品，观众可以得到相应的现象，从现象中体会其中的科学知识、规律。但这些科普展品，均需要观众亲身前往相应场所操作体验，存在诸多不便。通过建设网络远程控制系统，中国科技馆实现了一种全新的、为观众带来极致科普体验的线上线下结合方式。

本节执笔人：任贺春　赵兵兵
单位：中国科学技术馆

# 第三节　中国数字科技馆典型案例

## 一、品牌栏目介绍

### （一）榕哥烙科

《榕哥烙科》是中国数字科技馆于 2014 年开创的一档原创微视频栏目，每周一期五分钟的小视频，用幽默风趣的方式另类解读科学，在包含丰富知识的同时，保持了短小精悍的特点，得到了广大网友的一致好评。截至 2017 年 6 月 5 日，栏目共制作更新 174 期。为保持原创栏目不断创新的理念，《榕哥烙科》近几年在以下几个方面取得了较为显著的进步。

1. 内容质量不断升级

《榕哥烙科》栏目将科学和娱乐有效结合，用创新的形式普及科学，始终保持稳定周播。在视觉效果上，从最初的简单拍摄，到后期增加专业的设备、与视频工作室合力打造全新的原创舞美置景，节目一直在不断突破和进步，向着更专业、更精细的方向努力。主持人赵榕在形象上也有所突破，尝试各种不同的角色扮相，不断给观众带来新鲜感，吸引了"粉丝"的目光。而在内容脚本方面，栏目不断调整，对热点事件做更加充足的准备，同时也开始尝试系列性科普主题的策划，双管齐下，提高粉丝的忠实度。

2. 多渠道跨平台播出

《榕哥烙科》栏目不单单局限于在中国数字科技馆网站播出，而是寻求多渠道、多平台的曝光宣传，将品牌的知名度进一步发酵扩散。栏目同步开通视频专题页面、官方微博及微信账号，充分发挥微视频易传播的特点，加大移动端的宣传推广力度，更加方便地与网友粉丝互动，提高栏目辨识度。同时在爱奇艺、百度、腾讯等平台上线推广，一定程度上提升了栏目的影响力，吸引了像网易、今日头条、斗鱼直播等亿级用户平台的主动联系，进而开展更深层次的定制合作内容，推动了粉丝数量级的提升。

目前，《榕哥烙科》栏目已获得"网易云课堂 2016 年月末精选推荐的 10 大课程"之一；于今日头条平台上线的节目《神马？全世界的氢弹都在中国？!》，在没有官方合作推广的条件下，当周已累积推送用户数达 260 万人次，播放量突破 40 万次，网友踊跃评论，反响热烈。同时，《榕哥烙科》已成功入驻中国教育电视台"微课堂"栏目，在频道循环滚动播出，平均每期收看人数达到 57.6 万人。

3. 品牌效应持续提升

除线上平台的稳定运营外，《榕哥烙科》团队也积极打造线下品牌，传统的科普教育主要受众为中小学生，为了推进全民科学素质提升，原创视频栏目《榕哥烙科》精心策划，内容主题从重大科学事件到日常生活小事均有所涉猎，将受众群体扩大到了大学生及年轻白领的范围。而针对中小学生，栏目组也会结合学校的科学课程，推出特色科普讲座。栏目在科普大篷车到达的县市、都市传媒星美院线、北京市 16 所中小学示范校、首师大附中科普长廊等场所均有播放宣传，品牌影响力范围不断扩大。

现在，越来越多的专业媒体、学校机构主动联系《榕哥烙科》团队，邀请其作为科普嘉宾进行合作。如主持人赵榕获江西卫视邀请担任《顶级对决》栏目的科普嘉宾，并在之后的新栏目"我是联想王"中担任科学策划；获北京人民广播电台 FM100.6 "照亮新闻深处"栏目邀请担任科普嘉宾；获腾讯邀请担任科幻银河奖主持人；团队应邀赴新疆克拉玛依市科技馆举办特色科普讲座；为北京市石景山区京源学校等多个小学开展的节能环保主题科普实践课程担任主讲等。近年来《榕哥烙科》的品牌知名度不断发酵，并显著提升，得到了更多专业媒体人士的认可。

4. 打造最有价值的 IP 项目

在保持现有成绩的同时，团队已与网易着手策划为《榕哥烙科》量身定制直播活动，借助当下直播热潮为栏目造势。同时，配合 VR 技术的广泛应用，团队已设计出"榕哥"的 VR 卡通形象，并与相关专业团队达成合作意向，制作虚拟现实版本的栏目，力图将"榕哥烙科"这一品牌打造成中国数字科技馆最有价值的知识产权（IP）项目。

同时，栏目适应如今互联网愈发注重个人品牌效应的趋势，打造"榕哥"这一科普大 V 形象，通过微博、微信公众号等移动端传播渠道触达更大规模的用户，在社交平台上不断积累粉丝，进而实现自身品牌与 IP 的增值，吸引线上线下更多粉丝来关注中国数字科技馆的原创内容，提升中国科技馆的传播影响力。

**（二）"微专栏"**

"微专栏"是中国数字科技馆的一档原创图文类栏目，每周四推出一期，每期选取一个精彩话题，由 3 ~ 5 篇科普短文组成，从多个方面进行解读剖析。自 2013 年 9 月栏目创立至 2017 年 6 月 13 日，"微专栏"已推出 192 期。

1. 选题

"微专栏"选题主要分为以下几类。

（1）针对近期热点事件，解读热点事件涉及的科学知识。如结合高考推出《高考结束了，压力可能还没走哦》，科普压力对免疫系统的影响以及如何缓解压力；结合 7 颗类地行星的发现，推出《地球又多了 7 个小伙伴》科普"小太阳系"TRAPPIST - 1 和类地行星的概况，以及发现它们的斯皮策太空望远镜；结合微信小程序的上线，推出《以小博大小程序》科普微信小程序的定义及功能等。

（2）结合各种节日、纪念日，推出相关主题的科普文章。如结合世界计量日，推出《520，爱的计量你会吗？》，从计量的概念讲起，再到计量日的来历、几种古诗词中常用的计量单位科普等；结合世界睡眠日，推出《世界睡眠日——聊聊睡眠那些事儿》，解读人睡眠时的状态，以及睡眠时常见的做梦、梦游、梦魇、梦话、打鼾、磨牙等现象；结合三八妇女节，推出《当 X 跑赢了 Y，世界开始闪闪发光》，科普人的性别决定因素，并细数历史上那些伟大的女性第一人。

（3）针对与人们日常生活密切相关的新闻事件或现象，解读其背后的科学知识。如针对京东的"跑步鸡"事件，推出《跑步鸡——鸡与鸡的较量》，解读何为"跑步鸡"，进一步拓展到散养鸡与笼养鸡的对比，生鲜鸡、冷冻鸡、现宰活鸡的对比；结合夏天蚊子出没，推出《小蚊子 大能耐》，解读蚊子的生长历程、咬人的秘密，以及蚊子的危害；针对各类基因检测相关的新闻事件，推出《破译健康秘密，从基因检测开始》，解读基因检测诊断疾病的原理、如何进行基因检测等。

2. 内容来源

"微专栏"内容分两种：一是网络科普部编辑原创，编辑通过搜集图文资料，进行撰写、编辑和制作，原创内容占总体内容的80%以上。二是与专业机构合作，由专业机构根据确定的选题提供稿件，内容更专业、更权威，如和北京清华长庚医院合作推出《医生教你如何远离心脏性猝死》《儿童哮喘和听力疾病防治：你做对了吗》《国际献血者日——怎么献血更安全》等；和中国科学院心理研究所合作推出心理学专辑，包括《足球场外的心理学》《蝙蝠侠与黑暗人格》《穿越——身份可以，性别呢》等。

3. 传播效果

"微专栏"自创立以来已推出192期，除数字馆网站推广外，还与光明网等单位合作，进行宣传推广。截至2017年6月13日，PC端栏目总浏览量已达800多万，平均每期40000＋。

每期"微专栏"除在网站上供用户浏览外，还通过中国数字科技馆的微博、微信等微平台主动推送给广大移动端用户。截至2017年6月14日，在微信公众号共推广"微专栏"66期，阅读率累计达71243次。

"微专栏"始终以优质的内容，通过多种渠道，向用户传递最新、最热、最好玩的科学知识，效果良好，深受用户喜爱。

4. 改版与发展

为了进一步提高栏目的辨识度和用户黏性，更好地打造栏目品牌，"微专栏"于2017年8月进行了全面改版。改版后，栏目更名为"学姐来了"，每位编辑从幕后"走"到台前，拥有一个专属的"学姐"卡通形象，用该形象在自己擅长的学科领域上为公众撰写和提供科普文章，以此来树立每位编辑的个人特色和风格，使栏目能涵盖不同的科普主题，内容全面的同时实现内容差异化和细分受众，从而打造一个用户黏性更强、形象鲜明的栏目。

改版后的栏目，仍是每周四更新，但与以往紧追热点不同，新版栏目在关注热点之余将更加注重文章的深度，更多地采用专家采访、实地调研等方式生产内容，进一步提高栏目内容质量。

（三）开开小屋

为实现中国数字科技馆的公众细分，为少年儿童提供更多优质科普内容，中国数字科技馆于 2012 年 6 月 1 日推出了儿童版"开开小屋"栏目，意为打开小屋学科学，该栏目页面设计活泼、卡通，配色明快。以小狗"开开"为串引吉祥物，根据 3～10 岁儿童的心理特点，分别设置了"看一看""听一听""玩一玩""做一做""读一读""活动"等版块。该栏目集儿童音视频、游戏、活动等内容为一体，截至 2017 年 6 月，累计集成视听游戏类资源 600 余集。

1. 动画类

原创类动画不仅包括"科学家的故事""成语故事"等，还以网站线索吉祥物开开、心心为主要人物征集了上百集儿童科普剧本，并制作成"开开学科学"系列动画三十余集。此外，根据 2016 年时事热点，制作了原创动画《开心问航天》《雾霾知多少》十余集；将欧洲最畅销少儿百科知识期刊《百科探秘·玩转地球》内容制作成微动画系列。栏目还集成了气象百问、自我保护、环境保护、游戏等内容。

2. 音频类

2016 年 4 月，开开小屋推出"科学开开门"儿童百科音频节目，意为"打开科学的大门"。该节目从脚本撰写、录制到剪辑、推广等均为原创，弥补了中国数字科技馆原创儿童音频栏目的空白，有效提升了中国数字科技馆的品牌效应。截至 2017 年 6 月 12 日，"科学开开门"共推出 71 期节目，共计 400 分钟，在喜马拉雅 FM 累计播放 300 余万次。

该节目主要面向 3～10 岁儿童，根据学龄前后儿童不同的身心特点，将节目细分为 3～6 岁儿童的睡前科学故事及 5～10 岁儿童的热点科学内容等。为发挥中国数字科技馆作为现代科技馆体系的枢纽作用，"科学开开门"针对中国科技馆的展览推出了"航天特辑"及"科技馆之旅"，同时紧跟时事热点，针对 2016 年的时事热点推出了"奥运特辑"及"机器人特辑"，2017 年又推出了《认识自己》《安全防护》系列科学故事。

3. 活动类

"开开小屋"持续打造品牌线上线下活动，如面向全国的儿童、教师、家长开展的"开开小剧本征集"活动，与中国科技馆儿童展厅"科学乐园"合作开展的"宝贝搜索计划"活动，与光明网、中国气象局合作开展的"宝贝报天气——我是气象播报员"等活动。

4. 离线服务与输出

2014 年 8 月，中国科技馆儿童版"开开小屋"进驻黑龙江省科技馆。动画、音频、游戏、电子书等多种形式的儿童科普网络资源，丰富了黑龙江省科技馆原有"小小阅览室"的内容，深受小朋友和家长的喜爱，为中国数字科技馆网站带来了更多的用户。

原创动画《开开学科学》在中国科技馆实体馆科学乐园表演台展示，2016 年累计播放 1500 余小时，服务 84 万余名观众。

### （四）虚拟科技馆

"虚拟科技馆"是采用多种新媒体信息技术开发的一个复现实体科技馆展品和场馆建设的虚拟科技馆平台。栏目内容主要包括虚拟漫游、实时互动展厅、体验专题馆、走进科技博物馆、虚拟地方馆五部分。通过浏览该平台，观众不仅能在线浏览科技馆展品的外观，还可以看到相应的展品图片、展品讲解词、展品操作视频等展品拓展知识。

1. 虚拟漫游

虚拟漫游通过 360 度全景虚拟漫游的方式，真实再现了中国科技馆各个展厅的场景，并提供部分展项的延伸阅读资料，让观众能够在家自由、深度体验中国科技馆。目前已启动的面向全国近 120 家地方科技馆的全景漫游建设项目，由中国科技馆负责统一拍摄及后期制作工作，并将最终的系统集成在中国数字科技馆平台上展示，令用户可以足不出户就能参观全国的代表性科技馆，真正实现科技馆的信息化。

2. 实时互动展厅

实时互动展厅采用网络通信和多媒体技术，让观众远程操作科技馆实体展品，实现了从线上到线下的互动，提高了虚拟展品的真实度。通过互联网，观众还可以看到对展品原理的解说，有效提升了展览效果，扩大了科技馆的影响范围。

3. 体验专题馆

体验专题馆采用 AR 和三维实时渲染等技术，把中国科技馆科学乐园的 27 件展品变"活"。实体馆观众通过手机客户端软件，以 3D 虚拟动画的形式了解实体展品内容，从而获得一种新奇的互动学习体验。

4. 走进科技博物馆

走进科技博物馆是科技博物馆网站系列专题，包括科学技术馆、自然历史博物馆、天文馆、专业科技博物馆、地质博物馆、水族馆、自然保护区等七大系列。

5. 虚拟地方馆

虚拟地方馆为全国地方科技馆三维全景虚拟导览系统平台。目前已集成了上海科技馆、四川科技馆、广西科技馆、浙江科技馆四家地方馆的虚拟导览应用。

## 二、线上线下活动

### （一）全国青年科普创新实验暨作品大赛活动

全国青年科普创新实验大赛活动是由中国科协科普部和共青团中央学校部主办，中国科技馆、中国科协青少年科技中心、黑龙江省科学技术馆、上海科技馆、广东科学中心、四川科技馆和三星电子等单位承办，各省（自治区、直辖市）科协科普部、各省（自治区、直辖市）团委学校部和互动百科等单位协办的一项面向全国高中生和大学生的创新竞赛，迄今已成功举办4届。

大赛旨在激励全国高中生和大学生积极参与科普实践活动，提高广大青年学生的动手能力，激发青年对科普创作的兴趣，并向全社会普及科学知识，倡导科学方法，传播科学思想，弘扬科学精神。2014年伊始，大赛以"节能、环保、健康"为主题，设置了数据传输、风能利用、安全保护三大命题以及全新的"创意作品"单元。

作为大赛承办单位，中国数字科技馆负责大赛整体的策划、组织、协调、宣传和实施工作，并提供各赛区复赛及总决赛的网络直播服务。大赛在北京市、上海市、黑龙江省哈尔滨市、广东省广州市和四川省成都市设立了分赛区，由主办方中国数字科技馆大赛工作组负责与各赛区的参建单位进行沟通、联络，并派工作小组到各赛区参与、协调赛前的科普巡讲、科普巡展和科普天使选拔等相关事宜。同时，中国数字科技馆还负责北京地区所有赛事的筹备、组织和实施工作。

### （二）宝贝报天气——我是气象播报员

为提高网站的影响力与知名度，中国数字科技馆与光明网、中国气象局气象宣传与科普中心、上海市气象局等联合举办"宝贝报天气——我是气象播报员"活动。该活动主要面向3～10岁儿童，已连续举办3年。活动地点以北京、上海为主，涉及全国多个省份。活动分线上作品征集、作品评审、线下活动 3 部分。统计资料显示，在 2015 举办的为期 2 周的活动期间，中国数字科技馆微博粉丝增长 12.8 万人，微信粉丝增长 9915 人。活动还收到参赛作品 2500 余份，其中视频作品近千份，文字作品 750 余份，图片作品 850 余份，H5 动画作品 23 个。2016 年则在现场活动中融入了网络直播秀来助力，一场别开生面的"宝贝报天气"科普网络直播，邀请了小童星嘉宾，直播了中国科技馆科学乐园表演台的经典科学实验，推动线上线下人气再次高涨。

### 三、二级子站及移动子站建设

#### （一）二级子站建设

中国数字科技馆二级子站项目是中国数字科技馆于 2011 年启动的针对各地科技馆优秀资源建设的网络"科技馆嘉年华"项目。该项目旨在通过号召各地科技馆及科普机构，利用自身拥有的科普资源优势及当地人才，特别是专家和特色科技设施优势，建设有地方特色的二级子站，从而引导和推动全国科技馆的网络科普共建共享工作。此项工作受到各地科普机构的欢迎。

目前，中国数字科技馆的二级子站项目已有 55 家地方科普机构参建。栏目以每年评选的形式对表现优秀的参建单位给予一定的资金补助。地方科技馆通过在二级子站上发布科普资讯，推出地方特色科普专题，以及举办线上科普活动来补充和完善中国数字科技馆的网络资源。该项目为各地方科普机构发挥所长、集中优势开展科普资源制作及科普活动提供了网络和资源平台。

#### （二）移动子站征集及建设工作

为了全面贯彻落实国务院办公厅颁发的《全民科学素质行动计划纲要实施方案（2016—2020 年）》，推进我国科普信息化工作的实施，中国数字科技馆于 2015 年 11 月开展了面向全国机构和地方科普组织的移动子站征集及资源建设工作。该活动旨在通过创新移动网络科普服务模式，有效整合全国移动网络科普资源，提高网络科普微平台的服务成效，为社会公众提供优质的科普服务。该活动的建设周期为 2015 年 11 月 1 日至 2016 年 10 月 30 日，征集对象为全国科普机构组织。征集作品的内容范围不限。中国数字科技馆移动子站征集已于 2015 年 10 月 31 日完成报名工作，共收到来自 14 个省、市、地区的 20 家单位的 26 个申报项目，并通过专家的统一评分考核，优选出 12 家单位作为移动子站首批参建单位。经过一年的建设共制作 H5 科普专题作品 280 余件，专题总阅读量超 200 万次，为中国数字科技馆官方微信服务号吸引关注人数超 25 万人，取得了良好的科普宣传效果，提升了官方微信平台的影响力。为了巩固并提升本项工作的成效，2017 年 7 月移动子站工作升级为中国互联网网络科普工作委员会移动资源建设项目，利用网络科普工作委员会平台进一步推广科普活动。

本节执笔人：赵志敏　李　璐　吕　璨　姬晓培
单位：中国科学技术馆

# 第七章　展教资源及活动开发

## 第一节　科技馆展览展品研发

### 一、科技馆展览展品概述

#### （一）科技馆展览展品教育内涵

科技馆展览是指以传递科学概念、激发科学兴趣、启迪科学观念为主要目标，围绕一定的主题，以生动有趣、形式多样的科技展品为基础，直观进行科普教育的一种形式。科技馆展览是科技馆开展科普教育活动的核心载体，按照时间和空间的不同，一般分为常设展览、短期展览、即时展览和流动展览等。

科技馆展品是指经过设计或包装，采取展示、演示、互动体验、探究学习等形式来表达准确的科学概念，达到科技馆展览教育目标的装置或物品。展品是科技馆展览不可或缺的组成部分，是体现科技馆教育理念最直接的方式。

科技馆展览展品的教育属性，突出科学技术的公众性，不仅强调知识普及，更强调培养观众科学精神、思想和方法，致力于提高公民科学素养。优秀的展览展品，应当有明确的教育目标，体现严谨的科学概念，尽可能采用探究的学习方式，使观众在参与体验的过程中，实现动手参与、动脑思考、动情探索的递进过程。动手参与，是科技馆展教方式的最大特点，观众通过操作展品，直观地感受科学现象，体验技术应用，培养科学方法，获得直观的印象，有助于加深对展品的理解；动脑思考，力求做到使观众在参与展品后，激发起对科学的兴趣，思考产生科学现象的原理，感受到科技的进步以及对人类生产生活的影响，获得科学的认知和方法；动情探索，是为了实现对观众的长远影响，使观众操作展品理解科学原理后，进一步触动心灵，产生思考和联想，激发科学探索的欲望和创新的灵感。

### （二）科技馆展览展品特性

要实现科技馆展览展品教育的功能，结合运行管理条件和环境、观众习惯等，科技馆展览展品应具备以下特性，并相互融合支撑。

**1. 主题性**

展览应突出主题，即该展览要传达给观众一种概念或思想。注意展览主题与各分主题以及展品之间的逻辑关系。虽然单个展品的内容和形式很重要，但更注重整个展区展品之间主题的统一性，各个展品之间有机串联，并营造一种情景化体验的效果，促进展览思想更加深入人心，对观众的参观体验起到氛围烘托的作用，促进观众对相关展览展品内容的思考与理解。

**2. 教育性**

科技馆是一种以展览为核心载体的素质教育形式，科技馆的主要功能是科学教育功能，展览展品要根据主题，有明确的展示目的和适当的教育目标，应充分考虑不同层次观众的参观特点与学习需求，使观众有不同的收获。

**3. 科学性**

展览展品应以科学概念为基础，展示内容和展示手段必须符合科学精神，必须体现科学本质，展示内容无论是直观表达还是委婉表达，都不能脱离科学性原则，应杜绝神秘主义、弄虚作假和哗众取宠，给观众一个真实的世界。

**4. 互动性**

科技馆展览展品要充分发挥探究式学习的作用，互动性往往是成败的关键。互动性不仅仅局限在动手操作，更需要激发探索兴趣、诱导积极参与、引发深入思考，引导观众体力的、智力的和情感的投入，便于科学知识和技能的迁移和巩固。

**5. 趣味性**

兴趣是最好的老师，如果不能激发兴趣，那么再好的展示内容也无法传达给观众。科技馆区别于学校教育，不以传授知识为第一目标，而是期望激发观众对科学的兴趣，将高深的科学原理通过趣味的手段和方式吸引观众来参与、了解，深入浅出能引起观众的注意和思考。

6. 安全性

安全性是科技馆实现展览教育功能的重要保证，展览展品的安全性必须得到足够的保证。科技馆是人流较大的公共场所，展览展品又涉及很多技术类别，无论是对人还是对物都有特定潜在的安全隐患，务必全面考虑并尽可能消除所有安全隐患。

7. 可靠性

应仔细评估展览展品可能面临的操作频率和破坏性操作方式，如果经常损坏，则无法保障教育功能的实现。科技馆展览展品的可靠性要求比一般工业产品要求高，不能以常规安全系数和指标来衡量，要充分采用成熟的技术、设备和管理方式，尽量减小故障发生的可能性。

8. 先进性

科技馆要重视对高新前沿技术的关注，展示内容和手段要紧追科技发展动态，让观众了解科技发展的水平，感受新技术的应用，感受科技进步与生产和生活之间的关系。

**（三）科技馆展览展品展示技术**

科技馆展品的展示方式主要通过以下几种展示技术分别或综合来表现展品内容。

1. 机电互动

机电类展品主要利用机械结构和电控技术来实现，也可以是纯粹的机械展品或电子化展品。科技馆提倡展品互动性，机电类技术因此被广泛应用。机电一体化技术就是将机械技术、电工电子技术、微电子技术、信息、传感器技术、接口技术、信号变换技术等多种技术进行有机的结合，并综合应用到实际中去的综合技术。展品使用机电一体化，除表现机电一体化专业本身的科学技术内容外，还可以将一些抽象化的内容通过一定的创意设计，动态地呈现在观众面前，并在一定程度上提供给观众操作的机会，实现展品与观众之间的互动。

2. 模型展示

模型，即将真实世界中存在的原型，按要求的比例、仿真度、取舍度、取整度等，制作成的实物样品。利用模型展示，可以解决原型过大、过小、过于昂贵或不便展示等问题，在一定程度上替代原型，供观众参观学习。例如，展品想要表现细胞的结构，就可以制作一个放大的细胞模型，并将细胞各部分组成利用剖面的形式，直观地呈现在观众面前；展品想表现天体运动，则可以制作缩小的模型，并利用机电控制，将各种模型有机组合并实现有序的动态演示。

3. 实物陈列

陈列的大致意思是将物品摆放出来供人们观看。实物陈列，则指摆放出来的展品是真实的物品，区别于模型、仿制品。科技馆的实物陈列是指将与本馆展示主题对应的科技实物展品，通过一定的设计，有序地摆放出来供观众参观学习，也可加入一些辅助手段，提升展示效果。实物所承载的历史意义以及细节体验有不可比拟的内在价值，对照科技实物，观众能够想象它漫长的形成历程、独特的时代背景，看到岁月在它身上留下的独特印记。如果是一件模型或者仿品，给观众的真实感受就会大打折扣，观众会怀疑真实的物品是否就是这样，这对于展品本身所要表达的科学的知识、思想、方法和精神，缺乏足够的说服力。

4. 视频播放

视频播放可作为互动展品的一种补充形式。但凡不能或不便于用实体展示的展品（包括真实的物品或后期制作的各种形式的展品），均可以用视频播放的形式来表达内容。视频可以是真实拍摄并剪辑的，也可以是利用虚拟技术制作的，或是两者结合的方式制成；内容可以包罗万象，只要是符合场馆主题要求，都可以制作成视频面向观众播放。视频播放往往也作为一件展品其他展示形式的补充，目的是将更多的内容传达给观众，有利于观众对展品的理解。

5. 交互式多媒体

交互式多媒体是在传统媒体的基础上加入了交互功能，通过交互行为并以多种感官来呈现信息，观众不仅可以看得到、听得到，还可以触摸到、感觉到，而且还可以与之相互作用。随着信息技术的广泛应用，人们借助电脑，通过键盘、显示器、鼠标、数据手套、VR 眼镜、摄像头、麦克风等外围输入设备并与相应的软件配合就可以实现人机交互的功能。在科技馆中，VR（虚拟现实技术）、AR（增强现实技术）等作为典型的交互式多媒体技术被广泛应用。

6. 展板

展板是被广泛使用的一种以平面或空间为载体，以图形、文字、色彩等为主要手段的视觉传达类展示方式。传统的展板是通过文字和图片的有机组合，通过印刷或者喷绘粘贴等形式制作而成，用以表达一定的内容。如今，展板也逐渐增加了灯光、简单的机械结构、电子线路等元素，变得丰富多彩。展板表达的内容，既可以是整个展览的介绍，也可以是具体的知识介绍；既可以是一个独立的展品，也可以作为相关展品的配套说明。展板作为一种展品形式，具有内容丰富、知识系统、目的明确、设计方便、制作成本低、安全性高等一些优点，在一些短期展览中，甚至主要以展板为主。但是，如果展览的主要内容均依托于展板来表现，则存在交互性差、形式单一等问题。

## 二、我国科技馆展览展品研发现状

近年来，我国科技馆建设得到了较大发展。科技馆数量迅速增多，规模不断扩大，展览主题日益丰富，展品水平也越来越高，科技馆的科普展教综合能力显著提升。国内科技馆展览展品研发大致经历了国外引进、仿制改进到自主研发的过程，研发能力和质量水平都在逐步提高。中国特色现代科技馆体系的发展，以及公众对高水平展览展品日益增长的需求，对研发的规模、内容、形式提出了更高的要求。

### （一）我国科技馆展览展品研发发展情况

#### 1. 我国科技馆事业起步晚，展览展品研发基础相对薄弱

世界科学中心（科技馆）的发展至今已有80多年历史，积累了丰富的展览展品开发经验，也由此产生了一批深受世界各地公众喜爱的经典展品。我国科技馆事业起步较晚，落后发达国家近50年。中国科技馆一期于1988年开幕，当时科技馆展览突出的是单个展品的存在，大部分展品都是"加拿大安大略科学中心展"留下并赠予中国的经典展品，配合小部分由中国科技馆技术人员自主制作的展品。这一时期前，国内基本没有科技馆展览展品研发。经过借鉴学习和积累，在其后的一期改造中，中国科技馆尝试设计制作了光学、环境等展览，获得了不错的反响，这应该是国内科技馆展览展品研发的开端。由此，中国科技馆逐步建立了一支自主开发展品的团队，不但能承担本馆展品开发任务，也帮助地方馆进行展品的开发。除了中国科技馆拥有自主开发展品的能力，地方馆中，天津科技馆也逐步建立起展品开发团队，满足自身展览展品开发的需求，也承接一些国内其他馆的展品制作任务。

2. 借助外力扩大展览展品开发规模

从 20 世纪 90 年代中后期开始，科技馆事业蓬勃发展，科技馆的建设得到了党和政府的高度重视，每年开发的展览展品数量激增，观众及科技馆自身对于展览展品质量和水平的要求也不断提高。虽然科技馆内部相关设计人员数量及水平也得到了提高，但是仍然满足不了展览展品开发的需求。以中国科技馆为例，二期工程从 1997 年开始进行内容建设，直至 2000 年开放，展品共计 500 件，且真正开展展品开发工作的时间不足两年。在有限的时间里需要设计制作如此众多高技术含量的展品。在人员不足、技术力量不足的情况下，仅仅依靠馆内技术人员的能力不可能完成，于是借助外力辅助势在必行。一批科研院所、高校、布展公司、科技制作类公司纷纷加入科技馆建设中。在这一时期，专业进行科技馆展览展品研发的公司还不够成熟，不具规模化和正规化，多数展览展品是由科技馆的展览设计力量与一些大学、研究所、大型企业等共同完成，例如北京航空航天大学、机械科学研究院、中科院自动化所、中国电信等。同时，科技馆的布展工程逐步受到了重视，一些布展公司开始专业化，一些公司初期以国内外展览会的展示设计、制作为主，从 1999 年参加中国科技馆二期布展工程开始，进入到科技馆展厅环境布展设计与制作的领域之中。

3. 展览展品研发企业逐渐形成并壮大

2000 年以后，我国形成了一股强烈的科技馆建设热潮，各地科技馆的建设如火如荼地展开，科技馆展览展品开发量猛增。由于科技馆的展览展品形式受到广泛好评，一些传统静态展示性的博物馆也开始尝试利用互动展品调动观众的热情，因此，此前零星参与过科技馆展览展品设计制作的团队逐步公司化、专业化，一些传统科普场馆展览展品公司也开展科技馆展品的研发业务，众多展览展品设计制作公司如雨后春笋纷纷冒出。机科发展科技股份有限公司是一家由机械科学研究院发起、联合了多家实力公司的大型科技企业，在多次科技馆的建设中发挥了自身机械设计与制造的优势，为全国多家科技馆制作了机械与控制方面的展品；自贡挚诚科技有限公司早期做电气灯展和恐龙模型，从进入科技馆展品制作领域以来，已成功为中国科技馆、上海科技馆、广东科学中心、四川科技馆等众多科普场馆设计制作了展品，展品制作范围包括儿童类、科普机器人类、自然科学类、仿真动物类、虚拟技术类、人体科学类等。目前，国内大型的科普展览展品设计制作公司研发队伍已达到 100 人以上，年产值上亿元。

4. 科技馆自主研发能力提升

随着科技馆建设逐步稳定发展，科技馆展品研发已经从规模化发展逐步进入了精品化发展的方向。当前，我国科技馆社会效益明显增强，科技馆已成为全国各类科技博物馆中观众总量和平均观众量最多的场馆，但是展览展品质量及其研发水平的提升滞后于场馆数量、规模增长。为满足我国公众急剧增长的科普需求，提高展览研发设计能力和水平，以中国科技馆为代表的一些大馆逐步加强了自主研发能力。一是从研发理念上提升，重视前期规划研究，积极接轨国际最新的展览研发思路，并适应本地特色，加深展览展品教育内涵的研究和理解；二是从展览展品研发管理上加强规范性，有越来越科学的研发流程、内容和标准；三是拓展自身研发的能力和水平，从以前仅重视策划，到如今实现自主开展形式设计、技术设计；四是加强了制作能力建设，从原型试验和简单展品基本实现了自主加工，提高了展品研发的效率。

### （二）新时期科技馆展览展品研发的需求

1. 建设创新型国家对科技馆展览展品研发有较高要求

党的十八大提出"普及科学知识，弘扬科学精神，提高全民科学素养"，是实施创新驱动发展战略、建设创新型国家的重要基础。公民科学素质是实施创新驱动发展战略的基础，已成为国家综合实力的重要组成部分，成为先进生产力的核心要素之一，成为影响社会稳定、国计民生和生活品质的直接因素。2015 年我国具备科学素质的公民比例为 6.20%，比 2010 年的 3.27% 提高了接近 3 个百分点，但与发达国家相比还有很大差距。提高我国公民的科学素质，是当前一个紧迫的任务。科技馆是重要的科普基础设施，在中央和各级地方政府的重视支持下，我国的科技馆建设自 20 世纪 80 年代以来，取得了巨大的成就，以展览展品和教育活动为核心载体的教育形式，在提高公民科学素质过程中发挥了不可或缺的作用。近年来，中国的科技馆内容建设采取主题性呈现，展品综合了科学与技术，注重互动和体验，结合各种形式的实验课程，逐渐形成了具有中国特色的科技馆内容建设主流模式，对世界科技馆行业发展做出了重大贡献。截至 2017 年年底，建成开放的达标科技馆 192 座，当年服务观众总数超过 5600 万人次，正在建设中的有 130 余座。科技馆已经成为广大公众体验科学、启迪创新的最佳渠道，对提高公民科学素质发挥了不可或缺的作用。为了在提高公民科学素质方面发挥更大的作用，科技馆自身事业发展面临着新的挑战，这就对科技馆展览展品研发提出了更高的要求。

2. 公众对科技馆展览展品内容和形式有更高的需求和期待

从当今世界科技发展趋势来看，多学科、跨领域以及新兴学科不断涌现，科技创新、转化和产业化的速度不断加快，高新科技、尖端技术越来越多地应用于日常生活中，科技发展给公众的生活带来更多的影响，每个人都面临着知识爆炸和个人知识能力短缺的困扰。随着收入和生活水平的日益提高，人民群众的文化消费需求也会日益增长，对科技知识的渴求也会越来越强烈。人们更加注重获取环境、健康、生活等方面的知识，注重打造高品质的生活。由于自然灾害、事故灾难、公共卫生事件和社会安全事件等突发性事件多发，公众开始通过获取相关科普知识的手段来加强和提高自身应对突发事件的能力，而这一过程必然会产生更加广泛、多样的科普产品需求。

科技馆建设初期，互动体验类展品吸引了大量的观众，动手操作的趣味性代替了传统展览陈列展示，一时受到广大公民的喜爱。但随着科技的发展及公民科学素质的提高，公众对科技馆科普教育效果及展览展品精彩程度有了更高的期待，不再仅仅满足于互动式体验，而是希望在获得科学知识的同时，受到科学意识、科学观念和科学思想的启迪，进而形成科学的世界观，提高自身的科学素质。然而，在科技馆中，表达科学观念和科学思想的展品往往数量有限且不够精彩，难以引起观众的兴趣。如何充分发挥科技馆展品的特点，实现动手参与、动脑思考、动情探索的递进过程，引发观众的理性思考，启迪科学意识和科学观念，帮助观众逐步形成科学的世界观，这是新时期科技馆展品研发中遇到的重大挑战。

3. 展览展品研发要适应中国特色现代科技馆体系建设的发展

中国特色科技馆体系的建设与发展，对科技馆展览展品的研发水平提出了新的更高的要求。体系的组成成分各有其特点，实体馆主要通过常设和短期展览教育形式为观众提供科普服务，展品相对固定，可以设计大、中型展品。流动科技馆要求的是便于拆卸、组装和运输的小型化展品，到目的地后，可以在较短的时间内完成布展。科普大篷车以车载方式为学校、社区、农村等开展科普服务，要求展品小巧，重量轻，便于搬运，下车可展览，装车可转移。此外，流动馆和科普大篷车的展品无论在展示内容上还是展品的设计上均要成系统，展品零部件通用性强，以方便及时更新和维护。数字科技馆向观众展示的是数字化的展览展品信息。由于中国特色现代科技馆体系各组成成分的自身特点，以及服务层级的不同，要求展览展品的研发必须适应中国特色现代科技馆体系建设的发展需要，符合体系建设对于展览展品的多样化需求，使展览展品的开发在现代科技馆体系下达到科普效益的最大化，更好地服务于我国的科普事业。

**（三）我国科技馆展览展品研发存在的问题**

虽然近年来我国科技馆建设得到了较大发展，但因起步晚，整体水平与发达国家相比还存在一定的差距，从业人员对科技馆的理解还不够深入，尤其是展览展品的研发基础还相对薄弱，存在一定的问题。

1. 对教育理念和展品特性理解不够

科技馆展览展品是为科技馆的教育功能服务，不仅普及科学知识，更注重激发观众对科学的兴趣，树立科学观念。但是在实际工作中，由于对教育理念理解不深入，展览缺乏表达主题思想所需的展示内容脉络，展品之间缺乏内在联系，几乎都只是通过展品表现科技知识，很少能看到表现科学的精神、思想、观念和科学技术与社会关系等思想内涵的展示内容[1]，在展品参与形式上，设计者往往从知识点出发设计展品，对于互动的理解往往浮于表面，为了互动而互动，而没认识到互动性的真正含义是吸引观众的兴趣，体现探究式学习的教育方式，引导观众从动手参与到动脑思考、动情探索。科学性、趣味性、互动性等展品应具备的基本特性，看似其他科普作品与游乐设施也具备，但恰恰是游乐设施从业人员都认识到了利用这些特点来吸引公众参与，如果科技馆从业人员反而不加以重视，在设计中没有意识去抓住观众的兴趣点，在互动性上没有采用科技馆应该有的探究式学习和体验式学习的本职，展品将回归课堂知识堆积的形式，甚至宣扬伪科学，那样将连游乐设施的功能都实现不了。对展览展品特性的理解不能仅仅定位于游乐设施的高度，要结合教育性和科学性的前提条件，注重传达科学的概念、尽量采用探究式学习的互动方式，使观众能从参与中得到对于科学的概念、启发对科学现象的联想和探索的兴趣，获得终身学习和决策能力的培养。

2. 展品原创能力和动力不足

在我国科技馆发展的初期，绝大多数展品模仿自国际著名科学中心、科

---

① "全国科技馆现状与发展趋势研究"课题组. 全国科技馆现状与发展趋势研究报告［R］. 北京：中国科学技术馆，2012：13.

技博物馆。随着近10年来我国科技馆数量的迅速增长、规模扩大、展示内容领域的拓展，传统科学中心所擅长的力学、电磁学、光学、声学、数学和机械等领域的经典展品已不能满足需要。① 近年来，许多科技馆和企业建立了展品研发团队，但这些研发团队多在仿制国内外科技馆的成熟展品。很多"创新展品"，或仅是对成熟展品进行外观和表现形式上的局部改进，或是首次将国外的新展品在国内加以仿制。①真正具有原创意义并且展示效果良好的创新展品屈指可数。目前，各地科技馆中最受观众欢迎的展品大多数还是那些传统的经典展品。这更强化了人们对于各地科技馆"众馆一面"、缺乏创新的印象。虽然许多地方科技馆及其上级主管部门反复强调展品创新，相关机构多年来也屡次组织创新展品的奖励、资助和征集活动，但是受人员、资金等条件限制，真正具有原创意义并且展示效果良好的创新展品仍屈指可数，创新难以跟上公众日益增长的需求。

3. 标准化工作滞后

由于我国科技馆展品起步较晚，发展较慢，且前阶段主要以学习和借鉴国外科技馆展品为主，同时通过对国内一些科技馆和展览展品设计制作公司进行调研，以及对国内外标准查新和研究成果进行搜索。我国展览展品开发还没有正式的国家和行业标准。我国科技馆行业已经有《科学技术馆建设标准》出台，对于合理确定科技馆建设规模，严格控制建设投资，提高投资效益，加强科技馆建设项目实施全过程管理提供了保障。但是展览展品开发工作，基本还处在靠经验进行的阶段，一些科技馆和展览展品设计制作公司在一些技术领域会参照相关行业的技术标准，在展览展品开发时也会有自己的设计要求，但多限于内部使用，且不同科技馆和公司存在不同的要求，缺乏正式、统一的标准。开发的项目不同，项目负责人不同，经验背景不同，对各类技术和管理问题的理解不同，都会造成项目开发过程和结果的差异，导致工作质量不统一、重复性工作量大、新员工工作上手慢等一系列问题，不利于项目技术与管理水平的提高、行业可持续发展和人才培养。因此就科技馆来讲，迫切需要实现展览展品开发工作的标准化，提高展览展品开发质量和水平。近年来各方面对科普标准化逐渐重视，国务院办公厅于2011年6月

---

① "全国科技馆现状与发展趋势研究"课题组. 全国科技馆现状与发展趋势研究报告 [R]. 北京：中国科学技术馆，2012：13.

印发《全民科学素质行动计划纲要实施方案（2011—2015年）》，明确提出"制定科普资源开发共享的相关标准和规范"，"研究制定科普产品技术规范和设计制作机构资质认定办法"，对制定科技馆展品标准给出了明确的要求。目前中国科协已经成立了全国科普服务标准化技术委员会，由中国科技馆作为秘书处承担单位，负责制定的国家标准包括科普基础设施设备、科普展教品、科普服务质量与评价等。

### 三、科技馆展览展品研发实施流程

科技馆展览展品研发是一个系统性工程，包含概念设计、方案设计、技术设计、展览制作等多个环节。

#### （一）概念设计

概念设计是展览开发的第一步，将决定一个展览能达到的高度。概念设计主要包括对展览主题的定位和理解、确定展览的目标、明确展览的指导依据、制定展览的设计原则。

1. 创意展览主题

当前展览设计的主流一般采用主题展开式，要求在策划之初先确定展览的主题，既要包括展览内容概括，还应包括展览要向观众传达的思想和概念，以及精神和情感态度。展览内容的选择一般有"自下而上"和"自上而下"两种方式。前者指的是从工作实践和观众需求出发，选择适合展示的科学内容或科学话题；后者则是根据国家政策和宣传需要，针对科技社会热点或本单位的整体工作考虑，根据既定的内容开发展览。主题是展览的灵魂，是展览的精神所在。一是要进行广泛的调研，要将拟表现的内容认真研究透彻，从中抽丝剥茧理清一条清晰的思路，不求面面俱到，重点是能让观众理解设计者要传达的思想和意图。二是要开展需求分析，进行观众研究，确定观众的年龄、知识背景、文化特征、兴趣特点等基本情况，必要时进行观众问卷、访谈等评估调研工作，广泛征求意见，了解公众的需求；此外还要了解国家在该领域有哪些发展方向和政策要求，既要为观众服务，也要为国家战略和行业发展服务。

2. 确定展览目标

展览的目标可以是多样化的，不同的展览目标决定了展览的内容脉络和展示风格。展览目标首先应明确展览面向的对象，一般常设展厅面向全体公众，内容相对大众化，各个年龄层次和各种文化背景的观众皆有所兼顾。而儿童科学乐园展厅则将年龄定位于 3～8 岁或者 3～10 岁，展览内容、难易程度和教育目标则会根据这个年龄层次的观众进行针对性设计。此外一些专业性较强的展览，则一般面向对该主题内容有一定基础背景知识的观众，表现方向会偏向更加前沿和高深的内容。确定面向对象后，则会考虑展示内容从什么角度和方向来向观众呈现，比如针对一项最新的科技成果，目标可以是让观众深入了解其中的科学原理，并普及相关学科的知识，也可以展示这一领域的发展历史，介绍科技进步对社会发展的推动作用，还可以是展示成就背后的科研团队事迹，弘扬勇攀高峰的科学精神。最后，要明确展示这些内容后，观众能得到什么收获，从中能了解什么科学概念，理解到什么科学的精神，感受到什么科学的发展等。总之，展览目标是一个展览的立足点和出发点，决定了展品内容选择和展示的形式。

3. 明确指导依据

设计一个展览，不能只从设计者的角度来看问题，这样会受限于设计者的知识范围、审美水平和个人性格。尤其在对一个专业领域进行展览展品研发，一定要从该专业的角度考虑问题，综合各种政策、要求和行业规划等，找到适合本展览的指导依据，以免出现相抵触的地方，更能增加展览的权威性和专业性。例如开发儿童科学乐园展览，关于儿童教育的方法，不能仅凭设计者的理解，毕竟设计者没有长期研究儿童科学教育理论，即使有一定研究，也不一定是该领域的权威专家，因此，借鉴公认权威的儿童教育理论作为指导依据就非常有必要；儿童科学教育的内容及范围标准是一项非常专业的研究课题，国内外著名的教育专家经过十几年的研究才给出科学教育的指导文件，如《以大概念理念进行科学教育》。此外，教育部 2017 年颁布了《义务教育小学科学课程标准》，这些都可以作为展览设计的指导依据。

4. 制定设计原则

展览或展品的特性具有一个普遍规律，即具有普适性。这里所说的设计原则，有别于特性，是针对不同主题、不同内容、不同目标的展览专门制定的一种设计要求，是对展品的设计、制作、运行、管理预先存在的一种设想，具有很强的原则性和指导性。例如儿童科学乐园展厅，内容规划——以科学教育的大概念为基础，参照学校科学课程标准，结合科技馆展示特点，选择适合儿童认知的事物和现象、概念和规律、工程技术等作为展示内容；互动形式——以游戏、角色体验等多种形式，实现多感官互动体验，引导儿童进行探究式学习，使儿童形成和发展探究能力，加深对科学概念的理解和认识。这些要求同常设展厅面向全年龄层次观众的要求就有所不同，将作为一个基本的原则贯穿在整个展览展品设计过程中，展品的内容选择有基本的范围，对互动方式有基本的要求，设计的展品与原则进行对照，不符合的就尽量不在该展览中出现。

**（二）方案设计**

方案设计是在概念设计成果的指导下，对具体要呈现在观众面前的一些内容进行设计，包括方案大纲、展品方案、教育活动、信息技术和布展环境的设计。方案设计完成后，需广泛征求意见，进行多方论证，主要验证主题是否鲜明、目标是否明确、思路是否清晰、脉络是否合理、展品创新性是否符合要求、教育活动及信息化等设计是否增强了观众的参观体验效果、环境设计是否美观合理等。

1. 方案大纲设计

概念设计完成后，就需要搭建展览的主体框架，阐明展览设计的主要内容要点、顺序和逻辑。主体框架主要包括展览的主题脉络、展览分区和展品简介。具体要求，一是要阐明各分区相互之间的逻辑关系，根据指导依据，提取一条展示逻辑或故事线，使展览的各个部分形成一个有机的整体，为突出主题和展示目标服务；二是要规划每个分区的展示内容和展示目的，用精练的语言进行内容描述，每个展区的目标要围绕总体目标服务；三是要创意设计每个分区的展品，对展品的展示内容、操作形式和展示目的和意义进行简要描述，必要时可用示意图对展品进行说明。将概念设计与展区规划组合成一个有机整体，即形成展览的方案大纲。

2. 展品方案设计

展品方案设计要对展品进行详细设计说明。一是展示目的，要简明扼要地阐述该展品研制目标，即通过什么样的方式向观众展示哪些科学原理和科技知识，展品所希望观众得到的体验与收获；二是展示内容，详细介绍展品展示的科学技术内容，包括科学现象、科学概念、科学原理、技术原理以及展品所涉及的相关科技知识、科学方法、历史与人物等内容；三是3D效果图，包括轴测图及三视图，须在图中标出展品主要尺寸，须准确反映展品的操作方式和操作部件的外观结构；四是展示结构及方式，要结合结构简图、系统简图、原理简图或其他图解方式介绍展品的组成及其各主要部分的功能与实现，以及与观众的交互方式，详细介绍项目互动操作程序、出现的现象和结果等，有多媒体的展品须对多媒体的内容、结构和操作环节进行描述，须完成图文版和说明牌的编写；五是技术要求，要说明展品的规格大小、重量要求、用电功率等主要技术参数，以及通用要求和特殊要求。

3. 教育活动设计

教育活动是科技馆面向公众的重要内容，是实现科技馆教育功能的重要手段，主要有科学表演、科技制作等形式，也可以利用展品来组织一些活动。科学表演在科技馆一直受到观众的热烈欢迎，可以通过辅导员演示一些不太适合观众自己操作的科技内容，例如液氮演示、化学实验等安全性要求高的内容，补充展品内容的缺失。科技制作能充分吸引观众动手参与，更充分地实现探究式学习方式。利用展品来组织教育活动，可以进一步深化教育效果，通过辅导员的引导进一步理解展品的教育目标，以及扩展教育内容。科学教育活动应与展览展品同步设计，一是在设计展厅布局中充分考虑预留表演活动区和科技制作区，创意跟主题相关的表演内容和动手项目。二是要在展品设计中充分考虑扩展功能，可使展品独立操作，可以用单个或一组展品来组织活动，这对展品方案设计提出了更高的要求。

4. 信息技术设计

信息技术设计主要针对展品信息化功能的扩展，深化和延伸展览展品的教育功能，提升展品与观众的互动效果，实现科技馆体验的全过程管理与服务，促进用户参与创造与分享。通过专项研究和开发，通过物联网技术、互联网技术，在展品上设置传感器、监控设备、条码、扫码器、电子说明牌等，可实现对展品智能开关机、运行监控、故障分析、知识拓展，观众行为分析、评价、分享等，充分实现观众与展品的双向互动，实现展品的智能管理和服务。还可提供网络服务、离线数字化服务等多种服务模式，为观众随时、随地、随心地泛在学习提供基础和保障。

5. 环境设计

展览要有适当的环境设计，并将展品有机融合，可以更好地搭建情景化学习场景，烘托展品操作氛围。展览布局重点突出、张弛有度；布展形式应与展示内容一致，使展览主题突出，重点展品醒目；布展色彩结合展览主题设计，运用合理，避免过度装饰；应保持展厅原有基础设施不变，充分考虑展厅内配套设施位置，如疏散通道、消防设施（消防栓、灭火器、手动报警按钮及紧急操作装置）等；不宜采用大面积跃层或局部封闭空间设计；展览布局应根据展览主题和内容，合理规划展览布局和路径，使展览主题突出、脉络清晰、主次分明、动静结合、疏密有序；展厅主通道宽度不宜小于3.5m，其余通道宽度不宜小于2m。环境设计要避免过度装饰，干扰和影响展品运行和观众操作。

**（三）技术设计与制作**

技术设计是为实现展览展品展示效果和互动方式，奠定制作基础而进行的设计，包括机械设计、电控设计、多媒体设计、图文版面设计、布展设计等。技术设计将验证方案设计的可行性，根据实际情况对方案进行修正。技术设计成果将应用于展品制作，对于技术设计与制作的要求是一致的。

1. 机械要求

机械是展览展品的基础，例如展品结构、互动装置等，要完成各类机械图纸和机械设计说明。机械图纸包括目录、明细表、总装图、部装图、零件图等；机械设计说明包含详细的机械设计方案、必要的机械设计计算、效果图等。机械设计是展品制作基础，如在制作过程中发生设计修改或变更，应对提交的技术资料及时更新。

机械设计与制作要符合国家相关设计制作要求和标准，还要适应科技馆本身的运行要求。主要包括：整体应结构合理、结实耐用、安装稳固、安全可靠；各处边、角等应采用倒角、卷边等圆滑处理或弧形设计，不能出现锐边、尖角，避免对观众造成伤害；结构布局、尺寸、操作方式、操作空间等应充分考虑人机工程学的要求，体现人性化；各常规互动机构如按钮、手轮、摇杆等应有适当的防护装置，避免对观众造成伤害或对设备造成损坏；观众操作展品后能及时得到准确、清晰的响应，展示效果明显；展品结构及检修门应便于展品的安装、调试及维修；大型展品应进行静载荷和动载荷计算，并提供有资质的检测机构出具的动、静载测试报告。

2. 电控要求

展览展品如果有电控系统，要进行电控设计和制作，包含电控设计说明、软件和图纸。电控设计说明包含硬件设计说明和软件设计说明，硬件设计说明包含电控设计方案、相关硬件的功率、电源、模拟通道的设计计算等；软件设计说明包含软件需求分析、软件设计方案、测试用例及报告和源代码等。

图纸应包含完整的整体布局图、系统图、原理图、接线图，材料、设备、元器件清单表等，自研电路板应提供原理图、印制电路图、材料、设备、元器件清单表等内容。软件应有原始工程设计文件。如在电控系统制作过程中，发生修改或变更，应对技术资料及时更新。

电控设计与制作要符合国家相关设计制作要求和标准，还要适应科技馆本身的运行要求。主要包括：展区总配电柜设计，每件展品应配备独立的配电箱，分别配置空气开关及漏电保护器，以确保展品的安全性和检修的便利性；电控板应设置网络接入控制功能，以适应对展览展品中央控制的要求；观众所能触及的开关、按钮、旋钮、手柄、手轮、摇杆等操作部件的电压应采用≤24V 的安全电压；软件编码应符合行业普遍认可的编码规范；应以书面形式确定下位机与上位机之间数据交互的协议和框架，同一展区展品应选用相同的协议和框架；程序设计应考虑容错，在观众任意操作时，不出现死机或系统错误。

3. 多媒体要求

展览展品如果有多媒体系统，要进行多媒体设计和制作（包含多媒体设计说明、多媒体资料和软件）。多媒体设计说明包含多媒体脚本、软件需求分析报告、使用维护手册、评测用例及报告等内容。多媒体资料包含动画人物、场景、器物、界面等动画源文件，剧本、分镜头脚本等文稿，含材质贴图的模型、图片、音视频文件等成品文件和源文件。软件应包括可执行文件或安装包、生成可执行文件的源文件。如在多媒体制作过程中，发生修改或变更，应对技术资料及时更新。

多媒体设计与制作要符合国家相关设计制作要求和标准，还要适应科技馆本身的运行要求。主要包括：显示设备，如显示器、电视机等应具备通电后自动开机功能，无须使用遥控器启动和切换信号源，无信号输入时显示设备不会进入待机状态；多媒体画面界面应内容简洁、清晰，操作直观，应全屏设计；观众无法通过展品提供的操作界面和交互设备退出展示界面；对于观众的操作，界面上应设置明显的反馈信息，如画面中颜色的变化、亮度的变化、动画效果和声音效果等，提醒观众操作已执行；多媒体程序一般情况下应基于常用的电脑操作系统 Windows、常用的平板电脑操作系统 Android、Windows 或 iOS 进行开发和运行，软件编码应符合行业普遍认可的编码规范，应以书面形式确定下位机与上位机之间数据交互的协议和框架，同一展区展品应选用相同的协议和框架；软件编写应尽量将功能模块化，以增强复用性，应考虑容错，在观众任意操作的情况下，不出现死机或系统错误。

4. 图文板要求

展览展品如果有必要设置图文板或说明牌，要进行图文板设计和制作。图文板或说明牌包含文稿、设计文件和实物制作，应图文并茂，通俗易懂。文稿应编辑全部文字内容，例如操作说明、原理介绍及相关拓展内容。图文板设计文件应包括全套源文件、成品文件、原始素材图片及所用字体文件。如在图文板或说明牌制作过程中发生设计修改或变更，应对提交资料及时更新。

图文板或说明牌的设计与制作要符合国家相关设计制作要求和标准，还要适应科技馆本身的运行要求。主要包括：操作说明内容由展品标题文字、展品编号、操作说明文字、底图、配图等组成；说明文字应完整、清晰、准确、简洁地阐述操作方式和操作步骤，并适当提示操作对应的展示现象；适当采用必要的示意图等，帮助观众快速熟悉展品操作方式，辅助观察展品现象；原理介绍说明文字应清晰、准确、科学地阐述展品的展示现象、科学原理、应用及相关背景知识，适当采用必要的原理图、示意图等，帮助观众理解科学原理，文字和图片应以权威参考文献为依据，通过相关领域专家审核；版面应与展厅或展区的布展环境相协调，同一展厅或展区内图文版面版式应风格统一；版面色彩应使人眼感觉醒目但无疲劳感，主辅色协调，图形、文字具有良好的视觉反差，便于观众识别和阅读；图文板或说明牌的设计和制作应符合人机工程学，应保证坚固耐用，避免变形、掉色。

5. 布展要求

展览要进行适度的布展，对展览主题起到氛围烘托的作用，要在展览方案设计的基础上，对布展的实施进行具体技术设计和制作，包含设计总体方案、技术图纸。布展设计总体方案包括文字描述和三维效果图、灯光效果设计及灯光控制系统方案、系统设备总体用电量要求、选用材料及设备清单等。技术图纸应包含全套结构设计、电气设计资料和展览形式设计资料，其中结构设计图纸包括平面布置图、墙面地面天花施工图、参观路线图、安全疏散图、材料/设备/零部件明细表等；电气设计图纸包括系统图、布线工程图、灯光布置图、展区地面开槽平面布置图、材料设备元器件清单表、应急照明与消防疏散标识更改图纸等。

布展技术设计与制作要符合国家相关设计制作要求和标准，还要适应科技馆本身的运行要求。主要包括：灯光系统要适应区域功能、视觉要求和环境氛围；人工照明和自然光线应向观众提供良好的视觉环境，保证展品互动效果；使用灯光和激光、投影机及其他强光设备，照射角度、强度应设置合理，避免光线直接照射观众眼睛，保证视觉舒适性；灯光和音视频（AV）系统应安全可靠、经济适用、节能、便于更换和维护；墙体结构应牢固可靠，基层、面层安装牢固，喷绘粘贴不起泡，拼接无错位；天花不宜设置吊顶，若有需求可局部采用格栅类材料将管线遮挡，禁止封闭；地面宜选用高品质防滑地胶，要尽量避免地台；展览现场布展完工后，须通过电气消防安全检测和建筑消防设施检测。

**（四）检查与验收**

展览展品设计制作的检查与验收是科技馆展览展品研发实施流程中必不可少的环节，关系到展览展品质量及最终展示效果，应予以高度重视。展览展品制作过程中应严把质量关，从图纸、材料、制作工艺、展品功能等多方面进行检查与验收，及时提出改进意见，以保证展览展品的质量。

1. 技术设计审查

技术设计审查是指在展览展品技术设计完成后，于制作之前，对所有的设计方案和文件进行审查的一个环节。这一环节能及时纠正设计中存在的问题，有利于展览展品制作少走弯路，节约资金、提高效率。技术设计审查要由相关专业，且具有较高理论水平和实践经验的专家进行。主要内容包括：一是各类技术设计资料是否符合要求，是否按照技术设计要求完成各种设计内容，是否按照要求的格式提交各种电子版和纸质版文件；二是各类技术设计方案是否符合展览展品要求，是否符合各类技术设计要求，分别对机械、多媒体等技术设计内容请专家审核把关；三是各类技术设计文件格式是否规范、是否符合相关专业的设计标准要求。

2. 制作中期检查

中期检查是指展览展品在制作过程中，由展览展品需求方（甲方）按照合同规定时间组织有关人员对展览展品制作进行检查，主要对展览展品材料、结构、制作工艺、多媒体样片、外购件质量、进度等进行监督检查，对设计及制作存在的问题提出整改意见，以督促制作方尽快改进。主要检查内容包括：材料是否按技术设计要求使用；结构是否按技术设计要求制作；工艺是否满足技术设计要求；多媒体样片界面是否清晰、美观、便于操作，程序是否逻辑清楚、操作流畅；外购件是否符合技术设计要求；项目进度是否符合进度安排。

3. 制作出厂检查

出厂检查是指展览展品在制作完成后，即将出厂时，由展览展品需求方（甲方）组建检查组（可邀请相关专家），在展品制作现场进行出厂前的检查。出厂检查的重点是关注展品功能、安全性、稳定性、可维护性、制作工艺等，及时提出存在的主要问题及改进意见，对检查中发现的问题及时进行整改，避免将主要问题带到展览中。主要检查内容包括：展品是否正常运行，所表达的科学内容是否正确，是否达到设计要求的展示效果；图文板和说明牌文字、排版、格式是否正确清晰，内容是否贴切，选用材料及设计与布置是否合理；展品表面处理和颜色、大小尺寸是否符合设计要求，维修门制作是否规范，缝隙、锁具是否合格，收口收边是否整齐，是否存在有安全隐患的尖棱尖角；是否选用了约定的品牌，设备品牌、型号、规格是否符合设计要求；是否准备了备品备件，备品备件是否满足展品设计和运行维护的要求；结构是否安全，运转是否正常，润滑、维护是否方便，液体、气体有无泄漏，连接是否牢固，有无伤人、夹手、刮划和尖棱尖角等安全隐患，易损设备防护是否合理；通电运行是否正常，无漏电现象且金属架构接地良好，有无异常发热，图像、声光是否良好，维修、散热设计是否合理，走线是否符合规定要求；多媒体界面是否内容简洁、清晰，操作直观，软件逻辑是否正确，运行是否流畅；用材是否符合公共场所消防规定，噪声能否达标，运行是否符合环保规范，是否产生辐射、放射性、有毒有害等污染环境的产物，是否存在机械伤人及其他不安全因素。

4. 现场运行验收

应由展览展品需求方（甲方）组建项目现场运行验收组，编制验收规程，进行现场运行验收。现场运行验收主要根据设计方案检验是否达到要求，是否对出厂检查提出的问题进行了修改，应形成规范的验收报告，须明确是否通过现场运行验收，以及是否需要复验，如需复验，应明确复验时间，按期组织复验。现场运行验收通过后的展览展品方可面向观众开放。

5. 技术资料验收

展览展品现场运行验收完成后，由展览展品需求方（甲方）对技术资料进行核查及收缴，主要包括设计方案、技术设计文件、外购设备说明书和保修卡、材料检验报告等。如存在制作过程中或现场运行验收后有技术设计变更或修改等情况，须对变更和修改部分的技术设计重新验收。技术资料验收通过后，应形成规范制作验收文件，进行存档。

特别提出的是对于技术资料的验收应予以高度重视，验收合格后技术资料应有专人负责整理归档。这将对今后展览展品的维修工作起到至关重要的作用。在展览展品设计制作过程中为能更好地实现展示效果、提高展览展品的可操作性、可靠性等，可能要进行数次的方案调整、技术资料的变更。如果技术资料没有随着展览展品制作过程进行及时变更，最终提交的技术资料文件可能会成为一堆废纸，对今后的展览展品维修将不能起到指导作用。所以必须注重技术资料的准确性、完整性。

## 四、科技馆展览展品评估

科技馆展览展品展教效果如何？是否向公众普及了科学知识、科学思想和方法，是否对提升公众科学素质起到了促进作用？对科技馆展览展品的展教效果、质量和水平进行科学、系统的评估是一项必要且非常重要的工作内容。

### （一）建立科学的评估体系

评估工作涉及展览展品设计人员、生产厂家、观众、各学科及行业专家、同行专家等方面，需要结合实际工作建立完善组织实施机制。评估工作应该是在展览策划开始之初同步实施，主办单位要成立专门的评估小组，并指定专人负责操作，收集展览的各种资料，然后做出预测和统计，收集和统计的项目要有一致性。展览展品评估应该贯穿于研发的整个过程。在策划创意阶段通过评估建立选题的依据，以及确定展览脉络；在设计制作阶段，对展示内容的评估帮助设计人员对初期的策划方案进行落实和修正；在展览运行阶段，对展示效果进行最终的评判，以便总结经验，提高工作水平。

1. 确定评估的目标和要素

对一个项目的评估可以从多个方面进行，如何选择确定评估的目标和要素是评估工作首先要确定的问题。评估方案应该有相对统一的内容和要素，这样不同项目的评估结果才具有可比性；同时也应根据当前展览项目的特点修正、完善评估方案，这样获得的数据和结果才能发挥更好的指导作用，适合当前项目的需求。

评估的阶段不同，评估的内容和采用的方式也各有侧重，因此应该建立展览的评估体系，分不同的层次对展览多层面、多角度地进行评估。如在展览策划阶段和实施过程中，对展览本身的评估，应主要以各学科的专家（主要包括科技馆界、展览展示、展示相关内容的学科领域及其他相关的专家）为主，他们对展览评估的看法，对改进、完善展览能起到关键的指导作用；而对展览效果的评估则应侧重普通受众的感受。完整评估体系的建立，可使不同的评估主体立足于各自的立场对展览进行有效的评估，达到评估的目的。此外，对评估结果的分析应该从"量"和"质"两个方面进行判断。"量"的分析主要是指对受众所提供的资料进行的基础统计，从"量"上对展览做直观的评估；"质"的分析主要是指通过受众提供的对展览的感受所做的深层次评估。"量"的分析与"质"的分析互为补充，缺一不可。

量的分析包括对观众年龄、性别、知识层次、知识结构等众多基本因素的统计，综合分析对展览感兴趣的观众群体的基本情况，以评估考察前来参观展览的观众群是否当初策划案中定位的那一群体。质的分析包括观众对科技馆的整体印象、对展览本身的印象和感受、展览为观众提供的信息量等，通过对这些信息进行的分析，可以了解展览是否达到了预期的目标。一个展览是否能让观众看懂、设计人员是否能从观众那里获得他们正面的直接反应，是展览评估所要达到的最终目的，因为展览要传达的是简单而清晰的信息，这样才能使其更容易被观众理解和接受。

2. 建立评估的指标

应通过理论探索和实践经验的总结，逐渐形成展览设计质量判断相对客观的标准，并坚持使用而不要经常变换，这样将有助于提高评估工作的准确度、实用性和连续性。这种客观标准，既可为设计提供一种方向性的指导，也是甄别与遴选优秀方案的重要依据。

展览展品的质量判断与评价标准，是一个关系到展览质量的问题，也是关系到科技馆能否履行科学传播职责的问题。必须在理论体系上形成一个科学的、相对统一的评价体系，否则可能出现以评价人的个人好恶或审美趣味来控制展览的情况。虽然在展览质量判断中不可避免地会受到评判人的主观意识与情感因素的影响，但依然有许多必须遵循的客观标准。这种建立在长期实践经验总结上的标准，有助于我们选择优秀的方案，从而保证展览的质量。所以，努力探索并建立起最大限度保证展览质量的评价体系，使科技馆在对展览展品进行判断与评价时有标准可依，是当前科技馆界的一个迫切任务。

3. 确定评估的角度和方法

为保证评估的客观性，应该由独立于展览研发团队的第三方来组织评估工作。但是，考虑到对展览内容的了解也会影响对展览内容表达的评价，评估人员应首先对展览内容进行较为深入的了解和熟悉，而不能临时组建团队对一个陌生的展览直接进行评估，这样才能保证结果的客观性。展览的评价有不同的维度和视角，任何一方的评价都不能作为唯一的展览评价依据，需综合观众、专家、组织单位等多方面的评判才能对展览做出全面的考核。

评估的方法参考社会学调查的常用手段，如访谈、问卷、评分等。应根据实际条件和需求选择适合的方法。在当前信息技术高度发展的社会环境下，应进一步发挥技术手段在评估工作中的作用。如利用图像识别采集分析观众行为数据、利用移动互联网进行网络问卷及访谈、利用物联网技术获得展品运行数据等，提高评估工作的效率。

（二）主要评估环节与方法

科技馆展览展品评估大致划分为三个阶段，即对展览策划的前置评估、对展览方案实施的过程评估和对展览效果的总结评估。建立展览评估体系，对不同的评估主体在不同的阶段采用的评估方式各有不同，对评估的分析应该注意在保持原始资料客观性的基础上进行。

1. 开展前置评估，保证选题合理，降低研发风险

前置评估在展览展品策划创意阶段开展，应该从展览的策划选题阶段同步开始。由展览的策划人员进行初步创意，以此为基础主要对观众和专家两方面群体进行评估，从而确定展示目标、内容框架、展示风格等展览策划的方向性问题。

在由观众进行的评估中，主要考虑观众对展览主题是否有兴趣、大多数观众的知识背景对展览内容深度的要求、观众对展览目标的期望等。在这个过程中，要对展览的初步创意进行充分描述，以便观众给出自己的评价，同时也可以帮助策展人员了解预测的目标观众是否适当。国外也有机构曾经进行实物试展的方式，提前制作一两件表现展览主题内容的展品供观众参观评价，以此对整个展览的策划方案进行评估测试，这种方式对观众来说更加直

观，但是需要提前进行较大的经费投入，要根据实际情况决定是否采用此种方式。

在由专家进行的评估中，主要考察展览的内容是否符合科学性要求、展览的定位是否结合学科发展的热点和前沿，以及展示方式的可行性判断。

除了以上两方面，前置评估中还要考虑展览的经费投入、场地情况及所在场馆相应季节的人流情况等因素，为展览的策划实施提供参考。通过前置评估，可以增强设计的针对性，有效降低研发风险。

2. 开展过程评估，修正设计偏差，确保展示效果

在展览展品设计制作过程中也需要开展过程评估工作。这一方面是对设计制作的进度和质量进行核查，确保项目顺利实施；另一方面也要确保设计制作过程遵照了前期设计的既定目标和技术路线进行。在遇到问题确实需要调整时，也应尽量在原设计目标下完成，这样才能保证设计思想的连续性，保证项目实施过程中对策划思路的实现，确保整体展览展示效果。过程评估包括方案设计、技术设计、制作加工等阶段的评估。方案设计阶段，评估主要针对展示内容、展示方式、预期效果等；技术设计阶段，评估主要针对实施方案、技术路线（包括机电设计、媒体脚本、图文文案等）；制作阶段，评估主要针对功能实现、效果实现，以及安全性、可靠性、稳定性等。

3. 开展总结评估，积累设计经验，提高研发水平

在展览展品完成设计制作正式开放运行后，需要对整个展览进行总结评估。总结评估主要分为两方面内容：一方面是展览展品本身的质量是否符合设计和运行要求；另一方面是展示效果评估，包括展览展品的策划和展示目标是否实现。对其展示效果进行综合评估，积累相关经验教训，提高设计人员和行业的研发水平。

对展览展品质量的评估主要考察展示功能的实现质量，包括：机械结构与电控系统的合理性、安全性、可靠性、便于维护性；多媒体界面友好、形式生动、功能完备；说明牌和图文版位置合理、内容准确。

对展览展品展示效果评估主要考察社会效果和传播效果两个方面：社会效果可通过社会知晓度和观众的总体满意度来衡量，反映展览运行的公众直观感受。传播效果要通过对参观过展览的观众进行跟踪访谈来了解，从知识影响、态度影响、行为影响几个方面总结参观展览后观众在对相应领域知识的了解、态度和行为等方面的变化，以此为依据判断展览的展示目标是否

完成。

此外，总结评估还应访谈展览运行人员，在展览运行维护的视角下对展览本身的设计制作做出评价和提供建议，以便总结经验教训，提高设计水平。

4. 对评估结果的综合分析

科学地评估展览对促进科技馆工作的发展起着重要的作用。在对评估结果做综合分析的时候，一定要注意维持统计结果的单纯性。评估的主要任务是通过了解观众对展览的直接的、直观的反映，分析展览的成败，弥补不足，不断改善。必须注意保留原始资料的可信性，进行综合分析时一般只摘抄资料的原始数据进行客观的分析，必须减少个人主观揣测的成分。对评估者而言，他们只是从这些原始资料出发，谨慎地阐释观众对展览的感受，而不是凭借他们的主观意志对展览的成败妄下结论。评估人员可以根据评估的结果对展览提出修改意见，但决不能带有个人的主观臆测，只有这样才能使评估结果具有准确性和科学性。展览的内容可能与其所处的时代特征紧密相连，因此对展览的评估也具有一定的时效性，如中国科技馆曾经设计制作的低碳生活、水资源专题展等。对一个展览的效果评估也要结合社会环境进行，可能会进行多次评估，因此评估人员有责任提出进一步测试的建议，这也是十分必要的。

**五、提升科技馆展览展品研发水平的对策建议**

**（一）展览展品研发的形式创新**

1. 展品表现形式生动化，提升展教效果吸引力

科技馆展品是以展示科学现象、原理，普及科学知识、科学思想和科学方法为目的的，要求展品具有科学性与生动性，能够将科学内容生动化、形象化地展示出来。展品表现形式的生动化对充分发挥展教的效果，完成展品自身的科普使命有着重要的作用。

国内科技馆展品开发经历了国外引进、仿制改进到自主开发的过程，开发能力和展品的质量逐步在提高，但观众对展品的要求也越来越高，表现形式生动的优质展品数量不足，"千馆一面"的展览难以满足观众的需求。而同时我国的科学技术近年来迅猛发展，信息化、数字化、自动化相关技术日新月异，载人航天、探月工程等众多方面取得了一系列的成果，这些高新技术有的还停留在陈列展示的阶段，可以说为转化为生动的展品从内容和技术上

提供了丰富的潜在资源。

展品表现形式生动化，一方面可以拓展和挖掘科学内容，加强与科研院所的联系，深入了解不同的学科领域，寻找新奇生动的现象，开发出有趣的新展品吸引观众；另一方面可以跟踪科技的进展，利用不断发展的信息化技术，改进完善现有的展示手段，提升观众的体验和展示效果。更多生动有趣的优质展品资源，将促进和提升科技馆科普的效果和水平。

2. 展览展品设计标准化，提高工作效率和质量水平

科技馆展览展品有自身的标准要求。由于观众数量巨大，大多数展品都是单件生产，批量化程度不高，强调互动操作和体验，参照其他已有标准制作的展品承受不了科技馆公众的频繁操作，也不能满足科技馆更高的安全和环保要求。因此，需要结合行业特点整体规划，加强对展览展品开发的研究和分析，通过调研国内外相关标准规范，总结、提炼出符合中国特色的展品研发和生产的规律、经验，探索建立多种类型的展览展品标准，形成一个完整的、独特的体系，贯穿科技馆展览展品开发全过程，包含管理、技术等多个标准，使得科技馆展览展品开发实现标准化。

一是制定项目管理标准。科技馆展品开发环节较多，一般需要经过创意策划、方案设计、技术设计、制作、验收、移交等多个流程，涉及的科技内容广泛，表现形式多样，技术集成繁多，需要考虑众多因素和特殊性。项目管理标准是各流程顺利进行的保障，是在国家法律法规范围内，为规范项目过程环节，提高项目质量和实施效率，保障展览项目的顺利实施，以工作流程、招投标办法、实施过程管理、资料管理等为对象而制定的一些标准。

二是制定通用技术规范。针对科技馆展品技术特点，为规范展品开发中的技术要求和技术参数，以科技馆展品开发的一般原则和某一技术领域的设计要求为主要内容而制定的标准，例如从机电要求上，解决系统设计要求、零部件选型要求、外观设计要求、外包装材料与工艺要求等；从互动媒体要求上，解决媒体的策划要求、脚本编制要求、页面（界面）设计要求、动画设计要求等。

三是制定专项技术规范。科技馆展品的操作机构、传动机构、电气电路、显示屏幕等部件的应用较为广泛，属于展品易损的通用功能部件，是衡量展品水平和质量、关乎观众参观效果和安全、决定展品完好率的重要因素。专项技术标准规定科技馆展品开发中某种特殊技术的专门要求、某种材料和零

部件的特殊应用、某种展品的特殊质量要求等标准，实现展品通用功能部件的设计与制作标准化，有利于展品装配调试、质量控制、后期维修等，促进展品规模化生产，为展品产业发展奠定基础。

四是制定标准化工作模板。在科技馆展品开发过程中，统一的文件格式及内容要求不仅可以简化控制环节，提高、深化设计水平，而且对于展品的最终实现以及维修工作能起到重要的作用。因此标准化工作模板为规范科技馆展品开发过程的文件格式，制定的各种设计文件标准模板，规定各种设计文件的数据格式、内容格式、图纸大小等。

3. 设计和服务信息化，充分运用互联网思维

信息化是以现代通信、网络、数据库技术为基础，对所研究对象各要素汇总至数据库，供特定人群生活、工作、学习、辅助决策等和人类息息相关的各种行为相结合的一种技术。使用信息技术后，可以极大地提高效率，为推动人类社会进步提供极大的技术支持。当前，我们正处在信息技术高速发展时期，这也为展览展品设计开发和服务提供了一个更大更广阔的平台。

通过官网、微信、微博等方式，请公众参与到展览展品的设计之中，分享整个开发过程，可将公众的好建议、好点子融入展览设计，使得展览展品设计完成时集成了多方智慧，更易受公众喜爱。同时，这种方式在未开展前就可达到为新展览和新展品做预热宣传的目的，使得更多的公众及时了解展览展品内容，科普内容的传播更加迅速便捷。还可在网上收集公众对已运行展览展品的意见和建议，不断完善和改进已有的展览展品，提升其展示效果，使之成为深受观众欢迎的精品。

充分利用信息化手段，打造具有展品在线协同交互设计及展示功能、实时通信等功能的共享平台，可促进科技馆展品研发行业（包括各级科技馆、企业、高校等）间的协同设计，从而有效提升创新展品研发的效率和成功率。同时增进展品研发设计人员的业务学习和交流，在实际的协同设计研发工作中，相互学习、相互启发、相互促进、取长补短，使全国科技馆展品研发设计人员的研发能力和设计水平得到普遍提升。

展览展品加强信息化应用。通过物联网技术、互联网技术，在展品上设置传感器、监控设备、条码、扫码器、电子说明牌等，可实现对展品智能开关机、运行监控、故障分析、知识拓展，观众行为分析、评价、分享等，充分实现观众与展品的双向互动，实现展品的智能管理和服务。

4. 教育立体化，扩大教育效果的广度和深度

充分利用互联网、信息化手段和展教衍生品等形式，让观众对学习的内容深度和学习的范围广度有更多选择的机会。依托常设展览，设计与展示主题或内容相贴切的教育活动区或开放实验室，强化"探索中心"功能，研发一系列与展区主题相关且侧重展示内涵挖掘或外延拓展的课程，形成展品、辅导员和观众之间的互动新途径；依托常设展览植入与展示主题或内容相贴切的创客空间，打造"创客中心"平台，提供基本的设备和耗材，开辟创新实践或创业活动，形成科学传播与创新创业的互动新途径；在展品基本功能上增加 AR、VR、扫码等形式，让观众深入了解展品背后的信息，延伸深度和广度，并可实现在馆外的学习，拓展学习的空间。注重展教衍生品开发，让观众把科技馆带回家。科技馆展教资源衍生品是指在科技馆中销售的，与科技馆常设展览、主题展览、临时展览、巡回展览及教育活动等内容紧密相关，并具有一定科普展示功能、纪念意义、艺术性和使用价值的商品，它以科技馆的展品及展教活动为依据，是对科技馆科普展教功能的有益拓展和延伸。观众购买科技馆展教资源衍生品绝对不仅仅是一次简单的购物行为或是参观留念，因为科技馆展教资源衍生品的一个重要特性就是具有科普展教功能，因此当观众将其买走后，实际上是把科技馆的展品和科普展教功能带回了家里，从而使观众在离开科技馆后仍能受到科技馆科普教育的影响，并在观众和科技馆间架起了一座桥梁，在两者间建立起一种长期的联系。

**（二）展览展品研发的内容创新**

1. 展品系列化，满足体系多层级需求

在中国特色现代科技馆体系中，实体科技馆是龙头，统筹流动科技馆和科普大篷车、数字科技馆，形成合力，为公众提供多层级的科普服务。展览展品开发中同时考虑实体科技馆、流动科技馆和科普大篷车、数字科技馆的展览需求，"一次开发、多重应用"，形成适应科技馆体系不同层级的系列化产品，实体馆、流动馆、科普大篷车、数字馆以及科普衍生品都可以应用。如"锥体上滚"的展品，在实体科技馆中演示功能丰富，形式多样，体量较大；在流动科技馆开发中将"锥体上滚"进行小型化设计，加上便于拆装运输的特性，获得较好的演示效果；在科普大篷车中开发小型便携的"锥体上滚"；在数字馆以虚拟的形式体验展品的科学原理并拓展与展品相关的更多内容；在科普衍生品种设计诸如桌上玩具的"锥体上滚"、钥匙链的"锥体上

滚"等。这样同一件展品，在设计中兼顾考虑体系多层级的需求，形成系列化展品。

可以利用信息化手段，进行多种形式和内容的展品展教功能系列化扩展，开发基于移动平台的数字化展教内容，如展品相关科学内容的微视频、在线知识问答等资源，供展览展品线上线下使用，用数字化丰富展览展品开发的系列化。

2. 内容多元化，服务于观众的不同需求

《全民科学素质行动计划纲要（2006—2010—2020 年）》目标中提出以重点人群科学素质行动带动全民科学素质的整体提高。展览展品需要针对未成年人、农民、城镇劳动者、领导干部和公务员等重点人群不同的需求特点规划设计展示内容。展览展品的内容要服务不同受众群体的需求。

在流动科技馆和科普大篷车中，主要面对县域和乡镇的居民，尤其是以未成年人为主，也包括当地的农民和城镇劳动者。2012 年中国科技馆协同山东、四川、青海、云南、贵州、新疆、甘肃、宁夏、陕西 9 个省（自治区）科技馆，对基层公众关心的科普内容进行调研，结果显示基层公众对天文学、航空航天、健康生活相关的内容关注比例都接近 90%，而对农业技术、生物技术的关注比例都不到 60%。大中城市的实体科技馆主要服务城市及周边的居民群体，还有部分旅游和外来务工人员，各方面要有所兼顾。2014 年 12 月中国科技馆对来馆参观的观众进行了抽样调查，观众希望在科技馆展出的科学内容结果显示天文学、航空航天和生命科学也排在城市观众关注的前列。

可见城市居民群体和县市、乡镇居民对科普内容的需求是共同点和差异共存的。城市居民由于接触各种媒体宣传多，进入各种场馆相对较频繁，兴趣面相对广泛一些；县市乡镇居民随着经济进步和互联网的普及，需求也更加地多元化。受众群体层级多，既有城市和乡镇人口的划分，又有成年、未成年的划分，还有不同职业的划分，需求多样。展览展品开发中针对不同的人群需求，结合实体馆、流动科技馆和科普大篷车各自展览的特点，有侧重的同时，进行多元化的开发。同时，利用数字科技馆的信息化手段，可以将各种丰富多彩的科普内容在网络上加以整合，形成完整的科普宣传体系。

**（三）展览展品研发的体制机制创新**

1. 加强激励机制，鼓励创新展品的研发

激励机制可调动展览展品研发活动主体积极性。部分展品企业固守现有的成果模仿复制，不愿意冒风险进行创新研发。科研人员的绩效考核完全依靠科研成果，有些科研人员害怕被讥讽为"科普专家"，不敢也不愿从事科普展品的研发，其工作也得不到单位的认可。这就需要调动展品研发企业与科技馆、院校的研发人员的积极性，设置各种奖励机制。在对企业和个人进行调查、分析和预测的基础上，设计各种奖励形式，包括创新展品奖、优秀展览奖等，提高奖金额度与等级，向社会公开征集，吸引优秀人才和企业参与到展品展览研发中来。

增加财政资金投入力度。优秀展览展品研发是需要投入大量智力和精力的一项复杂工作。从国家或至少是行业层面对经过实际运行效果检验的展览展品研发进行奖励和资助，是对其付出的回报、认可，更重要的是可以吸引更多的科技馆研发人员、院校研究所的科研人员、企业的技术人员投入这一工作中，激励研发工作的开展。国家应当将科普工作整体纳入高校研究所等单位的考核指标中，对科研人员的科普工作，尤其是科研成果转化成展览展品等科普资源的工作进行肯定认可，纳入职称评定和绩效考核的正式指标。中央财政优先鼓励科普产业项目贷款，给予一定年限的贴息，政府应出台相关的条例保证科普企业将一定比例的资金用于产品的研发。地方政府可以试点成立科普企业发展促进基金，支持科普企业的技术创新活动。

将科普展品研发项目纳入国家科技计划体系。将科普展品创新项目纳入"863计划"、科技支撑计划、重大专项、国家工程技术研究中心建设项目计划等重点领域的计划，将对科普展品创新产生极大的推动力。制定科技馆界的创新展品知识产权保护规定，保护创意产品，使企业去寻找突破点，自主创新科普展品。

2. 建立联合机制，形成产学研用相结合的展览展品研发优势合力

在展览展品研发中，科技馆是所有展览展品使用的主体，企业是"产"的一端，高校和研究所是"学研"的主体。科技馆是展览展品的使用方，熟悉展览展品运行规律和特性，了解社会及公众对展品的需求，但技术设计及生产实力不足，专业知识储备不足；企业作为展览展品的生产主体，具有技术设计和生产优势，但对展品的特性、需求及科学知识的把握不足；而高校研究所具有深厚的专业知识与技术的储备，但对科普展览展品的特点缺少了解，生产加工能力不强。

建立展览展品研发产学研用的联合研发机制，利用各自优势强强联合。

以科普需求作牵引，通过高校和研究所扩大企业和科技馆的知识存量，输送最新的专业知识与技术进行展品研发。科技馆和企业在展品使用和研发中提供知识、技术需求及实用效果反馈，为高校和科研机构的研究方向提供借鉴。产学研用提供了知识有效转移、资源交换和组织学习的可能，它们之间良性互动才能促进彼此间的共赢、发展和长期联合。在联合机制中建立合作、共享信息的渠道，降低展品研发的风险，将技术聚合，通过联合基础研究和应用研究，产生协同并提高合作方的经济和技术潜能，从而最终提高科普产业的竞争力。

以需求为牵引，通过技术转让、合作研发、共建实体、共同培养研究生、培训员工等形式，建立产学研用网络，打通院校研究所、科技馆、企业间的联合研发通道，理顺相互之间合作的关系，需求与愿望推动，效益共享分配，效果保证，形成产学研用联合进行展览展品研发的合力。

3. 完善服务机制，促进展览展品资源的共建共享

根据《中国科协科普发展规划（2016—2020 年）》，到 2020 年，推动地市级至少拥有一座科技馆，科技馆总数将超过 260 座，为此大量的中小科技馆还在不断建设中。而目前中小科技馆由于人员、技术的限制，尚不具备自己研发展览展品的能力，除依靠自身能力的提高外，还需要邀请实力比较强、经验比较丰富的大馆进行指导服务。如中国科技馆分别支持四川省芦山县科技馆、陕西省延安科技馆、黑龙江漠河极地主题馆等进行建设。但大量中小科技馆的建设不能单单依靠一两家大型科技馆进行指导服务，毕竟人员和精力有限，这就需要完善服务机制，建立分级辐射标准，国家级科技馆指导省、市级科技馆建设，省、市级科技馆指导县级科技馆建设。变单向的帮建、代建为联合研发，着力于帮扶促进研发能力的提高，使展览展品资源共建共享，研发过程和成果双方共享，切实提高受助方研发的积极性和能力。还可借助信息化共享平台，开展协同设计、集成展品信息检索、展品技术资料上传及下载等功能，将现有的优秀展览展品资源汇总，包括展品创意文件、效果图、机械及电路等技术设计图纸、多媒体资料、模块化展品设计素材、展品微视频等，供各科技馆借鉴学习使用。

本节执笔人：唐　罡　司　维　褚凌云　马　超　洪唯佳

单位：中国科学技术馆

# 第二节　科技馆教育活动开发

## 一、科技馆教育概述

### （一）科技馆教育的内涵

科技馆的建立与发展要追溯到博物馆。科技馆是由传统的科技博物馆和国际展览会经过几个世纪的演化而形成的。早期的科技博物馆大多拥有自己的藏品，其使命是收藏、展陈和教育（如法国国立技术博物馆）。20 世纪初，诞生了以德意志博物馆和芝加哥科学工业博物馆为代表的科学与工业博物馆，由注重收藏逐步转变为注重展示与教育，并引入了"做中学"的教育思想；尽管仍以历史题材的实物展示为主，但它首创的参与型展示和科学演示技术，改变了技术博物馆的性质和发展方向。① 科技馆（科学中心）正是在科学与工业博物馆基础上，随着当代教育发展的需求而发展起来的，在进一步强化教育功能的过程中形成了自己的特色，并与传统博物馆、科学与工业博物馆形成了很大区别，比如巴黎发现宫、旧金山探索馆等，其展品均是为演示科学原理或现象专门研制，基本没有历史性收藏，并将科学教育作为首要任务。从科技博物馆发展历程的演进中可以清晰地看到，"教育"在三代博物馆的发展历程中逐渐凸显并确立了其首要地位，"教育"不仅是科技馆对社会的责任，也是其首要的目标和功能。

那么，究竟什么是科技馆教育呢？我们可以从"教育"的概念和科技馆的本质入手进行分析。《新华词典》（2001 年修订版）中对于教育的描述是："以影响人的身心发展为直接目的的社会活动。"如果围绕教育的基本要素（教育者、受教育者、教育影响）来展开，可以将其定义为：人有意识地通过若干方法、媒介等形式向他人传递信息，期望以此影响他人的精神世界或心理状态，帮助或阻碍他人获得某些观念、素质、能力的社会活动。②

---

① 丹尼洛夫. 科学与技术中心 [M]. 商素珍，钱海莉，王恒，等，译. 北京：学苑出版社，1989：17.

② 百度百科. 教育 [EB/OL]. （2016 – 03 – 09）[2018 – 05 – 09]. http：//baike. baidu. com/link?url = CSFWMJdUpKNGqHBjwDxTP _ SSgRrz9WBOk9Dv2H09rATsekEbiDtx – OYBcJNL0JZh4BcU6LmDP – – fl8ZOVyUQvq.

科技馆教育最基本的载体是科普展览/展品及教育活动与相关资源，其目的是进行普及性科学教育和科学传播。由此，我们可以说科技馆教育是广义的概念，它是指由科技馆组织实施的、以展览/展品或教育活动及相关资源为载体、面向公众开展的各种普及性科学教育、科学传播等各类工作的统称。科技馆教育以展览为核心，有意识地通过创设情境，引导观众在互动参与和自主学习中，进行科学实践并获得直接经验，从而促进人的全面发展。

### （二）科技馆教育的基本要素

教育的基本要素包括教育者、受教育者和教育影响，其中教育影响是指置于教育者和受教育者之间的一切中介的总和，包括作用于受教育者的影响物及运用这种影响物的活动方式和方法，是教育实践活动的工具，主要包括教育目的、教育内容、教育手段、教育组织形式、教育环境等。从上述角度出发，根据科技馆教育的内涵，我们认为其基本要素主要包括以下几个方面。

#### 1. 教育内容

科技馆的教育内容以自然科学（通常指数、理、化、天、地、生学科）为主，注重自然科学与人文社会科学及艺术等的结合。它不应仅仅关注传播科学知识，更应该让观众了解知识背后的科学方法、科学思想和科学精神，同时将跨学科概念和学科核心概念传达给观众，并积极与人文教育相互融合，从而使科技馆的教育功能得以充分实现。从科技馆展教思想的变迁来看，展品及教育活动的设计逐步突出培养观众的观察、思维和实践能力，即科学方法和科学思维等。从提高公众科学素质的总体任务来看，观众参观后掌握了多少知识并不是最重要的，重要的是使观众通过参观展览，激发起对科学的兴趣，并形成某种科学的意识和观念。从大众传播学的角度来看，大众传播不强调知识的系统性，而在传播价值、行为规范等方面具有更重要的作用，对于科技馆而言，尤其应发挥在传播科学方法、科学思想、科学精神方面的优势。

#### 2. 教育目标

我国的《全民科学素质行动计划纲要实施方案（2016—2020年）》以全面推动我国公民科学素质建设，筑牢公民科学素质基础为宗旨。科技馆教育也应以提高公众科学素质为根本目标。尽管一个具体的教育活动不可能完成如此宏大的目标，但是应该以此为指向，激发公众科学兴趣，启迪公众科学思维。具体来说，在 1996 年的美国《国家科学教育标准》中，强调要保持学生对于科学的好奇心，帮助学生发展三种科学和理解能力：学习科学的原理和概念，获得科学家的推理和程序技能，理解科学作为一项特别的人类事业所包含的本质。① 这之后，逐渐形成了"知识与技能，过程与方法，情感、态度、价值观"的"三维化"教育目标。这不仅是学校科学教育的教学目标，也是科技馆教育的目标，并且它与构成公民科学素养的三个层次（科技知识与技能、科学意识与方法、科学世界观）相契合。②

3. 教育手段

教育手段是指教育者将教育内容作用于受教育者所借助的各形式与条件的总和，包括物质手段、精神手段（教学方法）等。在物质手段方面，科技馆教育以展览展品、教育活动、多媒体和信息网络、特效影视等为主要手段创设情境，传播信息。在精神手段即教学方法方面，科技馆以观众为主体，引导公众在互动体验或参与实践的过程中，以自主学习和自我教育方式为主进行探究式学习，观众所获得的知识并非来自灌输，而是通过亲身实验、亲自观察、亲历探索而得来的。

4. 教育范畴

科技馆教育的核心阵地是实体科技馆。但随着社会发展及科技馆教育的外拓，科技馆教育也产生了其他场所。一是科技馆走出去，到学校、社区等开展教育活动，这也属于科技馆教育范畴，因为这是以科技馆为主体开展的教育；二是流动科技馆、科普大篷车、临时展览等，都是由实体科技馆推动，将展览办到其他地方，这些展览及配套的教育活动也是科技馆教育，这是科技馆教育的向外拓展；三是科技馆网站、数字科技馆或其他形式的数字科普服务形式，这是网络时代科技馆教育的延伸；四是虚拟科技馆、远程教育等，这是科技馆教育运用现代信息技术服务于终身学习、泛在学习的一种拓展或努力。

5. 教育者与受教育者

科技馆鼓励公众体验科学、探索科学，公众在科技馆中参与形式多样

---

① 美国国家研究理事会科学、数学及技术教育中心《国家科学教育标准》科学探究附属读物编委会. 科学探究与国家科学教育标准 [M]. 罗星凯，张美琴，吴娴，等，译. 北京：科学普及出版社，2010：Ⅱ-Ⅲ.

② 中国科技馆课题组. 科技馆创新展览设计思路及发展对策研究报告 [R]. 中国科协 2011 科普发展对策研究项目，2011.

的教育活动。在这些活动中，公众参与的方式不同，公众与科技馆工作人员的关系也相应不同。在自主参观展览等活动中，公众与科技馆工作人员之间并无明确的师生关系。而在其他观众在科技馆工作人员组织、辅导下参与的活动中，二者之间则是非正式的师生关系。但在这种非正式的师生关系下，科技馆工作人员的角色和作用也在随着时代的发展发生着变化。早期单纯讲授形式的活动中，科技馆工作人员是进行教学的教师角色；后期的科学实验、动手制作等活动中，科技馆工作人员主要是辅导和引导观众探索；目前，科技馆工作人员则主要以帮助观众自主探索和创造的支持者的角色为主。

### （三）科技馆教育的特点及发展趋势

1. 科技馆教育的属性和特点

作为以科技馆为平台，或在科技馆环境中发生的教育，科技馆教育与其他环境中的教育有何区别？通常我们会在正规教育、非正规教育和非正式教育的范畴下，将科技馆教育与其他教育形式进行比较，从中更好地理解科技馆教育的属性和特点。

（1）正规教育　根据联合国教科文组织的定义，正规教育是指以等级和分数定级为特征的、从小学升至高等教育机构的教育体制。[①] 它是高度结构化的。显然，包括小学、中学、大学及研究生教育等在内的学校教育都是正规教育。

（2）非正规教育　非正规教育是指在正规教育体制之外，针对特定学习对象的有组织、有目的的教育活动。[①] 比如在科技馆、博物馆、植物园、青少年活动中心等场所开展的大部分活动。

（3）非正式教育　非正式教育是指从日常生活经验和生活环境（家庭、工作单位、社会）中学习和积累知识技能，形成态度和见识的无组织、无系统的终身过程，比如家庭教育中的读书、观看电视电影、与人做有意义的交谈等。[②]

对于 3 种教育类别在目的、方案、过程、内容、方式、效果和师生关系等方面存在的具体差异可见表 7 - 1。

---

① 郭寄良，刘懿. 非正规教育视野下的科技馆教育 [J]. 科协论坛，2009 (7)：43 - 45.

② 吴遵民. 关于完善现代国民教育体系和构建终身教育体系的研究 [J]. 中国教育学刊，2004 (4)：42.

表 7 - 1　正规教育、非正规教育、非正式教育差异表

| 项　目 | 正规教育① | 非正规教育② | 非正式教育③ |
|---|---|---|---|
| 目的 | 有明确目的 | 一般有目的且较明确 | 一般目的不明确 |
| 方案 | 有规定的教学大纲、教材和教案 | 有方案 | 无方案 |
| 过程 | 有组织、有计划、有预定的连续课程 | 一般有组织、有安排 | 随机、无组织 |
| 内容 | 高度结构化、系统化 | 存在结构和逻辑的系统性 | 零散、随机、不系统 |
| 方式 | 有设计、有安排 | 有设计、有安排 | 一般无设计 |
| 效果 | 有明确要求、通过正规的考试进行评估、有规定的毕业标准 | 有要求、可预期、可评估 | 要求少、不确定、难以评估 |
| 师生关系 | 正式、明确的师生关系 | 部分有教学、指导或辅导性的非正式的师生关系 | 无明确师生关系 |

　　科技馆的教育属性可从两个角度来进行分析。其一，从科技馆角度来看，无论是展览还是活动，对于教育目的和教育效果都有明确的设定和要求；展览以及参观辅导、实验表演等各类教育活动在脉络、环节等方面都有详细具体的设计，体现了系统性、计划性和组织性；并对教育效果实施评估。这种科技馆教育不像学校教育那样结构化，也不像日常读书、谈话那样随意，它是一种系统性随机教育，即有预先设定的、比较系统的、实用性的教育目标

---

　　①　正规教育的相关特点部分来源于：互动百科. 正规教育 [EB/OL]. (2016 - 03 - 05) [2018 - 05 - 06]. http：//www. baike. com/wiki/% E6% AD% A3% E8% A7% 84% E6% 95% 99% E8% 82% B2。

　　②　对非正规教育的相关特点部分参考：朱幼文. 科技馆教育的基本属性与特征 [EB/OL]. (2014 - 12 - 08) [2018 - 05 - 08]. http：//xueshu. baidu. com/s? wd = paperuri% 3A% 28726779846382889 5844ecf0f9a4ddef4% 29&filter = sc _ long _ sign&tn = SE _ xueshusource _ 2kduw22v&sc _ vurl = http% 3A% 2F% 2Fwww. doc88. com% 2Fp - 7354055813175. html&ie = utf - 8。

　　③　对非正式教育的相关特点部分参考：朱幼文. 科技馆教育的基本属性与特征 [EB/OL]. (2014 - 12 - 08) [2018 - 05 - 08]. http：//xueshu. baidu. com/s？ wd = paperuri% 3A% 28726779846382889 5844ecf0f9a4ddef4% 29&filter = sc _ long _ sign&tn = SE _ xueshusource _ 2kduw22v&sc _ vurl = http% 3A% 2F% 2Fwww. doc88. com% 2Fp - 7354055813175. html&ie = utf - 8。

和内容；需要系列化的教育材料和工具的支撑，但不需要稳定的时间和固定的场所支持，学习方式多样化；会对学习效果进行评估，但一般不需要采用正规化的考试来评定。从这一角度来看，科技馆教育当属非正规教育，这种教育方式也更加有助于提升科技馆教育效果。其二，科技馆仍会有大量观众以非正式教育的方式参观科技馆，他们在科技馆中通过无明确学习目的、无设计、无安排的参观和休闲过程感受科技之趣、科技之美，并获得知识、方法、情感、价值观层面的学习效果，但非正式教育绝非科技馆教育的主流。①

从另一个角度来看，也可以将科技馆教育放置在终身教育这一更大的背景下思考。终身教育是指人在一生各阶段中所受各种不同类型教育的总和，包括教育体系的各个阶段和各种方式，既有学校教育，又有社会教育。其中的社会教育，广义的是指一切社会生活影响于个人身心发展的教育；狭义的社会教育则指学校教育以外的一切文化教育设施对青少年、儿童和成人进行的各种教育活动。社会教育直接面向全社会，又以社会政治经济为背景，具有更广阔的活动范畴，形式灵活多样，没有制度化教育的严格约束性。显然，科技馆的教育当属社会教育。

目前，发达国家的学校教育、科技馆教育已趋于融合，二者之间的界限也在逐步被打破。例如，学校在利用科技馆中的实践活动，科技馆中的学习环境同样可以成为课堂场地。② 从这种视角来看，真正的问题更在于如何使二者互补。因此，科技馆教育作为学校教育的有益补充，必须紧密结合学校教育实际，更好地实现双方的对接，营造立体的终身教育网络，发挥更大的效果。③

在科技馆中，通过展品、文字、图片和视频等的设置，有意识、有目的地创设出学校和家庭难以提供的情境，从而在结构化的环境中提供"非结构化"（相对于学校教育而言）的学习方式，但这种学习的方式是参观者可以根据自身的经验、兴趣自由选择的，参观者在实践和体验中形成自身知识和经验的建构。因此，中国科技馆研究员王恒等人认为，科技馆教育的基本特征

① 李博，常娟，龙金晶. 科普基础设施"十三五"规划前期研究——"全国科技馆发展研究"子课题：科技馆教育活动发展研究报告 [R]. 内部资料，2014-12：12.

② 郑奕，陆建松. 博物馆要"重展"更要"重教"[J]. 东南文化，2012（5）：101-109.

③ 单霁翔. 从"馆舍天地"走向"大千世界"——关于广义博物馆的思考 [M]. 天津：天津大学出版社，2011：76.

是：模拟再现科技实践的过程，为观众营造从实践中进行探究式学习的情境，从而使观众获得"直接经验"。① 具体而言，科技馆教育是：

（1）基于兴趣的教育　场馆中具有较强互动性和趣味性的展品或活动，往往可以激发观众的兴趣，奇妙的现象则有助于引起观众的好奇心，这种兴趣与好奇心的驱动，成为科技馆教育发生和维持的主要契机。

（2）情境化的教育　科技馆利用多样化的展品、展示手段、活动和教育资源，营造出学校和家庭无法提供的空间环境和学习中介②，模拟再现科技实践的过程，将科学以更加直观的形式向公众输出，使参观者的学习更加具象和生动。

（3）自主选择的教育　学校教育对于学习内容、学习方式和学习结果都有严格的规定，而在科技馆中，参观者可以自由选择学什么、如何学、学多久、和谁一起学，具有了更多的自主空间。

（4）获得"直接经验"的教育　人类的学习途径主要有两条：一是从书本中学习，获得的是"间接经验"；一是从实践中学习，获得的是"直接经验"。科技馆的参与体验型展品和活动，恰恰为观众提供了在实践中体验和学习的过程，它使观众获得的正是"直接经验"。

（5）跨学科整合模式的教育　随着创客运动的日渐风靡，我们更加强调创客的兴趣驱动、动手实践、创意创新的核心品质。科技馆教育也相应推进跨学科知识融合的 STEM 教育，促进公众综合能力的提升，从而更好地培养其创新精神与实践能力，促进创新型人才的成长。

2. 科技馆教育的演进与发展趋势

在科技馆漫长的历史发展过程中，随着其目的和功能定位的逐步发展，科技馆教育也在不断创新与发展。

（1）教育目标　1993 年，作为美国科学促进会"2061 计划"的核心著作之一，《科学素养的基准》将对于科学的态度和价值观作为科学教育的重要目标。③ 随后，科技馆教育逐步在传播知识与技能的同时，更加关注过程与方

---

① 朱幼文. 科技馆展览设计导论. 中国科学院研究生院人文学院 2011 级科学传播与新闻专业科技馆科学传播方向在职研究生课程进修班讲义，2012.

② 鲍贤清. 场馆学习：一个有待关注的学习形态 [J]. 上海教育，2014（6）：70 – 71.

③ 美国科学促进会. 科学素养的基准 [M]. 中国科学技术协会，译. 北京：科学普及出版社，2001：209 – 214.

法，并努力上升到情感、态度、价值观层面，同时更加注重科学教育与人文教育的相互融合。这种教育目标的变化在科技馆教育的各种形式中均有所体现。20 世纪 80 年代后，国际科技博物馆界兴起的"主题展开式展览"概念与教育活动的强化，正是追求"情感、态度与价值观"和科学意识、科学世界观等高层次教育目标的体现。① 当下，各国对于提升公民综合能力和创新能力给予了前所未有的关注，我国 2015 年政府工作报告中指出，要推动大众创业、万众创新。《全民科学素质行动计划纲要实施方案（2016—2020 年）》也提出，要促进创新创造，激发大众创业创新的热情和潜力，适应创新型国家建设。在这样的大背景下，科技馆教育目标也应与时俱进，未来将进一步注重对于观众综合能力和创造力的培养，这反映了当代科学教育、科学传播和公民科学素质建设的发展大趋势，也是今后科技馆教育目标应选择的方向。②

（2）教育手段　随着技术的不断进步以及教育理念的更新，科技馆的教育手段也发生了相应演进。在物质手段方面，从早期的语言和文字，到后来实验、表演、影视、计算机和网络等不同平台、不同设备的综合运用，使科技馆教育手段愈加丰富。新的时代，技术发展日新月异，在 2017 年《地平线报告》中，分别将物联网和人工智能作为中期和长期内的关键技术给予了关注，并对其对于教育带来的影响进行了预测。这些关键技术将在未来对学习者的学习特征和学习模式等产生影响，科技馆应充分利用这些新的技术手段为学习者深度学习和个性化学习提供更多可能的服务。在教学方法（精神手段）方面，20 世纪末以来的美国第三次科学教育改革中，先后明确提出了"以探究为核心的科学教育"③ 和"以基于实践的探究式学习为核心的科学教育"的理念，同时关注"跨学科概念"和"学科核心概念"。与此相对应，科技馆教育方法也逐渐形成了以"基于实践的探究式学习"为最大特色的教学方法。同时，目前被广泛提及的 STEM 教育理念和跨学科整合模式，也为科技馆教育方法提供了新的思路，今后，基于此开展的 STEM 教育活动或创客活动将获得更多的发展空间，以促进公众综合能力和创新能力的提升。由

① 龙金晶，刘玉花. 世界科技博物馆教育的角色演变与发展趋势研究 [J]. 自然科学博物馆研究，2016（1）：27–34.

② 李博，常娟，龙金晶. 科普基础设施"十三五"规划前期研究——"全国科技馆发展研究"子课题：科技馆教育活动发展研究报告 [R]. 内部资料. 2014：14.

③ 丁邦平，罗星凯. 美国基础科学教育改革主要特点——兼谈加强我国科学教育研究 [J]. 首都师范大学学报（社会科学版），2005（4）：98–103.

此，科技馆教育逐渐发展成综合利用多种手段协同开展的教学过程。科技馆教育形式也相应从单一化向多样化发展，展览、表演、培训、讲座、影视、网络之间共同发展，相互融合与促进。

（3）教育对象 由于公众有着不同的教育背景、不同的经历、不同的兴趣、不同的性格甚至不同的语言，这些差异将对教育效果产生潜在的影响，因此国际上很多知名科技馆都非常重视受众研究，通过对观众的全面了解和分析，从多个层面将对象做出细致划分，从而使"观众"不再是一个模糊的概念，而是由许多个性鲜明的个体组成的一个复杂群体。随后再从不同类型观众的认知规律、心理特征和具体需求出发，设计切实可行、针对性较强的教育项目。比如，英国博物馆就根据观众类型的不同，如个体观众、成人团队、家庭团队、教育团队和有特殊需要的群体，制订不同的教育方案和配套的服务措施。除细分化外，科技馆教育对象范畴在未来还需要进一步扩展，尤其在我国，大部分场馆仍以学校学生，尤其是小学生为主，而为了顺应全民科普、终身教育的时代需求，需要进一步将教育对象进行面向初高中学生和面向成人的向下、向上延伸。

（4）教育过程 教育过程不局限于观众的场馆活动阶段，也应包括活动前和活动后两个阶段。这三个阶段不是绝对分割的，而是一以贯之、环环相扣的一个系统，因此必须进行一体化管理，如此才能达到教育成效的最大化。[①] 因此，对观众参观前、中、后三个阶段的教育过程进行一体化规划、实施与管理，逐渐成为科技馆教育的发展趋势之一。观众在参观前可通过网络和其他媒体等途径为自己选择最喜爱、最适宜的展览和活动内容，并对相关内容进行"预习"，以更有针对性、更有效果地参观展览和参加活动；而在参观之后，科技馆可为观众提供延伸、拓展的科学资料，以巩固和深化参观的教育效果。此外，信息网络及远程教育的应用，也将使科技馆的教育过程在今后逐步打破时间、空间的概念，灵活地将线上与线下的教育有效整合，巧妙地对教育过程进行安排，从而使教学过程更加开放和多元化。

## 二、科技馆教育活动的主要形式

在科技馆教育这一广义概念下，我们继续对"科技馆教育活动"这一常

---

① 郑奕. 科学的博物馆教育活动组织管理模式［J］. 中国博物馆，2013（3）：64 – 72.

见概念进行探讨。

科技馆教育活动是狭义的概念，是指科技馆开展的各种普及性科学教育/科学传播活动（以下简称"科普教育活动"或"教育活动"）。显然，科技馆教育活动是科技馆教育的一部分。[①] 它与展览、展品并列为科技馆教育功能的最主要载体，是科技馆运行的核心工作。

近年来，随着我国科技馆行业对自身工作的重视，呈现出了各种各样的科技馆教育活动形式，如科普实验、科技动手制作、主题活动、科普讲座、科技论坛、与专家面对面活动、科技竞赛、科普剧表演、外展教育活动、科技工作室、科学俱乐部等。

但是，上述列举的很多活动形式都存在着交叉和交汇，目前对于科技馆教育形式也没有统一、明确的分类。在此，我们可以结合科技馆教育的特点和发展趋势，从活动形态、开展平台、面向对象等不同的角度对科技馆教育形式进行划分。[②]

**（一）以活动形态分类**

按照活动形态或活动内容的不同对科技馆教育进行划分，是较为常见的一种分类方式，主要包括以下内容。

1. 展览辅导类

展览辅导类主要是指展览讲解、展览辅导等活动。即工作人员与公众针对展项进行面对面的语言交流，因人施讲，完成对展项操作、科学原理、科学应用等内容的辅导介绍，满足公众来科技馆参观学习的需求，从而充分发挥展览展项的教育效果。

2. 科普培训类

科普培训类主要是指小实验、小制作等教育活动。即在科技馆工作人员指导或协助下，公众参与创意、设计、制作、实验等过程，让公众"动手做、做中学"，从不同角度观察和体验科学，培养创新精神和动手实践能力。

3. 科学表演类

科学表演类包括实验表演、科学秀、科普剧等活动，它将科学现象、科

---

[①] 朱幼文. 科技馆体系下科技馆教育活动模式理论与实践研究课题：科技馆体系下科技馆教育活动模式理论与实践研究报告 [R]. 内部资料，2015-08：2.

[②] 本文对科技馆教育的第一、二种划分参照：中国科技馆. 科技馆教育活动发展研究报告 [R]. 2014-12：3。

学原理和应用，以互动表演的形式，直观、生动地展示在公众面前，并在表演中调动公众积极参与，身临其境地体验科学、感受科技，激发对科学的兴趣。

4. 对话交流类

对话交流类是科技馆为专家与公众，以及公众之间搭建相互交流科学问题的平台，主要包括科普报告、科普讲座、脱口秀、科学家与青少年面对面等活动。

5. 科学游戏类

科学游戏类主要包括角色扮演游戏、竞技游戏等活动形式，通过游戏化的方式，提升活动的趣味性、互动性和参与性，增强活动对观众的吸引力，使观众在游戏中获得知识和启迪，是深受儿童和青少年喜爱的活动形式。

6. 科技竞赛类

科技竞赛类是针对一些对某个领域或学科有特殊兴趣的特定群体开展的有组织、有计划、有一定规模的科技赛事，例如青少年科技创新大赛、机器人竞赛、知识竞赛、发明竞赛等教育活动。

7. 科技考察类

科技考察类是组织观众对自然环境、科研机构、科技工程、生产现场等进行实地考察的教育活动，使观众在不同的环境下对相应知识、过程、方法产生直观具体的认知，促进其理解和学习。

8. 综合活动类

综合活动类主要是指采用 2 种以上 1~7 类活动的教育活动，比如夏/冬令营、"科技馆进校园"、"科普日活动"等。

**（二）以平台或资源分类**

技术的不断进步和教育理念的更新，促进了科技馆教育手段的演进，也极大地拓展了教育活动开展所依托的平台和资源，从而衍生出了一些新的科技馆教育活动形式。

1. 依托展览平台或资源开展的教育活动

科技馆教育以其参与体验型、动态演示型展览展项为主要载体，为充分发挥展览展项的教育效果，必须紧密依托展览展项资源设计，开展教育活动，如展览辅导、主题参观等。

2. 依托教室平台或资源开展的教育活动

目前，大部分科技馆开设有科普教室、活动室、实验室，并基于此类平台或资源开展科技培训、科学俱乐部、科学实验室等活动，为公众提供开展动手实践、科学研究的场所，以及专业的科技馆教师和科普专家的指导。

3. 依托网络平台或资源开展的教育活动

计算机、互联网技术越来越多地融入科技馆教育活动之中，依托网络平台或资源开展虚拟参观、网络征文、网络科技游戏等教育活动，将有助于扩大科技馆教育覆盖面，拓展新的空间、新的内容和新的形式，挖掘潜在观众，同时使公众对于信息技术有进一步的了解和认知。

4. 依托影视平台或资源开展的教育活动

这一类主要是指依托特效影院、具有普及性科学教育和科学传播作用的影视作品等平台或资源开展的教育活动。

5. 依托其他平台或资源开展的教育活动

除上述平台或资源外，还有依托其他平台资源开展的诸如流动科技馆、科普大篷车等教育活动。

**（三）以面向对象分类**

公众背景的差异影响着其对科技馆教育的需求和教育的效果，重视受众研究已逐步成为科技馆教育的发展趋势，根据面向对象的不同对科技馆教育进行划分，有助于针对不同群体设计具有针对性的教育活动，满足观众需求，提升活动效果。鉴于观众群体复杂，难以全面细致划分，故此处以中国科技馆为例，选取典型观众群体，对科技馆教育项目进行划分。

1. 家庭（亲子）教育项目

家庭（亲子）教育项目主要为 3～12 岁儿童在家长带领下参加的家庭或亲子活动。科技馆通过制定家庭参观手册，举办讲座或亲子活动，引导家长怎样为孩子讲解展品，同孩子在参观和活动中共同体验、学习。所有的儿童活动项目都将参观与动手结合起来，以增强对儿童的吸引力。

2. 教师项目

教师项目是针对学校教师设计的教师培训、选修课等，帮助他们在科技活动设计与开发方面提升专业技能，善加利用科技馆资源开展科学教育活动，同时提供学习单、教师手册、资源包等教具和大量信息资源，起到积极辅助学校教育的作用。

3. 学龄前儿童教育项目

学龄前儿童教育项目是针对学龄前儿童设计的教育活动。科技馆结合儿童认知水平、心理特点和生活实际，开展角色扮演、科学表演、科学故事会等易于被儿童接受的教育活动，以激发其兴趣，促进其理解。

4. 学生项目

学生项目是针对 18 岁以下学生的教学活动。科技馆参考学校教学大纲制订详细的活动方案，开发相关教学资料，组织学生在展厅上课或开展课外活动，也为有志于科学研究和创新的学生进行指导，并将相关活动和资源送入中小学校，使科技馆教育与学校教育进一步融合。

5. 成人教育项目

成人教育项目是面向 18 岁以上成人（包括老人）的教育活动。科技馆以场馆展览展项为主要资源开办各类主题活动或各种讲座，甚至可以送至社区、公司等场所举行。

## 三、科技馆教育活动的开发、实施与管理

科技馆教育的开发、实施与管理是一项系统工程，涉及活动策划与设计、组织实施、宣传推介、活动评估等多个环节。

### （一）科技馆展厅教育活动的开发与实施

由于基于展厅资源的教育活动是科技馆教育最为重要的形式，故此处主要以展厅教育活动为例对其开发与实施进行介绍。

从活动前、中、后三个阶段的角度，对各个环节进行一体化、全过程的规划与管理，将有助于科技馆教育效果的充分发挥。对于教育活动的开发与实施，在全过程管理的各个阶段，其目标和任务各有侧重。一般来说，活动前阶段主要为适时给予观众引导和扶持，使其有目的地对自身参观活动进行规划和准备，不仅吸引他们前来，更让他们有备而来，从而优化实地参观活动效果。活动后阶段，则以寻求机会、延伸馆内学习、加强观众的学习体验为主，比如利用家庭导览手册，引导发挥创意，在家庭中开展相关讨论、动手制作，或与朋友分享场馆活动心得，等等。对于场馆参观阶段的活动开发与实施，作为三阶段中的主体，将在此进行详细阐述。

1. 教育活动开发原则

基于活动特点，结合国家、社会和科技馆建设与发展的需要，教育活动

的设计应遵循以下原则。

（1）基于展览及展品的原则　以展览展品为基础开发教育活动，既可以紧密依托展品固有的知识链、故事线开发主题化、系列化的教育活动，也可以依托展品单独设计新的主题。

（2）注重体验和探究原则　通过利用展厅环境和相关展品，营造学习情境，引导公众在参与、互动的过程中，主动探究，获得知识和启迪。

（3）坚持差异性原则[①]　教育活动的设计充分满足不同年龄、性别、知识结构和文化背景的公众对科学的需求。

（4）跨学科原则　以跨学科的思维整合利用各个学科、各类知识和技能，促进公众用多维和系统的观点理解和联系科学知识，形成多角度的思维方式和方法，从而更好地提升其科学素养。

2. 教育活动开发流程

开发一个好的教育活动需要有科学规范的流程，有适宜的策略和方法去实现教育目标，并有效判断活动是否达到预期效果。

（1）研究阶段　研究阶段主要对展览、展品或相关资源进行文献、素材的收集研究与分析。这是确定教育活动目标、主题、内容和形式的重要依据。举例如下：

展品（或相关资源）包含的科学原理有哪些？哪些是主要的，哪些是次要的？

该原理是谁通过何种方法和过程发现的？其发现过程体现了哪些科学方法、科学思想、科学精神和科技与社会的关系？

该发现有何应用？产生了哪些科技、经济、文化、社会影响？

该原理与展品演示的现象有何关系？什么现象可使观众通过体验实现认知？

展品是否可演示这一现象？如果不能，是否可通过辅助器材加以呈现？

这些都需要通过在研究阶段进行前期研究加以解决，并对教育活动设计发挥决定性的影响。

（2）策划阶段　在策划阶段，对活动的受众、主题、目标、资源等进行

---

① 中国科技馆. 中国科学技术馆教育活动方案［R］. 内部资料，2009 – 07.

清晰的界定①；要明确观众的特点与需求，从而建立教育目标；并且要分析确认活动实施的环境，对预算、资源、人员等约束条件加以考虑，进行评估并明确活动中最为重要的影响因素。在此阶段，需要回答下列问题：

1）谁是活动的受众，他们有什么特点？——受众分析

2）活动选取何种主题？如何与场馆的定位和使命相一致？——主题选取

3）希望受众在活动结束后产生哪些变化（知识、技能、情感）？——目标分析

4）教育活动的实施条件如何（包括经费、工具、人员等）？——条件分析

5）有哪些资源、实施渠道或合作单位可以选择利用？——资源分析

6）活动要在什么时限内实现完成？——时间分析

（3）开发阶段　开发阶段主要开展以下工作：活动内容的细化、形式和方法的选择、活动方案的制订、辅助资源的开发等。这一阶段应该是对教育活动进行系统、详细的设计的过程。"系统"意味着有逻辑地、条理清晰地制定教育活动的组成架构、活动内容大纲、活动计划和策略，从而保证活动目标的实现；"详细"意味着教育活动的设计必须关注细节，以保证每个活动环节清晰明确、便于操作和实施。

1）活动内容的细化是从相对广泛的主题聚焦、精练到特定内容的过程。这一过程并不意味着需要把与活动主题相关的所有知识和技能都传递给受众，而是要突出最重要的东西。

2）在活动形式的选择上，可以依据展品（展览）本身的内容和表现形式，也可以根据活动的主题和内容，并结合活动受众的特点及活动平台等环境条件来进行。比如，对于能够演示真实科学现象的展品，可以选择如同进行科学实验一样的体验式、探究式活动；对于儿童和青少年，可以采取游戏化的形式；在条件适宜的场地环境中，可以表演科普剧或进行科学表演等。

3）教学方法应结合活动内容及受众特点进行选择。比如，对于具有一定知识基础，分析、思考等综合能力较强的高年级学生，可以采取探究式或STEM 跨学科整合模式开展活动；而对于年龄较小、好奇心较强、知识积累不

①　王珊珊. 六西格玛方法在科技馆教育活动中的应用［C］. 中国科普理论与实践探索——第二十一届全国科普理论研讨会论文集. 北京：科学普及出版社，2014（7）：376－381.

够的低龄儿童，则可以采取体验式和情境化教学的方法。

4）活动方案制订环节需要编写形成格式规范、内容全面的教育活动方案或教案，这也是开发阶段的成果显现。在制订方案（或编写教案）的过程中，需要基于研究、策划阶段中对于相关各种因素的分析，合理调配和计划，明确活动目标、活动流程、活动架构等，作为活动开发的依据。如果是编写活动教案，还要对活动设计意图、活动受众学情分析、活动教学策略等内容进行清晰、具体的介绍。

5）辅助资源开发需要创建活动实施过程中所需的活动脚本、活动手册、活动道具等资源和材料，并对活动中一些具体细节进行进一步细化和落实。条件允许的情况下，可以通过测试和反馈进行完善、改进，为活动实施做好准备。

3. 教育活动实施流程

在实施阶段，主要包括对实施者进行培训、工作人员职责划分、活动资源调配、组织观众参与几个步骤。

（1）对活动的组织实施人员培训　明确教育活动的目标、内容和形式，活动流程和关键环节、活动的组织方法和注意事项等。

（2）对各人员的工作职责进行明确划分　明确责任，确定主体，有助于高效、顺畅地沟通和协调，便于相互对接、支持和配合，以保证活动顺利有序进行。

（3）调配活动资源　需要确保活动器材准备完成并可以正常使用，如印刷品、动手器材、工具、视频、软件、网络、设备等。

（4）观众组织　包括吸引、安排受众参与，引导或辅导他们使用活动提供的资源进行体验等。

4. 教育活动实施注意事项

教育活动的实施涉及工作、人员众多，在此过程中应注意以下事项。

（1）活动安全　有序组织观众，控制现场观众流量，确保活动参与者的人身安全，保证活动场地、设备、物资的安全管理和使用，避免意外伤害事故以及财物的丢失损毁等情况发生。

（2）活动协调　活动过程中与相关单位、部门、人员之间有效沟通，确保有关信息传递的准确、及时，保证各项工作的顺利落实。

（3）活动保障　做好活动涉及的餐饮、住宿、交通、财务等保障性工作，全面、细致地了解各项需求规定并妥善安排处理，确保活动顺利开展。

（4）活动应急处理　对活动过程进行全局把握，认真梳理、排查可能存在的不安全因素，做好应急预案，以便有效控制和处理教育活动实施过程中的各种风险事件。

### （二）科技馆其他教育活动开发与实施的总体要求

其他类型教育活动的开发实施流程与展厅教育活动大体相同，但因受众群体和依托平台的不同，开发原则和侧重点略有差异，在此不一一赘述，仅对其他教育活动开发与实施的总体要求进行简要概括。

1. 系统规划

将教育活动作为一个项目进行活动前、中、后的整体规划，全面考虑，搭建整体框架，实行全过程管理。将教育活动系列化，注重各活动主题的关联和衔接，注重内容的环环相扣和循序渐进，时间布局上具有连续性；具体活动项目从活动对象、活动目标、活动内容、活动方式、实施步骤、效果反馈和搜集、活动效果改进等各方面全面考虑。[①]

2. 需求导向

需求导向是指不仅要满足和呼应观众需求，还要注重引导观众需求。教育活动的设计要符合国家、社会和科技馆建设与发展的需要；从观众的认知水平、心理特点出发，有针对性地开展活动，充分满足不同年龄、知识结构、文化背景观众的个性化需求；针对科技突发事件、热点事件和公众共同关心的问题建立积极、快速、高效的互动机制，满足公众的心理需求。在满足观众需求的同时，科技馆还应积极通过活动的开展对观众需求进行有目的的引导，激发观众对新主题、新活动的兴趣和关注，从而为后续活动的开展提供更多线索和机遇。

3. 规范流程

制定教育活动的策划、实施标准，使教育活动的开发和实施程序化、规范化。每个环节及其负责人都严格地按照规范的要求完成活动，避免随意性，确保教育活动的开展井然有序。

4. 资源利用

教育活动的开发实施要从现有条件和资源入手，充分考虑可利用的资

---

① 中国科技馆. 中国科技馆教育工作思考［R］. 内部资料，2009.

源状况，特别是现有的展览资源，以便使活动具有较强的可操作性；要充分考虑活动的效率，努力追求以尽可能少的资源付出来达到最佳的教育效果；积极利用教育活动搭建资源共享的平台，提高社会资源的利用率，使其发挥最大效益。

5. 协同联动

充分整合和利用不同资源，在同一时间段内围绕同一主题内容，开展不同类型（如展览、讲座、实验表演、动手制作等）的科普活动，或基于实体场馆、网络平台、流动科技馆、科普大篷车等各类平台开展不同形式的科普活动，为公众提供多样化、立体化的体验或感受，从而产生协同增效的效果，发挥科普资源的最大效益。

6. 成果固化

对教育活动开发实施过程中的相关数据、材料进行记录备案，对活动产生成果的相关资料、资源进行编辑整理、整合集成，形成固定的文字和音像资料，为今后工作提供参考和借鉴，也为社会各方参与科普教育和科技活动提供资源。

**（三）科技馆教育活动的推广与评估**

1. 教育活动推广

为进一步增强科技馆教育活动在社会上的影响，全力打造科技馆教育活动品牌，让更多的人了解科技馆，走进科技馆，参与科技馆教育活动，需要对科技馆教育活动进行推广。

（1）推广内容　根据全过程管理的思想，科技馆教育活动的推广也可大致分为活动前、活动中和活动后三个阶段。

1）活动前推广。其目的是为教育活动"预热和造势"，在此阶段，除常规性的制作相应宣传片、编写宣传稿，在有关媒体和网络平台播出外，还可以充分利用既有展品和教育活动，设计相关活动内容，以此加深公众对于即将开展的教育活动的认知和了解，引发其参与活动的渴望，促使其最终积极参与到活动当中。

2）活动中推广。活动中推广是在教育活动开展过程中，通过媒体宣传、活动情况即时推送、相关活动呼应联动等多种手段或方式，对活动开展情况进行推广介绍，这既丰富了活动内容与形式，有助于增强公众在活动中的体验，又可以扩大影响，吸引更多公众。

3）活动后推广。这一阶段主要侧重于对活动情况进行总结和报道，巩固和强化前期推广效果，同时激发公众对下一次活动的期待和关注。

（2）推广策略 在营销领域，最著名的是麦卡锡教授提出的4P理论，即产品、价格、渠道和促销的组合。[①] 这一理论在科技馆教育活动的推广中也具有借鉴意义，产品即展览及教育活动；渠道包括各种媒介及媒介选择；价格不仅指门票，也是指观众在科技馆中获得的一切服务或感受；促销是指各类有针对性的推广活动，以向公众进行信息传递，使公众产生渴望并满足公众需求。

从上述四个要素的角度，可将推广策略分为产品策略、价格策略、渠道策略和促销策略。

1）产品策略。强化对于活动的分析，凝练其独特之处，将活动需求具体化，明确活动能够带给公众什么价值，这样将有助于引起公众的同感并使其产生参观的欲望。

2）价格策略。价格策略即通过策划使服务或活动增值，强调服务和体验，让公众感到这不仅是一个活动，而且是一次体验和享受，是有价值、能满足心理需要的"产品"。比如辅导、App、信息服务、制作、游戏、实验等都可以作为增值服务，增强观众的参与和体验感。

3）渠道策略。根据活动的特点以及活动的目标观众确定适当的推广方式和平台，同时加强整合及优化。传统媒体和网络平台就是两种不同形式的推广渠道。通过线上和线下、场内和场外的连接，吸引公众，并加强渠道与公众的互动。

4）促销策略。将活动的信息传播给潜在观众，其目的是引发观众参与的渴望，从而形成有效参观。同时，通过场馆中同一主题相关的各个项目（如展览/展品、科学表演、小实验/小制作、科普讲座等）之间的联动与协同，增强活动效果，相互之间形成协同增效的效应。

2. 教育活动评估

为了获得满意的教育效果，需要加强对教育活动质量的评估。尽管目前

---

① 廖红. 展览营销实例研究：创造参与渴望——以"光照未来"展览为例［R］. 中国科技馆"光照未来"展览，2016 – 03.

有部分专家学者认为，博物馆教育效果评估至今仍是一个难以解决的问题[①]，尚未形成系统有效的教育活动/学习效果评估体系，但并不能因此回避评估的作用，我们仍然需要尝试开展较为客观而有效的教育评量，并根据评估反馈的信息及时调整教育活动的内容、设施和组织形式。这样不仅使活动更加成熟完善，还有助于从中发现新活动的创意，产生新的设计灵感。

（1）评估内容　一个完整的教育活动评估应从活动的策划阶段开始，并贯穿于教育活动实施的全过程。根据教育活动评估目标的不同，评估的内容也可相应增减。从活动开展过程的维度来看，一般大致包括以下三个阶段的评估。

1）前置评估（方案评估）。在教育活动启动前，从活动实施背景、基本概况、实施主体的能力水平等角度进行分析，由此判断是否实行既定活动计划并对活动进行进一步优化，以确保对活动的有效投入。前置评估侧重于对教育活动的必要性和活动方案的可行性进行评估，具体包括活动的预期效果、活动方案的可执行性、活动主体的执行力、预期活动受众（潜在教育活动参与者的规模及其与活动目标人群的相关程度）、活动可利用的资源等。

2）过程评估。在教育活动开展过程中，对其合理性和活动执行情况进行监测和评估，主要包括内容和主题相关性、知识性、趣味性、互动性、参与性、创新性、整体性、流畅性、吸引力、可接受度、宣传力度、环境（活动场地与活动内容方式等的契合度、场地的安全性和舒适性等）、执行情况、服务情况、社会资源利用程度等，从而及时发现活动进行过程中出现的问题，并分析这些问题产生了哪些影响，从而为活动提供改进的方向；同时做好相关数据和信息的收集，用于效果评估的具体分析中。

3）效果评估（总结性评估）。这是整个评估过程中最复杂也是必不可缺的一环，主要评估该活动对活动受众、活动实施主体等产生了怎样的影响，在活动结束后进行，主要包括对教育效果、社会效果、活动效率三方面内容的评估，如学习效果、启发效果、学习实践能力的提高程度、对受众的影响力、公众满意度和认知度、品牌知名度、财务状况、预期目标实现程度等。

① 王思怡，张晓扬. 博物馆教育学习效果：一个无法证实的命题?. ［EB/OL］. （2017 – 06 – 26）［2018 – 05 – 03］. http：//www. sohu. com/a/152040161_426335.

需要指出的是，在美国，自 1995 年起，衡量一个活动效果成功与否的标准就已不再是活动的设计、参与的人数或是媒体的报道数量，而是公众参加了活动之后的收获或变化，比如活动的"理解性"（促进公众理解科学）、"启示性"（促进公众对科学问题的思考）、"提升性"（促进公众提升科学素质），这也应该作为今后教育活动传播效果评估的发展趋势。

而从受众的角度来看，按照评估目的的不同，还可以分为诊断性评估、形成性评估和终结性评估。

1）诊断性评估一般是在活动前施行，以便了解受众是否具有达到活动目标所必需的基础知识和技能，以便确定活动内容的起点和进度，根据诊断结果设计与受众特征相符合的活动方式，在了解受众的基础上令其在原有的基础上和可能的范围内获得最大的收益。

2）形成性评估一般是在活动过程中开展。可以通过问答等形式来进行。其目的在于了解活动中受众参与或学习的情况，以便实施人员及时发现问题，对活动进行调整或改进，使活动在不断的测评、反馈、调整的过程中趋于完善，最后达到活动目标。

3）终结性评估一般在活动结束时进行，其目的主要是了解受众是否达到活动目标，据此做出总结性评价。在连续性活动中，终结性评估对后续活动还具有预测、评估的作用，能确定受众在后继活动中的起点，从而发挥部分形成性评估和诊断性评估的功能。

这种评估方法是一种发展性的评价，注重受众自身在活动前后的比较以及对于受众意见差异的分析，从中采取适合个人发展的教育方法，从而激发受众的热情和求知欲，促进受众科学素质的提升和活动的改进。

（2）评估步骤与方法

1）教育活动评估的具体操作流程应按照以下步骤进行：

设立评估小组。

制订评估计划（确定评估目标及评估方法，建立指标体系）。

收集数据及相关资料，对信息进行统计和量化，并对评估结果进行分析和总结。

形成评估报告，改进活动方案及为后续活动提供建议。

2）对教育活动进行评估，根据不同的评估对象和活动内容，可以选择不同的方法。

问卷调查法：问卷调查法是调查者根据调查的目的和要求，设计出由一系列问题、调查项目、备选答案及说明组成的问卷，并利用问卷来进行调查，获取调查资料的方法。[1] 它是最简单的一种方法，便于操作，可在短时间内收集大量信息。

访谈法：访谈法是访谈者通过口头交谈的方式向被访者了解实际情况的方法。

观察法：观察法是观察者在活动现场，用自己的感觉器官及其他辅助工具，直接感知与记录正在发生的一切与调查目标有关的现象的方法。

专家意见法：专家意见法是依据系统的程序，采用匿名发表意见的方式，征询专家小组成员的意见，经过多轮征询、归纳、修改，最后汇总成专家基本一致的看法作为评估结果。

以上方法各有优劣，在具体实施过程中应采取多种方法结合的方式进行，从而保证获取数据、资料的完整性、真实性和客观性，进而保证评估的准确性。

## 四、教育活动典型案例

### （一）基于展品的教育活动——"手蓄电池"探究式教育活动方案[2]

此活动以动态可操作展品"手蓄电池"为依托，面向中学生构建探究式教育活动，属展览辅导类教育活动。展品"手蓄电池"由三种不同的金属棒、电流表和伏打电堆模型组成。操作时，学生会基于现象提出多种假设，教师利用探究式教学法，引导学生进行验证，巩固学生已学到的科学知识，促进校外活动与学校教育的有效衔接。

1. 教学目标

（1）知识与技能（科学知识）

1）了解伽伏尼青蛙实验的背景及过程。

2）了解干电池原理。

3）了解电路的串并联知识。

（2）过程与方法（科学方法）

---

① 中国科技馆. 中国科技馆教育活动理论研究报告［R］. 内部资料，2009 – 05.
② 设计人：中国科技馆杨楠奇，该项目为 2015 年"最美展品诠释"优秀活动。

1）由短片引入了解历史背景，提出问题并解答。

2）培养学生独立思考的能力。

3）在测量过程中，培养学生们举一反三、发散思维的能力。

4）在搭建过程中，培养学生们将理论用于实践的能力，并能用科学方法分析解决问题。

（3）情感、态度、价值观（科学精神）

1）通过短片引入，增强学生兴趣。

2）测量阶段教会学生将复杂的问题进行拆解，逐个击破，激发其思考和动手能力。

3）探究学习阶段培养学生提出假设、实验验证、解决问题的能力。

4）整个实验增强其观察能力、怀疑精神、在实践中学习的能力。

2. 教学重难点

（1）工作原理　弄清干电池的工作原理。

（2）测量　此阶段鼓励学生分析影响电流大小的多种因素。

（3）搭建阶段　学生在实践过程中会遇到两次困难，教师需要适时引导。

3. 教学准备

（1）引入阶段　短片播放。

（2）材料准备　测量学习单、锌板、铜板、盐水、纸巾、万用表、二极管。

4. 活动过程

（1）短片引入　短片引入活动过程见表7-2。

表7-2　短片引入活动过程

| ● 阶段目标：观看奥斯特、法拉第发现电磁感应过程的科普剧表演，了解电磁感应发展历程 | |
| --- | --- |
| 1. 多媒体引入：组织学生们观看伽伏尼做青蛙实验的视频 | ◇ 设计意图 |
| 2. 提出问题：为什么伽伏尼在解剖青蛙时，将青蛙腿挂铁架台后会产生痉挛现象呢 | 1. 通过多媒体形式为学生节选科技史片段（伽伏尼青蛙实验），激发同学们的兴趣 |
| 3. 同学们可进行讨论，两种猜想：生物电以及金属的活泼性 | 2. 锻炼学生们观察、总结实验过程的能力<br>3. 分析问题，得出结论（由于金属活泼性） |

| | |
|---|---|
| 4. 经过讨论，学生认为原因在于金属活泼性 | ◇ **教学策略**<br>用多媒体故事激发学生们的积极性，带着问题进入下一步学习，并尝试解决问题<br>◇ **学情分析**<br>学生在物理课上学过干电池，但对干电池背后的故事以及动手制作方面了解不多。通过背景故事的引入，学生们的积极性已被充分调动，并产生主动学习及探究意识 |

（2）观察测试阶段　观察测试活动阶段过程见表 7−3。

表 7−3　观察测试阶段活动过程

| ● **阶段目标：** 分组体验展品，并得出数据测量结论，分析原因 | |
|---|---|
| 1. 介绍手蓄电池展品，由于人具有导电性，因此用双手握住不同的金属棒时，电流表会有相应变化<br>2. 同学们自由组成小组（2~4 人），体验展品并填写相关学习单（为什么会产生电流？握住不同金属时，电流大小有何变化？如何判定电池的正负极呢？）<br>继续思考：可以用什么方法让电流增大？不同体质的人对电流的大小有影响吗？ | ◇ **设计意图**<br>1. 为探究阶段做准备，首先要对展品有一个清晰的认识<br>2. 让学生分析电流产生因素，为下一步的动手搭建构建思路<br>◇ **教学策略**<br>以分组方式开展活动，增强学生合作能力；通过亲身测试，对原电池的构造有进一步认识，组别之间可进行讨论，增强合作精神<br>◇ **学情分析**<br>学生在测试的过程中，锻炼发现问题的能力，并主动提出问题，思考问题 |

（3）探究搭建阶段　探究搭建阶段活动过程见表 7−4。

表 7 - 4　探究搭建阶段活动过程

| ● **阶段目标：** 通过团队合作，找出二极管亮起的搭建方案，引导学生从多角度思考解决问题 | |
| --- | --- |
| 1. 用已有材料搭建手蓄电池（铜板、锌板、手纸、盐水、万用表、二极管）<br>2. 学生可参照之前伏打电堆模型及干电池构造进行初次尝试搭建，并用万用表测得电压及电流数据<br>3. 教师给予适时指导<br>4. 第一层电堆搭建成功后，尝试搭建多层伏打电堆<br>5. 多层电堆如何摆放，教师适当给予引导<br>6. 多层电堆搭建完毕，测量电压，并尝试让发光二极管亮起<br>7. 教师点评，并提出问题，如何优化电池效应？请学生们分组讨论，并填写学习单 | ◇ **设计意图**<br>通过亲手搭建伏打电堆，加深学生对干电池的认识，并对该问题在电磁发展史中的意义有所了解。教师在此项活动中只充当引导的角色，整场探究活动都由学生亲自动手完成<br>◇ **教学策略**<br>教师适时参与，引导学生解决遇到的难点（两处左右），既保持学生的主观能动性，又避免学生减弱探究兴趣<br>◇ **学情分析**<br>培养敢于质疑、尝试的科学精神。学生在探究过程初期意见不统一，通过亲身测量数据选定最佳方案。探究过程过半后学生的思维已经被充分调动，遇到困难时，教师稍加指点便可成功搭建多层电堆 |

### （二）科普实验活动——"奇妙的殴不裂"①

此活动为依托科普实验室开展的动手实验活动，结合小学科学课程标准，通过殴不裂这种奇妙的物质，使学生对物质的特征和形态产生进一步认知，同时了解非牛顿流体的奇妙特性和应用前景，并在实验中培养学生的探究能力。

1. 活动目标

（1）知识与技能

1）认识固体、液体和气体的概念与特点。

2）了解殴不裂作为非牛顿流体的奇妙性质与应用前景。

（2）过程与方法

1）能够通过实验，成功制作殴不裂流体，并体验殴不裂的性质。

2）通过实验提升观察能力、动手能力和分析总结能力，发展科学探究能力。

---

① 设计人：中国科技馆张磊。

（3）情感、态度与价值观

学会辩证地看待事物，固、液、气三态并不是绝对的，是可以相互转化的，是存在既像固体又像液体的物质的。

2. 活动对象

活动对象为 2～6 年级学生。

3. 活动人数

科普实验室一般可容纳 16 人参与活动。

4. 活动时间

活动时间为 60 分钟。

5. 活动准备

每位同学应收到：玉米淀粉（约 40mL），水（约 20mL），一个大碗或者杯子作为容器，一个勺子或者筷子用于搅拌，一张报纸用作桌布以免弄脏桌面。

6. 活动重点、难点及可能遇到的问题

（1）水量　水量的多少是能否制成殴不裂的关键，太多会导致流体过稀，只表现液体性质；太少会导致淀粉固体粉末太多，没有液体性质。

（2）整洁　学生很容易将淀粉弄到桌面上、地上，应事先垫好报纸，并强调注意小心操作。

7. 活动过程

殴不裂活动过程见表 7-5。

表 7-5　殴不裂活动过程

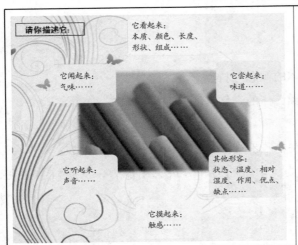

◇ 设计意图

由互动切入，一方面引入后续实验，另一方面增加活动的趣味性，吸引学生注意力，提高参与积极性

◇ 教学策略

教师引导学生进行互动，从多个方面描述"粉笔"和"水"，并由此引出"固体、液体和气体"的性质与不同。最后引入主题：既像固体，又像液体的殴不裂

| | |
|---|---|
| **1. 互动引入**<br>你可以用什么方法描述一件物体？比如水、粉笔等<br>其实，我们可以从不同的方面来描述一件物体，固体、液体、气体就是一个描述的方面<br>世界上的物质可以是像桌子、椅子这样具有固定体积和形状的固体，也可以是像水、牛奶这样形状随着容器变化的液体，还可以是形状和体积都不固定的气体。温度的变化可以导致固体、液体和气体之间相互转化，如水可以转化为冰和水蒸气<br>那么，你见过既像固体又像液体的奇妙物质吗？更奇妙的是，它的这种状态的转变不是通过温度变化，而是瞬时压力变化实现的。它就是殴不裂 | ◇ **学情分析**<br>学生参与互动：物体的描述和固体、液体、气体的区分 |
| **2. 奇妙的殴不裂**<br>殴不裂，英文名 oobleck，来源于儿童作家 Seuss 博士在 *Bartholomew and the Oobleck* 这本书中提出的"绿色软泥"，它绿绿的、软软的、黏黏的。现指将玉米淀粉和水以 $2:1 \sim 3:2$ 的比例混合而得的混合物。殴不裂最大的特色就是它的黏性会随着瞬压力的大小而改变，如果慢慢地对它施压的话，它会表现得像一般的液体，但快速施压，它又会表现得更像固体<br>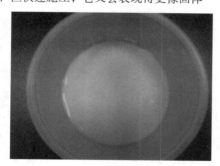<br>殴不裂<br>一起来制作并体验奇妙的殴不裂吧 | ◇ **设计意图**<br>使学生了解殴不裂的由来和奇妙的性质<br>◇ **教学策略**<br>教师简单介绍殴不裂的由来和奇妙性质，并引入实验操作环节<br>◇ **学情分析**<br>学生了解殴不裂的由来和奇妙性质，对实验制作充满期待 |

| | |
|---|---|
| 3. 制作殴不裂并体验它的性质<br><br>（1）制作殴不裂的步骤<br><br>1）在容器中倒入面粉。你可以用手指感受一下淀粉，是不是很光滑？这是因为玉米淀粉的颗粒非常小<br><br>2）在容器中缓慢加入水，并混合玉米淀粉和水，直到混合物变得均匀黏稠。一般水的量为玉米淀粉的1/2～2/3。如果太稠的话，请补充水；太稀的话，请补充玉米淀粉<br><br>3）如果需要的话，还可以在混合物中滴加食用色素，使其颜色更漂亮<br><br>（2）当殴不裂做成后，你可以这样感受殴不裂<br><br>1）将勺子插入殴不裂后再拔出：轻轻地和快速地，有什么不同感觉<br><br>2）在殴不裂中慢慢移动勺子，再尝试着加快移动的速度，看看有什么区别<br><br>3）倾斜杯子，观察殴不裂像液体一样流动<br><br>4）抓起一团殴不裂放在手心，什么速度能抓起，殴不裂在手心里有什么变化，手指挤压、搓揉，有何感觉<br><br>5）你还可以尝试不同的方法去体验殴不裂的性质。虽然它是无毒的，但请不要碰到眼睛或直接放在嘴里 | ◇ **设计意图**<br><br>指导学生制作并体验殴不裂，感受它的奇妙性质<br><br>◇ **教学策略**<br><br>教师指导学生制作殴不裂，强调操作注意事项，并引导学生体验殴不裂的奇妙性质<br><br>◇ **学情分析**<br><br>水量的多少是能否制成殴不裂的关键，学生往往会把握不好用水量。另外，学生很容易将淀粉弄到桌面上、地上，应事先垫好报纸，并强调注意小心操作 |
| 4. 殴不裂的原理<br><br>殴不裂既不是典型的固体，也不是典型的液体。这种玉米淀粉与水的混合物是一种流体，叫作非牛顿流体<br><br>对于殴不裂这种性质的产生有不同解释，最广为认可的解释是：当混合物处于静止状态时，淀粉颗粒被水包围着。水的表面张力阻止水从颗粒的间隙间完全流过。水的存在提供了相当大的润滑作用，这样颗粒就可以自由地运动。但是，如果运动是突然发生的，水就会从颗粒间被挤出来，这样颗粒间聚集在一起，表 | ◇ **设计意图**<br><br>通过视频和讲解结合的方式，让学生能够简单了解殴不裂之所以能够产生奇妙性质的原理<br><br>◇ **教学策略**<br><br>关于殴不裂的原理解释众说纷纭，在活动中介绍最被认可的说法，并通过视频和讲解结合的方式，让学生有所了解 |

续表

| | |
|---|---|
| 现得像固体一样。<br>请学生观看：以色列科学家研究殴不裂的视频<br> | ◇ **学情分析**<br>学生对于殴不裂的原理理解较为困难，但通过实验操作可获得感性认识 |
| 5. 殴不裂的应用价值<br>（1）"轻功水上漂"再也不是大侠的专利啦　武侠片中的大侠们，施展"轻功水上漂"，何其潇洒，令人羡慕。现在，这已经不是大侠的专利了，因为你有殴不裂的帮助。新研究显示，在殴不裂表面上快速行走时，会使其像固体一样，承受人的重量。如果你感兴趣的话，不妨在家里的大盆中尝试一下！<br>（2）殴不裂有可能拯救生命　研究者们认为，殴不裂某一天可能用来拯救在枪林弹雨中冒险的战士的生命。现在，已经有实验室正在试图将殴不裂注射到防弹衣中，用来制作液体防弹衣。这种新材料可以阻挡子弹，同时轻质柔软易于移动 | ◇ **设计意图**<br>使学生思考殴不裂有其潜在应用价值，激发学生探究的兴趣，并为之努力实现<br>◇ **教学策略**<br>激发学生由殴不裂的性质思考它的应用价值，并踊跃讨论、积极发言<br>◇ **学情分析**<br>学生积极思考、参与讨论 |

**（三）基于网络平台的综合活动——"互联网发现之旅——'中国互联网 20 年'科普展览系列教育活动"**①

此活动依托网络平台或资源，充分运用信息技术与移动互联网技术等多种新媒体互动技术，基于"中国互联网 20 年"大型短期展览，进行整体综合策划，开发系列化、多样化的综合教育活动，既拓展了展览内容，又吸引公众的深度参与，在展览与教育活动之间、各种教育活动之间，形成放大效应。

---

① 设计人：中国科技馆廖红、周明凯、齐欣、赵洋、刘芳，该项目为第二届全国科技场馆科学教育项目展评获奖活动。

青少年通过参与活动，一方面加深了对以网络为主的信息技术应用、网络特别是无线网络的发展等知识的了解和认识；另一方面通过本展览及活动所附带的知识问答，学习了航空、物理、地理等其他科学知识；同时通过 3D 体验游戏、照片墙等，感触科技改变生活的方方面面。

1. 主要传达的科学概念

该活动以中国全功能接入互联网 20 周年为契机，展现 20 年来互联网对经济、文化、教育、科技、生活等方面带来的深刻影响；通过普及互联网知识、正面宣传网络，引导公众正确、健康地应用网络，从而充分发挥网络的优势和积极作用；通过展望互联网带来的美好未来，使各领域、各方面的人们更加自觉地重视网络、发展网络、使用网络，更加主动地顺应时代发展的潮流。

2. 目标人群

活动面向广大公众，但主要目标人群是热爱科学、创造和乐于体验新事物的青少年。活动分为四大板块，目标人群各有侧重。

（1）"虚实互动之迷宫智逃"　　以迷宫闯关为主要形式，主要面向到科技馆实体场馆参观科普展览的 12～40 岁的观众，以迷宫游戏为主要内容，以现场和微信答题闯关为主要方式。

（2）"亲子互动之技术体验"　　以动手制作为主要方式，主要面向喜爱体验新鲜事物、富于创造和想象力的青少年及其家长，以亲子活动为主要方式，兼顾其他人群。

（3）"专家互动之前沿展望"　　以科普讲座、沙龙为主要方式，主要面向关注高新技术发展前沿的科学爱好者，以科普讲座、沙龙为主要方式。

（4）"媒体互动之公众传播"　　以浏览网站，转发微信、微博，阅读杂志专刊为主，主要面向乐于体验和使用微信、微博等新媒体传播平台，热心参与科普活动的所有年龄段人群。

3. 主题和目标

主题：创新驱动发展，网络改变生活。

教育目标：引导公众了解互联网及应用的相关知识，使公众感受互联网为经济、科技、生活、社会各方面带来的深刻影响，更加自觉地重视网络、发展网络、使用网络，更加主动地顺应时代发展的潮流，把握个人、企业和国家发展的机遇。

4. 主要活动和流程

（1）"虚实互动之迷宫智逃"　包括以下五个子活动。

子活动 1：现场闯迷宫

在实体搭建的"迷宫"中，通过平板电脑、二维码两种形式，以科学问题数据库为基础，采取线上、线下互动答题，辅以有效的游戏奖励措施。流程如下：

1）通过现场自动注册机进行注册，注册成功后打印 ID 号即可进入迷宫。

2）迷宫内有 8 个答题点，每个答题点都有平板电脑和二维码扫描两种答题方式，选手只能任选其一进行答题。

3）每个答题点系统自动随机显示两道题目，选手只能选择一题进行解答。

4）选手走出迷宫前在出口平板电脑处进行计时结束登记。

5）选手在 5 分钟内正确答对 6 道及 6 道以上题目，将会获得 1 张免费门票。

6）选手可以进行多次挑战，在入口处重新登记再次进入迷宫进行闯关。

子活动 2：网页玩 3D 迷宫游戏

利用 3D 虚拟现实技术，以可爱、有趣的卡通人物为第一视觉，开发设计网页版 3D 迷宫游戏，观众可通过电脑端 ie、safari、chrome 等浏览器参与游戏。流程如下：

1）玩家点击开始游戏后进行计时，走出迷宫后自动结束计时。

2）迷宫内设有 8 个答题宝箱，玩家点击宝箱开始答题，只有答对至少 6 道题并成功走出迷宫的玩家才能计入成绩。

3）每个答题宝箱会自动随机显示两道题目，选手只能选择一题进行解答。

4）正确解答 6 道及 6 道以上题目，且用时最短的前 50 名玩家，获得科技馆免费门票。

子活动 3：手机闯 3D 迷宫游戏

利用 3D 虚拟现实技术，开发设计 3D 迷宫游戏，游戏客户端适配安卓、iOS 等主流移动终端，观众下载游戏客户端进行注册参与游戏。流程如下。

1）玩家点击开始游戏后进行计时，走出迷宫后自动结束计时。

2）迷宫内设有 8 个答题宝箱，玩家点击宝箱开始答题，只有答对至少 6

道题并成功走出迷宫的玩家才能计入成绩。

3）每个答题宝箱会自动随机显示两道题目，选手只能选择一题进行解答。

4）正确解答 6 道及 6 道以上题目，且用时最短的前 50 名玩家，获得科技馆免费门票。

子活动 4：微信分享活动

在微信平台发布分享活动。参与者需要在微信页面进行科普知识的竞答，回答 10 道科学问题，答对 8 道及 8 道以上题目者，分享至微信朋友圈，将有机会获得科技馆免费门票。

子活动 5：微博转发活动

通过微博转发活动信息赢取科技馆门票。

（2）"亲子互动之技术体验"　与英特尔公司、物联网比特实验室、北京创客空间等机构合作，每周确定一个与互联网技术相关的教育活动，开展亲子互动体验活动。具体包括以下 3 个子活动。

主题活动 1：前沿物联技术体验

面向观众展示基于前沿物联技术的高科技产品，让观众体验移动互联网环境下的新型课堂教学方式。活动流程如下：

1）向观众展示实时试听设备、可穿戴设备、智能家居等新颖有趣的物联技术高科技展品，如"化腐朽为神奇"的骨瓷杯、超现实版"玩具总动员"、妈咪的"三头六臂"、迷你"鸟之家"、会"听说读写"的音箱等，激发观众对物联网技术的兴趣。

2）教师面向观众介绍可穿戴设备、物联网、智能家居技术的原理及应用。

3）技术体验。让观众体验基于前沿物联技术的高科技产品——"电子书包"设备，让观众了解在互联网环境下应用该设备进行课堂教学的便利。

4）引导观众进行开放式讨论，通过头脑风暴的方式让观众加深对前沿物联技术的认识和了解。

主题活动 2：青少年物联网教育活动

以动手制作为主要活动方式，让 6 ~ 12 岁的儿童与父母一起开动脑筋，亲自动手展现自己的无穷创意，让青少年及其家长体验高科技物联传感技术产品"疯狂的毕加索"和"能听会说的温度计"，并动手制作创意温度计，组装能画出创意造型的机器人。活动流程如下：

1）物联传感技术介绍，让观众了解物联网技术的发展历史、基础知识、前沿发展趋势。

2）动手制作，让观众利用馆方提供的活动教具自行创意并制作出自己的作品。

3）观众陈述并分享自己的想法和观点，如作品的设计思路、用到的互联网技术、对互联网技术的认识、对参与此次活动的体会和感受等。

4）教师总结学生作品、物联网和现实生活的关系。

主题活动3："创客"3D打印笔体验活动

让观众通过一部"手持版"的3D打印笔作画。这是一支打破传统绘画方式的笔，完全不依赖任何电脑或者软件，观众可以充分发挥想象力和创造力，自行设计并完成作品的制作。打印笔不受传统绘画在空间维度上的限制，游走于二维三维之间，在空中手起笔落，创建出立体的绘画作品。活动流程如下：

1）3D打印的原理、特点介绍以及从数字设计到个人制造成品的相关流程和知识讲解。

2）现场动手制作。观众自行设计，并使用3D打印笔来完成自己设计的作品。

3）观众陈述并分享自己的想法和观点。如作品的设计思路、用到的互联网技术，对互联网技术的认识，对参与此次活动的体会和感受等。

（3）"专家互动之前沿展望"

1）活动内容。与中科院、科学松鼠会等联合策划，以科普讲座、沙龙为主要方式，以互联网前沿技术介绍和展望为主要内容，展览期间每周邀请互联网领域的专家面向公众讲述以下主题。

互联网与机器人的群体进化。

人工智能的进展、可穿戴设备的发展。

信息魔术工作坊——互联网信息技术魔术表演。

互联网时代的科学传播技巧。

信息视角的人类文明史。

超历史时代的观念变革。

网络技术与网络伦理。

2）活动流程

通过网站、微博、微信等平台发布活动信息，通过预约组织观众参与。

专家讲述相关内容，观众提问，进行互动交流。

（4）"媒体互动之公众传播"

1）与《北京科技报》《知识就是力量》、人民网、科学松鼠会等媒体联合策划活动内容，利用网站和微信发布活动信息，出版专刊。

2）在中国科技馆官方网站发布活动信息，进行活动预约；在中国数字科技馆网站设立"中国互联网 20 年"科普专题，拓展活动内容和信息，与网友进行交流互动。

3）开展微信抢票、微博转发等活动，进行活动宣传推广，为展览和教育活动吸引人气。

4）展览开展后，引导公众通过多种媒体平台对展览内容进行评价讨论，增强展览的持续影响力，并为后期的展览评估提供依据。

**（四）基于特效电影的教育活动——中国科技馆特效电影节①**

中国科技馆特效电影节以"体验电影科技，探寻电影奥秘"为主题，将特效电影和展厅常设展览相结合，开展了"看、听、学、探、秀、答、赛"七项主题教育活动，借助科技馆的特效影院资源和展览资源，通过内容多样、寓教于乐的活动，一方面让观众更加了解电影相关的科学和技术，另一方面挖掘影片的科学内容，使科普影片本身发挥教育作用。

1. 看——20 部特效大片

利用更换新影片契机，集中新老影片举办电影展映活动。影片包括：《哈勃太空望远镜》（3D 巨幕）、《狂野雄狮》（3D 巨幕）、《加拉帕戈斯》（3D 巨幕）、《塔希提巨浪》（3D 巨幕）、《时空之旅》（球幕）、《银河铁道之夜》（球幕）、《鲨鱼岛》（球幕）、《别有洞天》（球幕）、《寻梦太平洋》（球幕）、《夺宝大战》（4D）、《查理的空中历险》（4D）、《大地震》（4D）、《海龟历险记》（4D）、《海盗》（4D）、《变身奇遇记》（动感）、《疾速翠竹》（动感）、百慕大探险（动感）。

2. 听——特效电影技术解析

以电影技术为主题或结合影片举办四期与电影相关的科普讲座，以"观

---

① 设计人：中国科技馆王丽。

影＋讲座＋互动"的形式在影院中进行。内容如下：

（1）《特种电影的产生与发展》

讲座地点：4D 影院（结合 4D 影片《夺宝大战》）。

讲座内容：介绍特效电影的产生与发展，高新技术如何融入特种电影给观众带来梦幻般的感受。报告共分为四个部分：①电影的起源；②特种电影的概念；③形形色色的特种电影及应用；④数字化和新技术给特种电影带来的影响。

（2）《天文学与太空艺术》

讲座地点：球幕影院（结合球幕影片《银河铁道之夜》）。

原本只存在于贤治先生文字里的美丽银河，在计算机视觉设计（CG）大师加贺谷的巧思下化为绚丽的画面。对星座知识的讲解巧妙地穿插其中。让观众在沉浸于童话浪漫氛围的同时，也会进行一些科学的思考。讲座介绍了太空美术的起源、发展、特色、代表作等内容，展示各种太空摄影、太空科幻美术、科幻影视作品，以及一些太空题材的工艺美术设计。

（3）《电影特效——科幻与科技》

讲座地点：报告厅。

本讲座揭开拍摄《星球大战》《变形金刚》《哈利·波特》《阿凡达》等多部科幻电影的秘密武器：以高科技为核心的特效技术以及新的高科技电影拍摄技术；同时介绍在现实生活中已经实现了的科幻电影中貌似遥不可及和神奇的某些科学幻想（如隐形、时空穿越、智能生命等），以及创造这些奇迹的科学家和他们的故事。

（4）科学松鼠会"小姬看片会"之特效电影节特别活动——带上她的眼睛

讲座地点：巨幕影院（结合新影片《哈勃太空望远镜》）。

影片讲述了哈勃太空望远镜的发射及运行实事，特别详细地记录了宇航员以太空行走状态在轨维修望远镜的过程，还展示了通过哈勃望远镜拍摄的美丽星空。活动邀请了天文和航天领域的五位嘉宾，与听众展开互动，成年听众和孩子们基于各自的知识背景和兴趣，提出各种问题。如"真空的宇宙寂静无声，影片中的声音从何而来？""美丽的星空是通过实景拍摄的还是数字计算得到的？""哈勃望远镜还能工作多久？"以及黑洞、宇宙大爆炸等基础理论话题。

3. 探——电影探究 DIY

利用常设展厅中电影技术的相关展项，在展厅开展一系列互动类活动。如动手制作"走马灯"、"七彩合成灯"、"立体视觉"互动游戏，"动作捕捉"体验活动等，分别介绍了电影起源、色彩实现、立体视觉以及特效制作等观众感兴趣的电影技术。

（1）电影的起源

内容：动手制作"走马灯"（视觉暂留）、"皮影"、手影游戏（光的传播）。

适合年龄：6～10岁学生。

活动1：手影游戏

活动目的：感受光的直线传递特性，让参与者对光能有基础的认识，并能借由手影游戏操作，正解出光线与影子的关系。

观察并讨论：试着说说看，在手影游戏中手与灯光、手影间的相互关系。

活动2：皮影制作

制作材料：透明板、棉线、竹签、两脚钉、蜡笔。

观察并讨论：光与影在我们的日常生活中随处可见，请想想看除手影外还有哪些例子？想想看，所有的东西都会产生影子吗？

活动3：走马灯

活动目的：体会走马灯旋转时的"视觉暂留"现象，认知驱动走马灯旋转的动力来源（图7-1）。

图7-1　走马灯

制作材料：木板、铁签、走马灯罩、叶轮、蜡烛、火柴、双面胶。

观察并介绍：你知道走马灯的来源吗？我国民间的大型走马灯都是使用什么材料制作的？

（2）电影中的色彩

内容：动手制作"七彩合成灯"（色彩原理）。

适合年龄：8～14岁学生。

活动目的：通过介绍了解三原色光的原理，理解彩色合成灯光源的工作原理，以及在生活中的应用。

制作材料：透明平头发光二极管四个（分别发红、绿、蓝、黄四种光），透明凸头发光二极管三个（分别发红、绿、蓝三种光）、普通发光二极管三个（分别是红、绿、蓝三种颜色）。

制作步骤：见表7-6。

表7-6　"七彩合成灯"制作步骤

| 步骤一：<br>观察发光二极管的连接 | |
| --- | --- |
| 步骤二：<br>将导线与发光二极管的负极相连 | |
| 步骤三：<br>安装底座，并与电池盒相连 | |
| 步骤四：<br>组装彩色合成灯 | |

观察并介绍：光的色散，复色光、单色光，光的三原色。

（3）电影中的3D

地点：主展厅二层广场东北角。

内容：单眼投篮、对指尖等游戏（立体成像），讲解＋科学游戏。

适合年龄：各年龄段观众。

（4）电影中的特效

地点：主展厅四层挑战与未来 B 厅。

内容：参与体验"动作捕捉"展项＋互动游戏"体感游戏"。

适合年龄：各年龄段观众。

4. 秀——特效电影技术

根据各影院特点编排的"映前秀"节目，展示了4D特效设备、球幕的构造、天象仪、动感模拟平台等特殊的影院构造和设备，在每场电影开场前，将为观众演示。利用影院软硬件资源，以解说和互动演示等形式，轻松易懂的介绍本影院特点，帮助公众了解特效电影和特效影院。

5. 学——电影中的科学

在展厅和公共空间循环播放《电影中的科技》系列科普短片。《电影中的科技》系列片从科学的角度还原电影中各类奇思妙想的现实版本，以审慎的视角考验科学幻想的可行与谬误，以幻想为帆，以科学为舵，开启流光溢彩的电影探秘之旅。

6. 答——电影科学有奖竞猜

根据影片内容设计答题卡，进行有奖答题活动，加强观众对影片的理解和知识点获取。

参与方式：在售票处附近（凭电影票）领取答题卡，在观看电影后回答答题卡上的问题，写明联系方式后交到指定地点，全部答对的可换取电影赠票一张。

活动目的：帮助观众更好的理解电影内容，加强对知识点的获取和记忆，提高科普电影的教育作用。

针对人群：观看指定影片的观众，团体除外。

7. 赛——特效电影影评大赛

通过比赛鼓励观众在观影后写影评或观后感，记录电影的科学内容或观看感受，通过撰写的过程促使观看者对电影进行思考。

本节执笔人：王珊珊

单位：中国科学技术馆

## 第三节　科技馆影视资源的研发

### 一、科技馆影视资源综述

影视资源，作为科普资源的一种重要载体，以其展示内容直观、表现手法多样、应用媒介广泛、传播感染力强等特点，受到广大公众的欢迎。有数据显示，"相比于同题材的图文类科普创作，科普视频以其直观生动的形式更受用户的青睐"①。

科技馆影视资源，作为科技馆的展教手段之一，是科技馆内容建设的重要元素，是增强科技馆科普资源开发、共享与服务能力的重要方面。加强对科技馆影视资源研发经验、规律的分析研究，对于提升科技馆科普服务能力、推进现代科技馆体系建设将发挥积极作用。

#### （一）科技馆影视资源的内涵与功能

目前，学界及科技馆业界对于"科技馆影视资源"的概念并没有定论，对其内涵和外延也没形成统一认识，在讨论"科技馆影视资源"时，会出现"科普影视""科普影视节目""科普电影""科普视频""科教影视""科教片""特效电影""特效影视"等不同称谓。本章所论述的"科技馆影视资源"，是指在现代科技馆体系建设和运行过程中，服务于实体科技馆、流动科技馆、科普大篷车和数字科技馆，主要利用影像、声音、多媒体等技术手段创作完成的节目资源。

"科技馆影视资源"不同于其他社会媒体创作的"科普影视"资源，二者在内涵和功能上既有所重合，又有所区别。"科技馆影视资源"既包含面向公众的以"传播科学知识、科学方法、科学思想、科学精神"为目的的科学普及、技术推广和科学传播功能，又要纳入面向现代科技馆体系的、面向科普从业人员的"资源共享""业务交流""对口帮扶"等服务功能。唯有两相兼顾、协调发展，才能充分发挥科技馆影视资源服务于现代科技馆体系建设的独特优势。

---

① 李蔚然，丁振国. 关于社会热点焦点问题及其科普需求的调研报告 [J]. 科普研究，2013（2）：18－24.

**（二）科技馆影视资源在现代科技馆体系中的作用**

1. 科技馆影视资源的共建共享，有益于扩大公共科普服务的覆盖面，实现科普效益最大化

目前，科技馆影视资源研发基本实现数字化。在解决好版权问题的基础上，影视资源的集成、输送、共享成本低廉，较少受到人员、环境等的限制，且播出设备种类多样、应用渠道广泛。影视节目通俗易懂、老少咸宜，受众覆盖面广。科普影视资源的这些特点有利于快速高效地实现"一次开发、多重应用"，资源成果能够快速辐射至最基层的公共科普设施和科普工作中。农村中学科技馆、青少年科学工作室、社区科普活动站、科普画廊以及全国网民、新媒体用户等能够获得等质等量的科普影视资源，不仅提高了资源配置效率，而且能够使公共科普服务尽快覆盖全国各地区、各阶层人群，有益于推动科普服务的公平普惠。

2. 科技馆影视资源的研发，能够为基层公共科普设施提供常态化的资源和技术服务，有助于基层科普服务能力的提升

科技馆影视资源的研发具有一定的人员、资金和设备门槛。大多数地方科技馆、机构和组织都面临着有硬件缺软件、有播放平台缺优质影视资源的问题，而他们往往不具备影视资源的开发能力和经验，因此导致原有的科学传播功能未能充分发挥。而科技馆影视资源的研发、共享，能够改善基层科普设施影视资源开发能力薄弱、资源不够丰富的问题。与此同时，面向科普从业人员的具有"资源共享""业务交流""对口帮扶"等服务功能的科技馆影视资源，能够以直观、生动的形式为基础科普机构和人员提供教学培训，不仅"授人以鱼"，而且"授人以渔"，使原先缺乏资源开发能力和稳定供给渠道的基层公共科普设施不仅获得常态化的科普资源，而且在科普服务能力上得到提升。

3. 科技馆影视资源的研发，能够借助数字新媒体等新兴产业的发展潮流扩大科学传播影响力

影视在现行的国民经济行业分类中属于文化、体育和娱乐业，按通俗说法即归于传媒行业，而传媒行业则与时下蓬勃发展的 TMT（Telecommunication，Media，Technology）产业有着密不可分的联系。通过科技馆影视资源的研发，将 TMT 行业中的优质资源引入现代科技馆体系，与各类实体及虚拟资源进行有机结合，进而产生协同效应。如引入 AR/VR 元素，提高科普资源的

互动性和展示效果；引入 ACGN（动画、漫画、游戏、小说）元素，增强科普资源的趣味性和娱乐性。同时，也可以借助传统互联网、移动互联网、社交网络、新媒体等行业，将优秀科普资源加以传播，扩大受众群体，提高科学传播效果。

### （三）科技馆影视资源的主要类型

#### 1. 以选题内容分类

科普教育属于非正式教育的范畴，要想取得良好的科普传播效果，必须符合受众吸引力法则，遵循科学传播规律。"科技馆影视资源"的选题内容涵盖广泛，涉及科学、历史、文化、生活、健康、教育等不同领域，然而单纯以题材或学科对资源进行分类，对实践的指导意义不大，因此，从实用的角度，以"适应现代媒体传播环境"和"充分引起公众的兴趣和注意力"为目标，大致可以将科技馆影视资源划分为"热点科普""应急科普""民生科普""趣味百科""人文科普"五类。

"热点科普"选择公众比较感兴趣的热点事件，进行深度解读。此类选题密切跟踪具有社会影响力的时事和影响社会舆论的传闻、谣言等热点，选取有科学传播价值的内容和案例，利用公众高涨的兴趣，对社会热点事件进行主动、及时、权威发声，阻止谣言蔓延，促进社会和谐，引导公众尊重客观事实，发展理性思维，增强自我保护意识。

"应急科普"针对一些常见自然灾害和意外伤害事件，介绍科学的应对之策。此类选题内容包括：针对我国各类频发性自然灾害和各类易造成重大人员伤亡、财产损失的公共安全事件，提供有效的防灾抗灾方法；针对危害公众健康及生命安全的突发性传染病危害，提供科学合理的预防措施、处置方法；以党员领导干部为重点人群，提供面对社会突发事件进行科学决策的应急方案等。

"民生科普"类选题针对公众在日常生活中的一些模糊认识或错误做法，以规避生活误区为主旨，介绍科学知识。选题内容包括合理膳食、适量运动、心理平衡、文明生活等。选题需从五大重点科普人群的实际需求出发，关注不同人群的生活实际，深入浅出地为观众解析健康问题，清除健康知识误区，提升观众明辨是非、自我保护的能力，帮助观众养成健康的生活方式和生活理念。

"趣味百科"通过丰富的视听语言让观众在感受科学魅力的同时，获取科学知识、科学方法，领略科学旨趣。选题可取材于不同学科、不同领域，可以是代表各学科发展前沿的新发现、新发明、新成果，比如军事类选题就因为密切结合尖端科技、高新装备而深受观众尤其是青少年们的喜爱；也可以是展现自然魅力、科学奇趣的基础理论、科学常识、自然奇观、科学故事等；还可以是培养青少年创新能力、寓教于乐的科学实验、科技竞赛、科普讲座等。

科技馆影视资源研发不仅要注重展示科学技术本身的原理和知识，更要重视展示科学的发现过程及其背后科技与社会的关系，不仅要开展自然科学方面的宣传，而且在社会科学和思维科学方面也要加大选题开发力度，为弘扬科学精神服务，因此"人文科普"类选题的研发也不应被忽视。此外，在选题内容布局时，还应充分涵盖《科学素质纲要》的工作主题和国家、科协方面的年度工作主题等。

2. 以技术手段分类

在数字媒体技术日新月异的今天，科技、信息、媒体技术的交融，电脑动画、图像制作技术的发展，都为影视艺术创作提供了无边界的舞台，创作者可以充分发挥创意和想象力，获取超凡的艺术效果和传播影响力。科技馆影视资源的创作亦如此。

根据技术手段的不同，科技馆科普影视资源有多种不同的分类方式，比如"实拍类"与"动画类"、"常规类"与"虚拟类"（VR/AR/抠像等）、"二维平面类"与"三维立体类"、"普通电影类"与"特效电影类"等。需要指出的是，这些分类只是对影视创作方式的概括性描述，在创作实践中，创作者不必为类别划分而墨守成规，而应不拘一格地运用各种技术手段服务于作品，比如"实拍类"的纪录片、专题片、谈话节目，完全可以根据创作需要穿插使用虚拟场景、动画段落，三维立体类的影视资源同样可以根据应用平台的不同提供二维平面版本。可以说，科技馆影视资源对于影视技术手段的应用是没有成规的。

科技馆影视资源的研发，天然地要求创作者对先进的影像技术手段密切关注、持续追踪，并不断地将新技术应用到创作实践中来。例如，近十年来吸引了全球受众的 3D 影视热潮，以及近两年持续升温的虚拟现实技术（VR）、增强现实技术（AR），都为科普影视创作者提供了新颖的创作手段和无限的创意空间。可以断言，随着影视媒介的不断融合，制作技术、设备的推陈出新，新兴数字媒体技术与传统影视技术的紧密结合，是科技馆影视资源研发的大势所趋。

3. 以应用平台分类

科技馆影视资源与其他社会机构制作的科普影视资源最大的区别在于应用平台的不同。科技馆影视资源服务于现代科技馆体系，即服务于实体科技馆、流动科技馆、科普大篷车和数字科技馆的建设和运营，这就决定了科技馆影视资源必须面向现代科技馆体系下的不同应用平台，考虑不同的媒体环境和受众，遵循不同类型影视资源的创作目标、思路和方法。

按应用平台的不同，现有科技馆影视资源大致可以划分为"面向科技馆展览展教活动的科普视频资源""面向网络和新媒体的科普微视频资源""面向传统媒体的电视科普节目""面向特效影院的特效电影资源"和"面向科普从业人员的技能培训类影视资源"等。

（1）面向科技馆展览展教活动的科普视频资源　谈到"科技馆影视资源"，人们的第一印象通常是实体科技馆内展览展项屏幕中播放的视频，其内容一般是对展览展项内容的讲解或扩展。"展览展品植入视频"的模式是影视资源研发服务于科技馆展览展教活动的最简单直接的方式，却不是唯一形式。如今，很多科普场馆都或多或少地用到影视资源来丰富和拓展展览展教活动，应用方式多种多样，或营造气氛，或说明原理，或拓展时空，大致目标都是以影视资源提供的间接经验来印证和发散观众在展览展教活动中获得的直接经验，从而丰富其科学体悟，深化教育活动的教育目标。最近两年搭载3D特效技术、虚拟现实、全息仿真等信息化技术的影视资源更是极大地丰富了科技馆展览展教活动的互动性、娱乐性和艺术性，丰富了观众的体验。

（2）面向网络和新媒体的科普微视频资源　网络和新媒体是新时期现代科技馆体系为公众提供科普服务的重要阵地，相比于商业化网站科普节目的鱼龙混杂和科普博客的势单力薄，科技馆影视资源不仅有百姓心中的"科"字招牌，还可依靠实体科技馆展览展教的优质线上资源，强化线上与线下的互动。其中，科普微视频具有"微时长、微周期、微规模、微平台"等特征，视频时长较短，内容简明易懂，制作周期短，制作规模小，投资成本低，却具有比图文更突出的观众吸引力，正契合了网络和新媒体环境，满足了广大公众学习泛在化、资源碎片化、内容娱乐化的观赏诉求，科普内容容易得到广泛传播。

（3）面向传统媒体的电视科普节目　据中国科协发布的《第九次中国公民科学素质调查》显示，"作为传统的大众媒体，电视仍是公民获取科技信息的最主要渠道。利用电视获取科技信息的公民比例为 93.4%"。尤其是贫困落后地区的农民、妇女、青少年，他们较少有机会接触互联网等新媒体，电视往往是他们获取科技信息的主要甚至唯一渠道。21 世纪以来，作为科普宣传的主要渠道，各级电视台的科教频道、科教栏目应运而生，但由于节目数量不足，许多电视台尤其是基层电视台只能用综艺节目、访谈节目等填补空白；地方科协、基层科普场馆的经费、专家、技术力量都难以支撑科普栏目的制播工作。因此，坚持做好面向传统媒体的电视科普节目的研发，是现代科技馆体系责无旁贷的社会责任。

（4）面向特效影院的特效电影资源　特效电影资源是科技馆影视资源研发中别具特色、独树一帜的重要内容。特效电影的内容是科普，形式是特效，其特殊的技术特点和观影环境，有着其他科技馆影视资源难以比拟的传播魅力，以其强烈的视听冲击力和娱乐性吸引着观众。原本特效电影资源多为国外片商所垄断，观众在国内的特效影院中只能看到国外的风景和故事，而近年来随着国内影视制作力量的兴起，部分大中型科技馆开始投身于特效电影资源的研发，摸索着用中国技术讲中国故事，对 4D、巨幕、球幕等特效影片资源都有所涉猎，其应用还走出了大中城市的实体馆，进入了可延伸到更广大地区的流动科技馆的球幕影院。随着现代科技馆体系的建设，特效电影资源的研发展示出勃勃生机。

（5）面向科普从业人员的技能培训类影视资源　如前所述，科技馆影视资源研发不仅具有面向一般受众的科学传播功能，还应兼顾面向科普从业人员的技能培训等服务功能。服务功能的实现可以通过多种形式完成，比如对实体馆的展览设计、展教活动从筹划到实施全过程的纪实和媒资管理，以便于日后进行活动回顾、经验交流和资源整合；再如利用影视技术的独特优势，配合展览展教活动开发的影视资源包，可以为基础科普从业人员提供全方位的活动运行经验和影像资源支持。

## 二、科技馆影视资源研发的现状

近年来，影视资源的研发越来越受到各级科技馆、科普机构的重视。中国科技馆、上海科技馆等大中型科技场馆纷纷设立科普影视制作的专门机构或职位，此外，网络科普、流动科技馆、科普大篷车等工作也加强了对科普影视资源的研发和应用。总体而言，各级科技馆在发挥影视资源的特色与优势，为现代科技馆体系建设、为提高全民科学素质服务方面取得了一定的成效，同时也面临着新的问题和挑战。

**（一）取得的成效**

近期，各地科技馆在面向不同平台的影视资源研发方面进行了富有成效的探索，在工作内容、服务范围、条件保障等方面都有了新的拓展与提升，在实际工作中开创并积累了许多富有成效的做法和经验。

*1. 面向科技馆展览展教活动的科普资源*

青少年是科学传播的主要受众，也是实体科技馆服务的主体对象。为了满足青少年的科普需求，激发青少年的探索兴趣，依托实体馆的展览展教资源，中国科技馆开发了以《折纸大实验》《声音的传播》为代表的"科学大实验"系列专题片。该系列片以"科学好玩"为口号，在馆内科学实验表演的基础上，融合超大规模实景创意实验、群体竞赛、动漫原理展示、情景剧等多种电视表现形式，完成了创意实验、奇趣科学的内容传达。中国科技馆还开发了一系列便于观众模仿操作的桌面实验类科普小视频，如《大象牙膏》《点不着的蜡烛》《点水成冰》《瓶中的龙卷风》《竹签串气球》《柠檬点灯》等，以鼓励家长和青少年观众将科技馆教育活动带回家。

2015年，为充分发挥平台优势，丰富教育活动形式，中国科技馆展览教育中心、科普影视中心、网络科普部联合成立"中科馆仿真实验室"，采用STEAM教育模式，利用虚拟现实等新技术向公众推出了"未来之城"系列活动，旨在围绕我国重大科学成就，全面记录和展示大家对2049年前后美好生活的科技图景的设想，每年推出一到两个主题，邀请科学家和青少年共同设计建造方案，并使用最新的展示技术在中科馆展出。2016年为"建设我的月球基地"主题教育活动，2017年实验室再接再厉，推出"海上科学城"主题教育活动，综合利用VR、AR、3D打印技术，使公众深度参与到活动中，寓教于乐。这是中国科技馆以"超现实体验、多感知互动、跨时空创想"为核心理念，生动呈现最新科技前沿，有效促进高新科技成果的传播和转化，以科技馆影视资源丰富教育活动项目的又一新举措。

*2. 面向网络和新媒体的科普微视频资源*

随着科普信息化工作的开展，越来越多的科普组织认识到网络科普视频的发展空间，开始了原创性的科普视频研发，越来越多的科普微视频见诸网络。比如，近年来中国科技馆着重开发了以《科技馆说》《榕哥烙科》为代表的一批科普微视频、微动漫、微课、脱口秀类节目。这些科普微视频资源数量庞大、形式多样、选题广泛。

为聚焦社会热点，解读新闻热点背后的科学，中国科技馆开发了《PM2.5》《互联网二十年》《科学认识埃博拉病毒》《嫦娥探月》等系列科普微动漫，同时组建专业团队策划制作"科技馆说"专栏，制作了包括《寻找现实中的大白》《地球2.0》系列、《神秘的暗物质》系列、《人类蛋白质组计划》《引力波》《大神帮帮忙》系列在内的众多科普微视频。为满足各级科协组织科普宣传的需要，中国科技馆以"节约能源资源、保护生态环境、保障安全健康、促进创新创造"为主题，开发了《构建节约型社会》《节能减排》《节约能源资源》科普公益广告，以及《防治气象灾害》《环保科技》等百余集系列专题节目。2015年，中国科技馆还依托实体馆的"中科馆大讲堂"活动制作了微课专栏，将精品展教资源转化成新媒体视频资源，此外还有中国数字科技馆原创的系列科普脱口秀节目《榕哥烙科》等。上述资源通过中国数字科技馆官网、客户端、"科技馆说"微信公众号等平台播出，并为地方科协、科技馆、科普组织提供资源服务。

3. 面向传统媒体的电视科普节目资源

由中国科协主办、中国科技馆承办、全国各地方科协和各级地方电视台协办的《科普大篷车》广播电视栏目，打造了一个覆盖全国的全媒体播放平台。栏目自2004年开办至今，已经播出13年，播放单位从2004年的100多家发展到2017年的3058家，其中，省、地、县级电视台共1317家，其他全媒体播放单位1741家。栏目还通过中国数字科技馆等网络平台播出。吉林省科协利用该节目资源在吉林省新闻联播后开辟专门栏目播放科普节目，江苏省科协利用此资源改编成科普微视频节目在当地移动电视台播放。此外，栏目连续10年支持新疆维吾尔自治区科协翻译科普电视节目，目前有维吾尔语版、哈萨克语版在新疆维吾尔自治区播放，这些工作均取得了较好的科普成果。该栏目周播2期，每期15分钟，免费提供给各地方电视台、基层单位播放。对此资源有需求的单位可通过"中国科技馆"官网www.cstm.org.cn下方的"科普大篷车电视节目"专栏与栏目组取得联系。

农民是我国最大的公众群体，也是科普工作的重点服务对象之一。中国科技馆以中组部全国党员干部现代远程教育节目《科普之窗》制播工作为抓手，积极开发面向农业、农村、农民的科普专题片。重点内容包括保护生态环境、节约资源、保护耕地、防灾减灾、倡导健康卫生、移风易俗、反对愚昧迷信等，此外还有宣传科技致富经验、推广实用技术等内容。栏目从 2008年开始至今已经累计播放 85600 分钟的节目。观众可通过"全国党员干部现代远程教育卫星数字专用频道"和全国党员干部现代远程教育网搜索该资源。

4. 面向特效影院的特效电影资源

2010 年前，国内科技馆特效影院上映的影片还基本依赖国外进口，由我国自主制作的特效影片非常少，质量良莠不齐。为了改变这一局面，有实力的国内科技场馆开始组建团队负责国产特效电影资源的研发。各馆不约而同地以国内相对比较成熟的 3D、4D 技术为突破口，推出多部特效科普影片。比如，上海科技馆出品的《重返二叠纪》《剑齿王朝》《鱼龙勇士》《细菌大作战》等。又如，中国科技馆出品的《熊猫传奇：熊猫与巨猿》《宇宙的奥秘》《月球的奥秘》《生命的起源与演化》《宇宙与生命》（维吾尔语版、汉语版）《动物传奇——舐犊之爱》《熊猫传奇：谁是真英雄》《熊猫传奇：秦岭熊锋》等。这些影片不仅解决了出品方科技馆特效影院的片源问题，部分影片还通过中国自然科学博物馆协会科普场馆特效影院专委会实现了多方资源共享，并通过赠送、支援等形式在科普援疆工作中发挥作用。

值得关注的是，为解决没有特效影院的中小城市、边远地区的观众对特效影视资源的需求，中国科技馆启动了面向流动科技馆球幕影院的资源研发工作。以往流动科技馆球幕影院的影片多以自然、海洋、动植物等风光片为主，现代科技方面内容比较欠缺，中国科技馆于 2016 年、2017 年先后研发了《探月圆梦》《汽车智造》《探秘核电站》《蛟龙探海》四部反映我国重大科研成果和尖端科技的流动球幕影片，以飨全国流动科技馆的观众。

5. 面向科普从业人员的技能培训类资源

为了向基层科技馆、流动科技馆、科普大篷车、农村中学科技馆和其他基层科普单位提供技术支持和服务，弥补基层专业技术力量和人员配备等方面的不足，中国科技馆开发了以"液氮""空气里的力学""泡泡秀"等为内容的《超人科学秀》科普资源包。该资源直接脱胎于中国科技馆成熟的展览教育活动，不仅包含了对展教活动的全程纪实，而且采用特殊影视拍摄手法（如高速摄影、热成像摄影等）拍摄实验活动中肉眼难以观察的现象，以为活动实施者提供资源支持，丰富观众的参与体验。此外，资源包还包含了对中国科技馆活动开发者、实施者的访谈，为科普从业人员介绍实验策划、实施和注意事项等方面的经验。

### （二）存在的问题

由于观念意识落后、资金投入不足、人员和其他保障不到位等多层次原因，科技馆影视资源的研发还存在着诸多问题。

1. 科技馆影视资源的数量仍显不足

科技馆影视资源的研发数量还远远不能满足现代科技馆体系建设的需要。面向科技馆展览教育体验活动的影视资源，更多地被认为是展览展项中的固定视频，其作用往往局限于对展览展项内容的补充，一经开发不再更新，内容和形式过时，无法持续性地在观众的参观体验中发挥有益作用；面向网络和新媒体的科普微视频，远未满足公众需求。"目前，科普网站内容的表现形式以文字和图片为主，2014 年的监测数据中，28.58% 的科普网站使用了视频。但其中 43.84% 的音频和视频文件数量为 5 个以下，数量仍显不足。"①除少数有原创实力的科技馆，绝大多数科技馆存在有特效影院、缺特效影片的问题，片源依赖国外、排片量少、更新率低的现象普遍存在，球幕、巨幕等形式的国产特效科普影片还比较鲜见；而作为业界进行经验交流、互通有无和技术培训手段的影视资源则被大部分科技馆所忽视。

2. 科技馆影视资源自主创新能力不足，资源质量有待提高

在传统视野下，科普影视与展览教育、展品设计不同，不属于科技场馆的主流业务，因此全国绝大多数科技场馆缺乏科普影视创作经验和人才储备，导致科技馆影视资源开发力度弱，更新速度慢，原创作品少，主要依靠外部引进，缺乏自主创新能力；面向不同应用平台的精准化创作较少，尤其是面向新媒体的科普影视资源原创性不足，视频多来源于传统电视媒体，将电视台已播出的节目直接平移到新媒体上，这些节目在时长、内容、互动性方面难以符合新媒体的传播特性。创作质量参差不齐、鱼龙混杂，存在粗制滥造的现象，难以满足公众对科普影视资源的需求，而具有科技馆自身特色和较大社会影响力的精品节目、品牌栏目还较为鲜见。

---

① 陈清华，吴晨生，刘彦君. 2014 中国网络科普发展现状调查 [J]. 科普研究，2015（1）：17 - 25.

3. 科技馆影视资源的共建共享与服务能力有待进一步加强

影视资源研发对于资金、技术、人员有着较高的要求，基层科技馆一时难以配备齐全的影视创作队伍，然而作为一种数字化资源，影视资源完全可以通过科技馆体系的共建共享实现资源的充分利用。正如前文提到的，由中国科协主办、中国科技馆承办、全国各地方科协和各级地方电视台协办的《科普大篷车》电视栏目率先垂范，中国自然科学博物馆协会科普场馆特效影院专委会也在特效影视资源的共建共享方面多措并举。目前各级科技场馆间仍缺乏其他类影视信息、资源的交流共享平台，很多高质量的科普影视节目因渠道闭塞，难以与有需求的科技场馆从业者和观众见面。此外，社会资源在科技馆影视资源研发中的重要作用还未得到发挥，与政府、学校、科研机构、协会等的交流协作不够充分，也影响到科技馆影视资源研发水平的提高。

### 三、科技馆影视资源研发的流程

科技馆影视资源研发的流程一般分为四个步骤：前期准备、现场拍摄、后期制作、推广发行。根据节目样式、创作方法等的不同，在具体制作环节上有所区别。

#### （一）原创类科普影视资源的研发流程

以中国科技馆为例，科普影视中心的从业人员主要以影视编导、摄影、摄像、后期编辑、动画、美术等为专业背景，基本经历过展厅锻炼、展览教育活动实施等实习工作，对实体科技馆的展览、展项、教育活动比较熟悉。此外，中心还配备媒资管理系统、摄影摄像器材、非线性编辑系统、演播室系统等必要的影视制作设备。因此，在面向科技馆展览展教活动的科普视频资源、面向网络和新媒体的科普微视频资源、面向科普从业人员的技术培训类影视资源的研发工作中，主要以科普影视中心的工作人员原创开发、亲自实施为主，在邀请社会公司参与制作的情况下，也保持科普影视中心工作人员作为策划、实施的主导角色。

前期准备阶段，一般包含选题策划、专家咨询、拍摄资源落实、文案（台本、采访稿、分镜头等）撰写等环节。选题来源多样，不论是自主策划的常规项目，还是配合展览展教体验活动或流动科技馆的外源性项目，在选题策划时都需要在明确项目需求、拍摄任务、受众期望的基础上，考虑选题的创意方案、执行方案及可行性；由于科技馆影视资源要以"科学性"为根本，因此在前期准备阶段要充分利用专家资源对选题的科学内容、创意方案进行把关，也可以邀请专家出镜采访、权威发声；前期准备还包括落实拍摄所需相关资源（比如拍摄场地、布景、道具、演员、剧务、后勤调度等），完成台本、采访稿、分镜头等文案撰写工作。

科技馆影视资源现场拍摄阶段的组织实施，与普通影视节目制作流程和方法基本一致，即由专业团队高效执行拍摄方案，最大限度地完成项目目标、实现选题创意。

科技馆影视资源的后期制作，一般分为初剪、精剪、音乐音效、配音、音话合成、审片、修改、入库等步骤。由于科技馆影视资源往往涉及很多高精尖技术的解说，以及宏观、微观下难以实拍的内容，因此对于影视数字技术的应用比较多，要求比较高，在场景制作、图像绘制、动画制作加工、画面剪辑、二维和三维特技制作、特效合成、音频效果处理与编辑合成、字幕制作等环节，都需应用到各种各样的视频、音频、绘画、动画等软件。需要指出的是，影视制作手段的使用并非多多益善、无章可循，而是要始终服务于影片立意的传达。在节目播出前，影视作品还需要经过专家审片组的审核，以确保作品不出现政治性、科学性、常识性错误。

推广发行阶段，则要根据不同应用平台的播发规律和受众需求来完成。紧密追踪时事热点、线上线下融合互动，对于提高面向网络和新媒体的微视频资源的点击率、扩大传播效果具有关键作用。而利用现代科技馆体系建设的优势，建成能够串联起核心层、统筹层、辐射层的资源共享网络，对于其他应用平台的科技馆影视资源的推广发行则具有决定性的意义。

**（二）定制类科普影视资源的研发流程**

特效电影、动画等科技馆影视资源对成本、人力、技术等有较高要求，一般难以完全由科技馆从业人员自主制作完成，往往采用定制开发的形式，引入社会资源参与制作。与原创类影视资源的开发流程相比，定制类资源的开发流程增加了立项、招标、签订合同、前期审核、拍摄督导、影片审核、交付验收等环节。

在定制类科普影视资源的研发初期，科技馆一方项目负责人需要对现有的同类型资源的数量、质量、成本、资源投入量进行分析和梳理，对国内相关制作团队的制作实力、水平、既往经验有所了解，对所研发资源的使用目的、目标、受众、用途、使用渠道等有清晰的定位和把握，从而在前期准备阶段为整个资源的研发工作奠定良好基础。此后，科技馆方需要通过招标、签订合同、前期审核、拍摄督导、影片审核等方式，与承制单位保持有效沟通与合作，确保承制方在完全理解项目意图的基础上，出色执行创作任务，实现项目目标，这是决定定制类影视资源开发成果好坏的关键所在。

### 四、科技馆影视资源研发过程中需要注意的问题

#### （一）合理的选题规划

科技馆影视资源具有选题宽泛、多层次、多元化的属性，因此科技馆影视资源研发需要重视合理规划选题。选题规划一般是以本馆（或本单位）的发展规划为基本依据，围绕工作宗旨以及当前工作的具体要求，通过对宏观科技发展形势和科普需求的细致分析，对未来一定时期内影视资源研发做出总体谋划与安排，具体内容包括指导思想、研发方向、开发特色、资源组合、重点项目、特色亮点以及具体资源等。

选题规划中十分重要的任务就是选题结构的设计，选题结构设计当以最大限度地利用本馆（本单位）资源、发挥优势、体现特色为目标。选题结构需要从学科结构（比如科学、数学、技术、工程等不同学科）、类型结构（比如实拍与动漫、单集片与系列片、微视频与特效影视等不同资源类型）、资源结构（比如精品项目与一般项目、常规项目与拓展项目等）、应用结构（比如实体馆平台、新媒体平台、电视媒体平台、特效影院平台等）等多个方面进行考量。

新形势下，科技馆影视资源研发在选题规划方面出现了新的需求和变化，不仅需要适应变化中的媒体传播环境，还要不断改进影视创作的方式方法和传播手段，更要对飞速更新发展中的现代科技保持敏锐的参透力，只有以前瞻性的眼光来把握科普大方向，才能促进影视资源研发的可持续发展。

#### （二）明确的受众意识

科技馆影视资源的受众涵盖较广，涉及社会各层次人群，他们有不同的性别、年龄、受教育程度、收视偏好和科普需求，要使受众接受科普影视资源传达的科学思想、知识、方法和精神，就必须了解受众接收信息的心理特点和认知规律。将受众意识融入影视创作的过程中来，要求创作者积极贴近受众、了解受众、掌握受众对科学知识的心理需求，采用受众乐于接受的方

式进行影视资源的开发与传播。

在影视资源的研发过程中，首先，应重视选题调研工作，关注为谁而创作，哪些人群是作品的目标受众，目标受众最关心的问题是什么，目标受众对于作品所述内容有怎样的经验结构等；其次，要重视受众的认知规律，有意识地依据受众的认知规律进行内容取舍，采用目标受众最容易接受的叙事方法、最喜闻乐见的技术手段等；最后，要努力实现作品的情感、态度、价值观的渗透，让受众内心产生共鸣，从而实现启迪公众热爱科学、理解科学、了解科技、提高科学素质的目标。

### （三） 充足的专家资源

把握作品的科学性是科技馆影视资源研发的关键。如今，主流媒体上"科学""科普"类的节目崭露头角，其中不乏受到热捧的品牌栏目，但有些节目的综艺娱乐成分要远远大于科普价值。科技馆影视资源不同于其他媒体的科普资源，必须守住"科学性"这一核心，守护科技馆系统的"科"字招牌，用影像做"科普"、用故事讲"科学"才是科技馆影视资源研发的最终目标。

在科技馆影视资源研发中，如果一味迎合受众的收视需求，单纯注重科普资源的娱乐性、话题性、收视率，必将丧失科普影视资源的科学内核，甚至会因为大量碎片化、平面化的信息，造成偏激的、情绪化的解读，不仅起不到科学传播的效果，反而导致误导和偏见。为增强影视资源的科学性和严谨性，有必要建立充足的专家资源储备，根据影视资源研发的需求，邀请相关领域的专家、学者参与创作和影片审核，在确保"科学性"无误的基础上，达到科学性与娱乐性、故事性与严谨性之间的平衡。

### （四） 专业的人才队伍

科技馆影视资源的研发具有很强的专业性，是一项需要多工种协调配合的系统工作。对受众需求的分析，对舆情影响力的预判，对多样化视频表现手段的应用，对节目的质量管理，对受众反馈的跟踪互动，对视频资料库的管理与维护，都需要有专业化的科普视频创作队伍作为保障。科技馆影视资源研发水平的高低，很大程度上取决于科普影视人才队伍素质的高下。

目前，科技馆影视资源研发中存在的很多问题都与科普影视从业人员的专业水平相关，比如有学者认为，"与国外的科普影片相比，国内 3D 科普影片最大的差距还是影片本身的质量问题。包括影片的故事主线设计、角色设计、画面制作质量、音乐效果等多方面内容。问题的根源还在于国内科普影片从业者的专业素质及不规范的市场"①。科普影视从业人员，不仅需要掌握一定的科学技术知识、思想、方法和精神，还要能够有效地运用影视技术手段，把科学内容表述为公众喜闻乐见、容易理解的形式。优秀的科普影视从业人员应该是专才和通才的结合，要善于把科技领域的知识，采取与人文、艺术等手段结合的方式，向公众进行传播。②

### 五、科技馆影视资源研发的展望

面向未来，中国特色现代科技馆体系在继续推动实体科技馆建设的同时，由以数量与规模增长为主要特征的外延式发展模式，转变为以提升科普能力与水平为主要特征的内涵式发展模式，从而实现科技馆体系的创新升级。③ 在此背景下，科技馆影视资源的研发对于完成"建设虚拟现实科技馆""提升中国数字科技馆平台能力"等目标任务和"搭建科普展教资源建设与服务共享平台""推动信息化建设""全面提升科技馆服务能力"等重点工作有着举足轻重的作用。充分体现科技馆特色，更好地发挥影视资源服务于现代科技馆体系建设的独特优势，是新时期科技馆影视资源研发要实现的目标任务。

此外，科技馆影视资源研发仍将面临愈演愈烈的媒体变革大潮，"传播媒介从影视频道转向视频终端，叙事风格从说明型转向故事型，叙事方式从讲座访谈转向实证求真，受众参与从被动收视转向互动娱乐，工作团队从体制单位转向创意单元，绩效评价从收视率转向评估体系"④。这些态势转向将对科技馆影视资源的发展提出一系列的挑战。

为解决科技馆影视资源研发中存在的诸多问题，迎接媒体变革大潮带来的一系列挑战，实现影视资源服务于中国特色现代科技馆体系建设的目标任务，我们需要有相应的对策和措施。

### （一）坚持面向基层科普组织、面向公众的公共普惠服务

依托和鼓励全国影视资源研发实力雄厚的科技场馆和企业，建设国家级和省级科普影视资源研发与服务中心，为各地科协、全国公众提供优质、公

---

① 王俊宁. 3D 科普影片的冷与热［N］. 中国科学报，2014 - 09 - 12（1）.

② 郑念. 我国科普人才队伍存在的问题及对策研究［J］. 科普研究，2009（2）：19 - 22.

③ 束为. 着力升级融合 服务创新驱动 开创中国特色现代科技馆体系新局面［R/OL］.（2016 - 02 - 14）［2018 - 05 - 08］. http：//www. kjgbbs. com/forum. php？mod = viewthread&tid = 22781.

④ 吴佳坤. 互联网 + 时代，科普影视向左走向右走？［N］. 科技日报，2016 - 01 - 24（1）.

益的科普影视资源和服务。拓展为流动科技馆、科普大篷车、农村中学科技馆和基层科普设施提供技术支持和服务的渠道和方法，弥补基层影视专业技术力量和人员配备等方面的不足。坚持办好受基层科协组织和观众欢迎的"科普大篷车"广播电视栏目和中组部远程教育"科普之窗"电视栏目，坚持科普影视工作的公益属性。

### （二）加强科技馆影视资源的研发与传播

进一步强化自主创作力量，探索新形势、新常态下的创作激励机制，通过设立影视科普作品创作激励项目，大力提升影视资源研发能力和水平，不断拓展内容和形式，鼓励创新，形成一批具有自主知识产权、社会影响力和国际竞争力的科技馆影视资源。提升科普微视频的个性化精准服务水平。充分发挥个人移动服务端的作用，积极开发、改编科普微视频，应用大数据，为广大公众提供个性化的精准推送服务。进一步增强特效影院专委会的行业影响力，扩大科技场馆科普院线的组织规模和服务能力。进一步鼓励有实力的科技馆研发更多更实用的面向基层科普机构的服务性影视资源。

### （三）搭建科技馆影视资源研发与服务共享平台

在互利共赢的基础上，打破地域和行政级别的限制，建立交流共享机制，搭建科技馆影视资源建设与服务共享平台。借鉴"科普大篷车"广播电视栏目、中国自然科学博物馆协会科普场馆特效影院专委会等富有成效的工作模式，发展、创新影视资源配置的方式方法。通过科技馆联盟、对口帮扶、捐赠互换等方式，提高现有影视资源的利用率和社会效益。建设覆盖中国特色现代科技馆体系的网络系统，对于已有的高质量、高水平的数字化影视资源，运用互联网思维，进行集中展示、推广和输送，让老、少、边、穷地区的公众欣赏到最新、最前沿的科普影视作品。

### （四）加强对新型科普影视技术的研究和应用

持续、及时跟踪 VR、AR、MR（混合现实）、动感捕捉、2D 与 3D 的实时转换、4K 巨幕、8K 球幕等新型影视技术，加强对新型影视技术的前瞻性研究和在科技场馆落地的应用性研究，为科技馆影视资源的研发提供新的创作空间。充分应用信息化手段加强用户体验和公众服务，为公众提供更多的科普影视精品和更好的科普体验，提高公众的参与度、关注度和满意度。

### （五）探索科普影视产业化的工作机制

探索在新形势下引入社会资本、运用市场机制促进公益性科普影视行业的可持续发展。通过众包、众筹等方式，吸引、鼓励各种社会力量、资金和资源积极投入，多渠道参与科技馆影视资源研发。促进科学家、电影电视人、艺术家等相关人士之间的相互交流合作，提供优惠政策吸引全社会各设计方、制作方的参与，研发出科技、娱乐、故事、艺术、人文等多元素交汇融合的科技馆影视资源。鼓励科技馆与企业的深度合作与优势互补，促进全国科普影视产业的协调发展。

此外，强化科技馆影视专业人才队伍建设、推进影视资源内容标准化工作、建立影视资源的效果监测评估机制、鼓励地方科技馆发挥地方特色和专业特色参与科技馆影视资源研发等举措，都将有利于提高新时期科技馆影视资源研发能力和公共服务水平，有利于促进中国特色现代科技馆体系的建设，为实现我国公民科学素质的跨越提升贡献力量。

本节执笔人：江　芸<br>
单位：中国科学技术馆

# 第八章　现代科技馆体系创新与提升

## 第一节　加强科技馆建设与内容创新

### 一、加快全国科技馆建设，提升科普基础设施保障能力

#### （一）树立正确的科技馆建设理念

把科技馆当作"教育机构"来建设。不应再把科技馆建设看作简单的"场馆建设"甚至是"馆舍建设"，要尊重科普资源建设的规律，为科普资源建设及科普资源研发力量的建设提供充足的资金、人力和其他保障条件。

把科技馆当作当地公共科普服务体系的"龙头"来建设。不应再把科技馆建设局限于单体馆的建设，也不要再把科技馆的功能局限于馆内的展览教育，从筹建之初就充分考虑科技馆为网络科普、流动科普设施、其他基层科普设施及社会科普活动提供资源开发、更新、维护等辐射服务功能。

既要"建馆"又要"养馆"。在科技馆与科普设施筹建之初甚至筹建之前，就应充分考虑其建成后运行与发展可能遇到的问题，特别是后续运行和可持续发展中的资源与技术保障问题。[①]

#### （二）推动科技馆建设与合理布局

推动中西部地区和地市级科技馆的建设。对于尚未建有科技馆的省会城市、自治区首府、计划单列市和市区常住人口在 50 万人以上的城市，鼓励通过新建或改扩建的方式建设特大型、大型、中型或小型科技馆。到 2020 年，

---

① 中国科技馆课题组. 科技馆体系研究报告［R］. 北京：全国科普基础设施"十三五"发展规划前期研究，2015 - 04.

推动地市级城市至少拥有一座科技馆。①

加强展教场地设施不足、科普功能薄弱的科技馆的改造或改建。对于一些地市级科技馆和县级科技馆，随着人口规模的增长和当地居民需求水平的日益提高，现有科技馆的面积、展览展品规模和水平已经严重滞后，需要通过改造、改建等方式，扩大科普教育设施的面积，增强科普展教功能。

推动有条件的地方及企事业单位等，因地制宜建设一批具有地方特色、产业特色的专题科技馆。专题科技馆是与综合性科技馆相对而言的，它们是通过展示某一专业领域或行业的科技知识和科学理念而形成的主题性科技馆。专题科技馆易于获得来自合作方的各种资源，具有快速将前沿科技转化成科普资源的独特优势，能够不断地进行展厅、展品改造，开发特色的展教资源，实现常展常新。

我国地大物博、幅员辽阔，各地形成了特色鲜明的自然、人文、教育、产业景观，各行各业发展迅速，行业成果显著，这为建设专题科技馆提供了条件。各地应该对当地的资源优势进行深入而系统的分析，积极争取与当地的高校、科研院所、企业、行业联盟等开展合作的机会，建立专题科技馆。

## 二、加大展教资源研发力度，提升展览教育能力

### （一）创新展教资源研发模式

创建展览展品项目"首台套"研发模式。科技馆展览展品属于非标展品，其生产制造没有统一的行业标准和规格，一般按照实际展示的需要自行设计制造。科技馆展览展品非标的特点导致展览展品的创新乏力，同质化现象明显，因此，要创新展览展品的研发模式，按照科研项目的方式，设立展览展品研发专项经费，重视对"首台套"研发成果的奖励和对知识产权的保护，鼓励社会各界共同参与、众筹众创，促进展览展品研发水平的提升。

与高校、科研机构合作建立"科普场馆展教资源研发基地"，发挥高校师生、科研机构研究人员参与展览展品研发的热情，促进科研成果向展览展品转化。

实施科技馆联合行动。探索科技馆之间联合进行展教资源开发的新模式，

---

① 《中国科学技术协会事业发展"十三五"规划（2016—2020年）》。

发挥优势，弥补不足，合力打造精品的展教资源，搭建资源共建共享平台，促进展教资源的集成和共享。

**（二）促进展教资源协同、深度开发**

在展教项目日益增多的同时，为了使不同展教项目之间形成协同效应和实现项目投资效益的最大化，科技馆要在中国特色现代科技馆体系框架下，进行展教资源的协同、深度开发。

进行同一形式、不同主题科普资源的协同开发，打造主题化、系列化的展教活动资源包。针对展览展品、教育活动、科普影视等某一特定形式的科普资源，要根据中国特色现代科技馆体系中不同人群的需求和喜好、不同科普设施的特点，选取相应的内容和表现方式，配合实体科技馆、流动科技馆、数字科技馆、农村中学科技馆、青少年科学工作室、社区科普活动室、科普画廊等科普设施开展相应的科普教育活动。例如，展览开发可以采取标配加模块搭建的模式，既有满足基本需求的基础展览展品模块，也有可模块化灵活搭建的不同主题内容，进行系列化、多元化、模块化的设计制作。"一次开发、多重应用"，形成适应科技馆体系不同层级的系列化产品。①

树立观众参观前、参观中、参观后的科普资源一体化开发、规划和实施理念。长期以来，我国科技馆在教育活动的开发和开展上对观众的实地参观阶段较为关注，忽视了观众参观前和参观后的阶段。参观阶段的活动固然是主体，但科技馆教育活动的规划与实施同样包括吸引目标观众、潜在观众和虚拟观众前来，以及对参观后的实际观众继续提供教育产品的服务。虽然，三个阶段的教育目标、任务都不同，实施策略、方法也各有侧重，但各个阶段不是绝对分割的，而是一以贯之、环环相扣的一个系统，因此必须进行一体化管理，如此才能达到展教活动成效的最大化②，因此，科普资源的开发也要坚持一体化的开发思路，最大限度地满足观众的需求，增强科技馆对观众的黏性。

**（三）创新展教内容与展示形式**

增强科技馆展教内容的时代性，促进公众理解科学，树立科学的发展观。密切关注全球前沿科技发展趋势，聚焦社会发展以及人民生活的重大、热点

---

① 中国科技馆课题组. 新时期我国科技馆展览展品开发策略研究报告 [R]. 2015 - 04.
② 郑奕. 博物馆教育活动研究 [M]. 上海：复旦大学出版社，2015：99 - 100.

问题，推动科技向科普及时、有效地转化，促进展示内容与时俱进，更加贴近公众生活；研究适于科技馆展览展示的新技术、新设备，在应用与实践中形成科技馆独特的展览展示方式，丰富展品表现形式，增强展示互动效果。进一步揭示科技与社会、人与自然的关系，注重表现科学探索的过程及在这一过程中所体现的科学思想、科学精神、科学方法，引导公众树立科学发展观。

除了开发传统的常设展览、短期展览、巡回展览、科普讲座、动手实验、科学表演等形式，积极开发科普剧、科普脱口秀、科普漫画、科普微专栏、科普微视频、科幻作品、科技衍生品等多种形式的科普资源，举办科普夏令营、科学竞赛、科学辩论赛、科普沙龙、教师培训等活动，着力搭建科学家与公众交流的平台，促进公众理解科学。推动科技馆文化创意产品研发，探索建立多元化的文化创意产品开发营销模式。

### 三、创新观众服务理念，提升公共科普服务水平

观众是科技馆的服务对象，也是其生命所系。[①] 科技馆需要由以物（展品、巡回展览、电影等）为中心的观念向以人为中心的观念转型，拓展教育功能的深度和广度，实现以人为本的服务理念，并将公众服务理念渗透到每一个环节中。[②]

#### （一）扩大服务人群，细化目标受众

科技馆应根据观众的情况，结合本地的特点，进一步细分观众类型，选择合适的划分标准，建立一套能适合本馆实际情况的观众分类依据与科学标准，并有针对性地开发相应的科普资源，开展相关的展教活动，提高活动效果。科技馆还要把教育的影响辐射到社区甚至更广泛的区域，进一步扩大科普资源的受众范围，以青少年为抓手辐射带动科普教师、家庭、社区居民参与科技馆科学教育项目，研究开发针对不同人群及受众的学习资源。[③]

#### （二）加强宣传推广，与公众建立广泛联系

在信息爆炸的时代，科技馆要借助营销学、公共关系学理论和其他领域

---

① 郑奕. 博物馆教育活动研究 [M]. 上海：复旦大学出版社，2015：99-100.

② 龙金晶，刘玉花. 世界科技博物馆教育的角色演变与发展趋势研究 [J]. 自然科学博物馆研究 [J]. 2016（1）：27-34.

③ 中国科技馆课题组. 创新我国科技馆科普教育活动对策研究报告 [R]. 北京：全国科普基础设施"十三五"发展规划前期研究，2011-03.

的优秀经验，在做好日常运营工作的同时，还要将展览教育与公共关系活动有机结合，在吸引公众的同时，树立良好的社会形象。充分利用新闻媒体和网络传播平台，加强与各类宣传机构的沟通和联系，以科普活动为载体，大胆创新，宽角度、深层次地进行宣传，与公众建立广泛联系，推进建设科技馆品牌资源。[①]

### （三）提供个性化服务，优化观众体验

为了进一步贴近公众的生活，响应公众终身学习的愿望，科技馆为不同的受众提供个性化、可定制的服务，例如，举办科学生日会等纪念活动，通过公众预约，可在科技馆开展相关的科学表演或科普秀，将公众个人的纪念日与科技馆的相关活动相结合；观众根据个人的兴趣定制科技馆的参观路线，科技馆的工作人员提供相关的辅导，并开展互动活动；科技馆为公众，尤其是青年人，提供实习和实践的场所。又如，美国亚利桑那科学中心为中学生和高中生设置一项就业准备计划，向他们介绍各种科学、技术、工程和数学（STEM）职业选择，为他们组织各种动手参与的课程，通过实地考察的形式将他们引荐给潜在的雇主，并牵线搭桥为他们安排实习机会。这一计划将有可能使更多的学生继续保持对科学、技术、工程和数学的兴趣，尽可能地减少高中毕业后既找不到工作又不愿继续深造的学生的数量，并使那些大龄学生及其父母参与到科技馆的活动中来，借以帮助改善这些学生的未来。[②]

### 四、推动信息技术应用，提升信息化和智能化水平

### （一）建设智慧型科技馆

树立智慧场馆的理念，充分运用大数据、云计算、物联网、移动互联网、人工智能等先进的信息化技术，建设科技馆的综合信息服务和资源共享平台，全面提升科技馆展览展品、教育活动、观众服务和运行管理等方面的信息化水平，集成科技馆展览展品、教育活动、科普影视资源等数据，搭建科普资源数据库，促进数据应用和共享，为决策提供依据。借助互联网、社交媒体、移动应用、云计算、大数据等信息技术，全面获得公众的参观需求和参观行为数据，实现精准推送，实现科技馆的智能化管理和公众的个性化服务。

---

① 袁培福，翟树刚. 试析科技馆运行管理中公共关系理论的重要作用 [J]. 科教前沿，2008 (18)：374，396.

② 杨. 科学中心市场营销新时代 [J]. 维度（中文版），9：24-28.

### （二）借助互联网大力发展众创平台和众创空间

积极运用互联网思维"用户产生内容"（UGC）的理念和模式，建立展教资源研发众创平台，鼓励科技馆与高校、科研院所和企业的深度合作与优势互补，通过建设平台硬件环境、基础软件、平台系统，创建科普展教资源设计数据库、设计开发模块及素材等，实现展品在线协同交互设计和成果的实时展示、交流。在科技馆设立面向公众的众创空间，构建公众参与开发和创作展教资源的场地、设备、资源和渠道，集聚各类创新人才和资源，开展"创客"教育，培育公众的创新意识和能力，同时促进科技馆展教资源的开发与创新。①

本节执笔人：刘　琦

单位：中国科学技术馆

## 第二节　推动科技馆体系标准化建设

近年来我国科技馆事业快速蓬勃发展，初步建立了以科技馆为龙头和依托，统筹流动科技馆、科普大篷车等流动科普资源和数字科技馆等网络科普资源的建设与发展，辐射带动其他基层公共科普服务设施的中国特色现代科技馆体系，不断强化科普人才队伍建设，大力促进科普新兴产业迅速发展，为科普事业发展搭建了良好的发展平台。与此同时，科技馆体系标准化工作的重要性日益凸显，各地方在科技馆体系的建设实践中充分认识到标准对基础设施建设、资源建设与运行管理等方面的规范与保障作用，对科技馆体系标准化建设提出了强烈而紧迫的需求；通过制定相关标准，规范科普服务领域的发展，引导企业之间的良性竞争、差异化发展，促进科普资源有效利用、高效整合和共建共享，提升科普工作的服务质量，以形成良好的行业发展内外部环境。

### 一、加强标准化工作的组织建设

2014 年 8 月 13 日，中国科协作为筹建单位向国家标准化管理委员会申请

---

① 束为. 着力升级融合 服务创新驱动［R］. 2015 全国科技馆工作会议文件.

筹建"全国科普服务标准化技术委员会"。2015年12月1日，中国科协收到国家标准委办公室的复函，同意中国科协筹建全国科普服务标准化技术委员会。2017年6月12日，中国科协收到国家标准委的另一复函，同意中国科协成立全国科普服务标准化技术委员会（以下简称"科普标委会"），秘书处由中国科技馆承担。2017年9月5日，科普标委会成立大会在中国科技会堂召开。

随着科技馆体系的建设发展，科普标委会的成立将大力推动科技馆体系标准化建设，中国科技馆作为秘书处承担单位，将依托科普标委会，在中国科协的领导下，对科技馆体系标准化工作进行统筹规划与归口管理，待条件成熟时成立科技馆标准化分技术委员会，积极组织开展标准的研究、制修订及宣贯、培训等工作，为各地方科技馆体系的建设与发展提供重要的技术支撑和指导。

此外，科技馆体系标准化牵涉部门多，范围广，应当组织、利用各类社会资源，通过调动和发挥科普服务机构、标准化研究机构、科研院所、行业协会等力量，形成支撑科技馆体系标准化工作的组织机构体系，从理论研究扩展至实践应用，更大范围、更深层次地开展科技馆体系标准化工作。

## 二、加强科技馆体系标准化的顶层设计和总体规划

目前，作为科普标委会秘书处承担单位，中国科技馆稳妥推进技术委员会的各项工作，并在研究科普标委会负责领域的国家标准体系的基础上，根据已开展的标准化工作实际情况，初步构建了科技馆领域国家标准体系框架，主要划分为基础设施建设标准、资源建设标准与管理评价标准三大类。今后需要进一步明确科技馆体系标准化工作的方针政策、范围、目标及其发展规划和实施计划，并在实施过程中不断地进行完善修订和拓展延伸，统筹推动科技馆体系标准化工作开展。

### （一）基础设施建设标准

科技馆体系的基础设施主要包括各级实体科技馆以及设置于城镇、乡村、社区、街道等用于科普展示教育的基层科普设施等，是提供公共科普文化服务的物质基础和主要阵地，是科技馆体系在功能、资源和信息上的重要节点。基础设施建设标准主要对上述实体场馆、设施等的建设所应满足的技术内容和规范要求提出通用技术标准。主要包括以下几类标准。

1. 科技馆建筑相关标准

中国科协作为主编部门组织编制的《科学技术馆建设标准》，已于 2007 年 8 月 1 日颁布施行，对于指导规范我国科技馆建设以及全国科技馆事业的发展起了巨大的推动和保障作用。然而，随着经济、社会和科技馆事业的不断发展，国家、社会和公众对科技馆建设提出了新的、更高的要求，特别是根据十八大后公共文化服务体系和科技馆体系建设的新任务，《科学技术馆建设标准》也应与时俱进，并结合国家、社会、公众的需求和科技馆事业未来发展趋势进一步修改、完善，以便更好地指导和规范今后的科技馆建设。2015 年 12 月，住房和城乡建设部批复同意中国科协作为主编部门修订《科学技术馆建设标准》；2016 年 3 月，标准修订项目正式启动，同时将通过充分的国内外调研和交流研讨，确保标准修订内容的科学性、适用性和先进性；2019 年，完成了标准修订、论证及报批。

2. 科技馆特效影院建设相关标准

特效影院的建设在科技馆整体建设工程中具有一定的特殊性和专业性，由于特效影院与常规影院在构造和效果上有较大区别，不完全适用于常规影院的标准，各个特效影院设备生产企业的技术标准也各不相同，因此各地方在建设特效影院时，急需相关标准，在特效影院建设的整体规划、建设规模、建筑设计及设备选型等方面提供技术指导。2011 年，中国科技馆承担了中国科协科普部设立的"科技馆特效影院建设标准研究"课题，形成了一定的研究成果；2018 年，在科普标委会的支持下，"科技馆特效影院功能配置与技术要求"标准预研项目，拟向国家标准委正式申请国家标准立项。

3. 基层科普基础设施建设相关标准

基层科普基础设施主要包括科普画廊（宣传栏、橱窗）、科普活动室（站、中心）、青少年科学工作室以及近年来新兴的科普馆（体验馆、生活馆）等，承载着面向基层公众的科普展览展示、科普实践活动等各项科普功能。近年来，基层科普基础设施迅速发展，数量和规模不断增长，今后需要根据现实需求研究制定相关类型基层科普基础设施的建设、功能及资源配置标准，提升科技馆体系向基层服务的辐射能力与公平普惠。

**（二）科普资源建设标准**

科技馆科普展览展品、教育活动、数字化科普作品、科普影视作品等科普展教资源的建设是科技馆体系发挥基本功能的必要条件和基本保障，通过制定科普展教资源的集成、转化、开发、生产等方面的通用技术标准和规范，界定适用范围和基本功能，规范技术要求和相关流程，控制资源质量和经费投入，提升科普展教资源开发能力和水平，促进资源的共建共享和有效利用。主要包括以下几类标准。

1. 科技馆内容建设规范

未来五年，我国科技馆事业也将进入发展模式转变的重要转折期，须从以数量规模增长为主的外延式发展模式转变为以展教能力提升为主的内涵式发展模式。转变建设和发展思路，加强科技馆内容建设，完善和充分发挥科技馆的教育功能，提升科普服务能力和水平是新时期迫在眉睫的发展命题，也是中国特色现代科技馆体系建设的关键内容之一。

各地方在建设实体科技馆过程中，建设者对科技馆本质属性和功能定位认识不足，缺乏科技馆内容建设经验，导致科技馆展教功能不能充分发挥。为进一步规范和提升全国科技馆内容建设水平，中国科协已组织研究制定《科技馆内容建设规范》，使各级政府、科技馆主管部门和科技馆自身高度重视科技馆内容建设，进一步厘清各级科技馆在科技馆体系建设中的功能定位和职责任务，明确科技馆内容建设的主要原则、相关要求和方式流程等，有效指导各地方开展科技馆内容建设。

2. 展览展品相关技术规范

展览展品是科技馆教育的载体和基础，常设展览、短期展览和流动巡回展览等不同类型的展览展品在展示目的、表现形式、技术要求和预期效果等方面有所区别；针对不同类型的展览展品，研究制定展览展品相关通用技术规范，合理规范展示设计、加工制作、布展施工、竣工验收、撤展巡展等方面的技术要求，全面确保展览质量、展示效果和成本造价等。今后须重点加强以下三方面标准规范的研究制定。

一是科普展品设计通用技术规范，明确科技馆展品设计的具体技术要求，对展品设计过程中涉及的材料与设备、结构与机械、电气控制、多媒体与软件等方面提出技术要求，对原理实验、功能试验、安全测试等进行程序、内容、方法等方面的规定；二是科普展品制作通用技术规范，对展品制作工艺和流程、整机测试、场地装机联调、质量控制等方面做出合理规范；三是科普展品验收通用技术规范，对适用于展品中期检查、出厂验收和竣工验收等方面的评价内容、验收流程和技术指标等做出合理规范。

3. 数字化科普资源相关技术规范

近年来，随着数字化和信息化技术的迅速发展，科技馆展教资源中数字化科普资源所占的比重越来越大，如多媒体、动漫、影视片、游戏、软件等；而且这些资源具有可复制、多平台应用的特点，因此可以在科技馆体系各相关平台（实体科技馆、流动科技馆、科普大篷车、数字科技馆、农村中学科技馆等）上使用，实现科普资源的"一次开发、多重利用"。然而，数字化科普资源的开发须遵循一定的标准和规范，才能在各平台上有效使用并确保相关数据能够在各个终端高效、准确地传输。2017 年 3 月，由中国科学技术馆通过全国科技平台标准化技术委员会申报并编制的《科普资源分类与代码》（GB/T 32844—2016）正式发布；今后，将依托科普标委会，进一步编制"科普资源元数据""科普信息资源质量要求规范"等标准，规范数字化科普资源的数据类型、数据元设计与管理、数字化采集与加工等方面的技术要求。

4. 流动科普资源相关技术规范

流动科技馆、科普大篷车等流动科普设施在功能特点、服务范围和服务方式等方面有别于实体科技馆，对展教资源的流动性和便捷性提出了更高要求。因此，须制定流动科技馆和科普大篷车的功能配置与内容设计通用技术规范，合理规范活动场地设施条件、展教资源适用性设计、车辆改装等问题，保证流动科普资源有效深入到基层，面向偏远基层开展高标准、高质量、无差别的流动科普服务，实现科普服务的公平普惠。

**（三）运行服务与管理评价标准**

创设科学的运行管理与评价机制是建设科技馆体系的关键环节，是科技馆体系有序运行、可持续发展的重要保障。运行服务与管理评价标准是科技馆科普服务提供过程中，针对管理与评价的流程、模式和程序等内容所制定的规范和要求。通过制定此类标准，对各类科普基础设施的运行、服务、人力资源配置等做出规范，对科技馆体系运行管理相关的资格准入、服务质量、评价指标等提出相应要求，为科技馆体系运行效果评估提供规范化的依据。

1. 运行管理相关标准

研究制定科技馆体系中所涉及的服务性、管理性内容的相关规范和要求，包括对各类科普基础设施的运行服务、质量控制的规范要求，对信息化服务的采集、传播、管理、安全等工作的通用技术规范，对服务提供的流程、模式、内容、方法等的管理要求等，切实提升科技馆运行服务的效率和质量。

今后，拟陆续开展实体科技馆、流动科技馆、科普大篷车、数字科技馆等运行与管理通用技术规范的研究和制定工作。

### 2. 人力资源相关标准

科技馆专业人才是科技馆体系建设和发展的第一资源，通过制定科技馆工作人员的从业资质、素质要求、工作标准、绩效考核等相关标准，使各级政府、科技馆主管部门和科技馆自身高度重视科技馆专业人才队伍建设，保证人才队伍的数量、结构和质量。今后须重点加强以下三方面标准规范的研究制定：

一是制定科技馆从业人员岗位认定与等级评定标准，明确科技馆从业人员的岗位职责与专业素质要求，规范资格准入条件要求，优化人才结构，提升行业人才的整体专业素质与技能；二是制定科技馆从业人员培训规范，建立培训体系框架，分层级、分系统地设定培训课程大纲，合理提出培训教师的授课要求等；三是制定科技馆从业人员工作绩效考核标准，建立健全专业成果与绩效考核制度，切实形成能够激发从业人员不断提高业务水平的良性竞争激励机制。

### 3. 认定与评价相关标准

研究制定科技馆体系中科普服务及资源提供者（科技馆、科普企业等）的认定、分级、评价标准以及所提供的科普服务效果评估相关标准，促进科技馆行业整体水平的提升。

科技馆作为公共科普文化服务的重要基础设施，应组织开展科技馆的分级评定工作，明确各级科技馆在科技馆体系中的功能与职责要求，借鉴博物馆行业相关经验制定科技馆分级评定标准，定期对科技馆的建设、运行、展教、服务、效益等进行评估，监测科技馆体系运行的实际效果。

科普企业是支持科技馆体系建设与发展的重要力量，在科技馆体系基础设施建设、科普展教资源的开发、生产与维修等方面，应充分调动和挖掘科普企业等社会资源为我所用，通过制定科普企业认定与评价标准，探索建立科技馆相关产业的行业组织和企业资质认定、市场准入与淘汰制度等，规范科普企业合作项目的管理与实施，有效提高科普产品的质量与水平。

## 三、加强科技馆行业标准化人才队伍建设

《全民科学素质行动计划纲要实施方案（2016—2020 年）》提出了"推动

建立科普标准化组织，完善科技馆行业国家标准体系以及相关标准规范"等要求，对科技馆行业标准化工作提出了明确的要求，各地方应高度重视标准化工作。其中，培育和建立一支标准化专业人才队伍是科技馆体系标准化建设的关键。

由于我国科技馆行业标准化工作刚刚起步，各地科技馆和相关人员还没有完全树立标准化管理思路和理念，标准化方面的人才极为缺乏。因此，必须采取多种形式，尽快培养和储备大批既熟悉科技馆相关业务，又掌握标准化工作知识和方法的专业人才，积极开展科技馆行业标准的研究、制定与宣贯工作，严格执行标准中的技术要求和管理规范，为科技馆体系标准化建设保驾护航。

本节执笔人：陈　闯

单位：中国科学技术馆

## 第三节　推进科技馆信息化升级

推进科技馆体系信息化建设和升级，其目的是运用信息网络技术，进一步整合科技馆各个领域、各类资源，实现互联互通，促进效率提升。科技馆体系信息化升级，主要包含两个方面：其一是体系平台网络建设，通过此举实现体系互联互通、有机衔接，促进体系协调发展；其二是新型信息网络技术的实践应用，以技术手段辅助科技馆服务和管理的提升，不断研究信息网络技术的革新和公众需求及使用习惯的变化，与时俱进，以人为本，切实为提升全民科学素质发挥作用。

### 一、科技馆体系平台网络建设

科技馆体系平台网络，是以最新信息网络技术为支撑的平台网络系统，遵循科学传播及信息网络技术的运营规律，发挥互联网的大容量、泛在化、开放性、高效率、低成本等优点，在完善科技馆科学传播体系、提高公共服务能力和覆盖面、增强科普时效性及实效性、适应信息社会发展的现实要求、提高科普工作水平等方面发挥重要作用。

### （一）科技馆体系科普资源管理平台

科普资源是发展科普事业必需的重要基础，也是开展科普工作的基本条件。建设科技馆体系科普资源管理平台，解决当前各级、各类科普资源数据存储分散、来源多样、结构复杂，无法高效、合理运用等问题。该平台将汇聚各类科普资源，以全面收集、整合、管理科普资源为目标，开展科普资源的制作、加工、存储、组织和管理等工作。加强科普资源潜在价值的开发与利用，提高科普资源质量，满足各类科普应用的要求，促进体系内科普资源的共建共享。

科技馆体系科普资源管理平台的建设包括建设科普资源数据库和建立一套科普资源数据管理体系，对资源采集、存储、管理和应用的全过程进行管理。

科技馆体系科普资源管理平台建成后将可对不同来源的各种科普资源数据进行采集、加工，按统一的入库标准分门别类地存入数据库，并依据各种元数据建立索引，以便随时检索、应用。

### （二）科技馆体系科普创作开发平台

科普创作是科普资源开发积累过程中不可或缺的一个环节，由于目前体系内大部分科普机构和个人的计算机能力有限，不能很好地掌握多种创作软件的使用方法，加之还没有建立与科普内容相关的素材库，因而科普资源的整体制作水平不高、缺少统一管理、科普资源的格式不很规范等弊端，一定程度上影响了科普效果。

科技馆体系科普创作开发平台将众多的多媒体开发工具集成在一起，为公众提供制作、处理和统一管理文本、声音、图像、动画、视频等多媒体信息的开发平台。建设科技馆体系科普创作开发平台，可使机构或个人通过该平台进行多种素材和创作软件的有效集成，创作出内容新颖、质量优秀的科普作品，提高科普研究创新能力。

### （三）科技馆体系科普活动平台

科普活动是最直接、互动性最强，也是公众最喜爱的科普形式，打造线上线下合一的科普活动平台，树立科普教育活动品牌是科技馆体系建设不可或缺的一环。建设科技馆体系科普活动平台，改变之前各级、各机构独立开展科普活动、孤军奋战、无法形成合力的现状，提供一站式活动信息与参与服务。科普教育活动的组织和实施，要充分利用线上网络和线下实体的优势，以现代科技馆体系为依托，整合资源、形成合力，依据不同机构的不同优势，在全国范围内，常年开展多种类、多形式、线上线下相结合的科普活动，最大限度地吸引广大公众参与，形成若干有影响、有规模、有品牌效应的活动。

### （四）科技馆体系科普产品交易平台

科技馆体系科普产品交易平台，针对各类科普产品的创作、开发机构和个人提供开放性与易用性并存的一体化交易、管理平台。

科技馆体系科普产品交易平台以信息技术改造传统科普产业为立足点和出发点，针对我国科普产业创作难、交易难的两难现状，从科普产品的实际需求出发，实现包括供求信息发布、会员交易、信息智能匹配、市场信息自动采集、个性化用户交易定制等功能。通过多种电子商务模型与自主建站等前沿技术实现科普产品的电子化交易 B2B、B2C、C2C 模式的综合应用，用户可以在电子交易平台实现展示企业的形象、产品的全面介绍与宣传、售后服务与支持等一些交易所涉及的各个环节。

### （五）科技馆体系考核评估平台

建设科技馆体系考核评估平台，设置科技馆体系科普设施及资源的考核、评价办法，以信息化的手段辅助实现任务分发、评价指标建立、权重分配、考核结果量化计算等环节，实现任务考核评估的透明化、公平化。

利用信息网络透明、公正、共平、公开的特性，建立富有公信力的认证、表彰、惩戒等制度。加强各级各类科普资源和设施认证制度，引导和扶持通过认证的资源设施，健康可持续发展。制定表彰和奖励政策，定期对科普设施及资源进行评价、考核，对优秀的科普设施进行宣传推广和一定的资金支持。对不合格科普设施进行警告、曝光，必要时取消其认证资格。制定相关法规、规章和标准，充分保护知识产权，创造公共科普信息资源公平使用的法制环境。

### （六）科技馆体系科学传播平台

科技馆体系科普传播平台，是由互联网、移动互联网、有线电视网、通信网及其他网络平台以及数字离线载体等多种媒体组成的综合性传播平台。

科学传播，落脚于传播，也就是说，传播是科普产品、资源流通和普及的最关键环节。当前信息传播技术日新月异，科技馆体系科学传播平台，是多种媒体手段有机结合的平台。在网络电视中植入科普服务，使公众在家中通过电视和机顶盒点播、直播、回看、信息浏览等方式收听、收看科普节目，并可以预定科普教育设施的参观、讲座、报告会等入场券，真正实现科普走进家庭。建设覆盖城乡的科普电子屏网络，开发针对性强的科普资源配送系统，将各类科普资源及时配送到各个电子屏终端上，并利用网络解决科普电子屏的远程管理、监控等管理要素。充分利用微博、微信等新媒体手段促进科学传播，鼓励和支持全国科技场馆、科研院所、科协组织、新闻媒体、科技企业等设立科普微博与微信，加强专业领域的微博与微信，针对公众关心的热点焦点问题，解读背后的科学，提供公众即时、深入的科普服务。加强与其他机构及组织的合作，依托已建设的其他网络，将科普服务推送到公众面前。如公交电视网、楼宇广告网、远程教育网、电子书包、数字离线载体等。

## 二、科技馆信息化的新趋势

在当今信息时代，技术的发展日新月异，各类新技术涌现及应用为科技馆的发展和革新带来了新的机遇。未来科技馆发展，要以信息化为基础，以参与、互动为目标，以提升用户体验和服务效能为宗旨，满足公众日益增长的提升科学素质的需求。

观众在科技馆的参观过程可以归纳为参观前、参观中和参观后，通过信息化的手段和途径，在提升科技馆教育、服务及管理水平的同时，为观众的整个参观流程带来更为便捷的方式、更为人性化和个性化的体验。表8-1展示了借助信息化手段，科技馆在观众的参观过程中能够提供的便捷服务。

表8-1　科技馆信息化教育/服务/管理模型

| 观众需求 | 参观前 | 参观中 | 参观后 |
|---|---|---|---|
| 教育 | 提供展览、活动介绍、预约，虚拟展馆漫游等，以及观众参观前的相关准备信息等 | 提供展品智能讲解、基于位置的智能导览、教育活动提醒等 | 提供知识的订阅、推送和分享、讨论 |

续表

| 观众<br>需求 | 参观前 | 参观中 | 参观后 |
|---|---|---|---|
| 服务 | 以观众易于获得的途径和形式提供与科技馆相关的服务信息，诸如位置、开闭关时间、购票等 | 建设智能场馆，为观众提供时时刻刻的智能化服务，如纪念品预订、餐饮等 | 建立高效的信息反馈渠道 |
| 管理 | 记录观众的兴趣点及相关预约信息，进行数据分析和智能评估<br>展品展项智能管理，提高展品完好率<br>开展基于慕课的员工培训，提升专业素养和服务水平<br>拓展多终端、跨平台的载体 | | |

结合信息技术的发展和观众的需求，科技馆信息化未来的趋势可以概括为以下几个方面。

### （一）加强移动终端科普资源和服务建设，实现随时随地的移动科普

据中国互联网信息中心（CNNIC）发布的第 40 次《中国互联网络发展状况统计报告》显示，截至 2017 年 6 月，我国手机网民规模达 7.24 亿人，较 2016 年年底增加 2830 万人。网民中使用手机上网的比例由 2016 年年底的 95.1% 提升至 96.3%，手机上网比例持续提升。[①] 随着移动通信网络环境的不断完善以及智能手机的进一步普及，移动互联网应用向用户各类生活需求深入渗透。

科技馆信息化的发展，要遵循互联网的发展趋势，加强适宜于移动终端使用和推广的科普资源和服务的建设，从题材、内容、格式、大小等诸多方面研究移动互联网传播的规律，满足公众碎片化阅读和使用的习惯，使公众通过手机就可以轻松完成搜索、查阅、分享等，实现随时随地的移动科普。

### （二）开发基于位置信息的导览系统，提升科技馆精准化、个性化服务

基于位置的服务，简而言之就是根据用户的位置提供动态定制的内容和服务。基于位置的服务通常是通过无线电通信网络（如 GSM 网、CDMA 网）、蓝牙或外部定位方式（如 GPS）获取移动终端用户的位置信息（地理坐标或大地坐标），在地理信息系统（GIS）平台的支持下，为用户提供相应服务的

---

① 第 40 次中国互联网发展状况统计报告［EB/OL］.（2017 – 09 – 20）.［2018 – 05 – 08］. http：//www. cnnic. net. cn/hlwfzyj/hlwxzbg/hlwtjbg/201708/t20170803_69444. htm.

一种增值业务。①

信息技术的发展促生了室内定位技术的提升，高精度、低成本的技术为科技馆基于位置信息的导览讲解系统的建设提供了便利。例如，Ibeacon 是苹果公司推出的一种蓝牙协议，通过配置相关的硬件设备，并在微信端进行定制开发，使得观众通过"摇一摇"的方式，获得科技馆智能导览、讲解、提醒、个性化线路定制等服务。IBeacon 和微信"摇一摇"功能相结合，搭建起了 offline 到 online 的桥梁，向用户提供本地化、场景化、个性化、持久化的游览体验和贴身服务，向科技馆管理者提供便捷灵活的大数据信息。

受众是科学传播过程中的一个重要环节，数据来源于公众并服务于公众，利用大数据和云计算等技术搜集并分析不同群体甚至是个体的需求、习惯、偏好，有针对性地提供多样化、个性化、定制化的科普内容和服务，是未来科技馆发展的必然选择和方向。

**（三）利用 VR、AR 等技术及可穿戴设备，建设虚拟科技馆，促进知识的延伸拓展**

虚拟科技馆是基于互联网技术和虚拟现实技术的在线式虚拟科普场所，是利用虚拟现实技术产生的逼真视觉、听觉和触觉等三维感受环境，真实再现游览景观与互动体验，实现公众在虚拟场景中的漫游，形成全时空的科普服务模式。

虚拟科技馆不仅仅是实体科技馆的数字化与网络化，而是真正在互联网上建立一个可以让公众置身其中的沉浸式虚拟环境。公众可以在虚拟环境中扮演一个角色，以第一或第三人称视角行走、参观和操作展品。虚拟科技馆也不是一个独立的场馆，而是一个场馆群，包括虚拟科技馆主馆、虚拟专题馆、虚拟活动馆、虚拟实验室、虚拟科普图书馆、虚拟科普视频馆等场馆。公众进入虚拟科技馆就像置身科学小镇，可以参观科技展品，参加主题活动，动手进行实验，阅读喜欢的图书，观看感兴趣的视频。

**（四）设计制作沉浸式视频、游戏等科普资源，提供情境化、清晰、直观的科普体验**

科普游戏和视频作为一类重要的科普资源，具有较高的趣味性、互动性，

---

① 百度百科. 基于位置的服务. ［EB/OL］.（2017 – 07 – 04）［2018 – 05 – 03］. http：//baike. baidu. com/link？url＝_vEeg6zxmJjNS9_vRFIiIH2oiafVfK_WYTfKMeAIS9aTxWnBjMmwkEsoA2DbZetq.

能在轻松、愉快的氛围下传播知识，成为年轻人特别是青少年喜欢的形式。利用3D、VR、MR等技术，设计制作沉浸式科普视频及游戏，向公众提供寓教于乐、多种形式的科普资源的同时，有助于推动科技馆体系内科普影视及游戏创作的发展。近几年，无论是网络视频还是游戏，都发展迅速，特别是随着移动互联网技术的发展，移动端视频及游戏已成为新的增长点，并逐步向3D、VR等方向发展。重点开发、征集一批优质科普视频及游戏，调动公众参与创作的热情，重点发展移动端科普微视频、科普精品视频系列和科普动画、科普闯关游戏等。经过长期积累，建成内容丰富、形式多样的科普视频库、游戏库。

在创作渠道方面，要创新资源创作方式和手段，通过引导和鼓励社会力量，制作构思巧妙、扣人心弦、效果震撼的沉浸式科普游戏和影视作品，激发公众对科学的兴趣和好奇心，使科普达到喜闻乐见、寓教于乐的效果。

### （五）以物联网、大数据、云计算等为基础，建设智慧科技馆

随着物联网、大数据、云计算等技术的发展和不断成熟，建设高度融合的智慧科技馆成为未来科技馆发展的必然趋势。移动互联网、基于位置的服务（LBS）、社交媒体、物联网、云计算等的新兴服务促使人类社会的数据种类和规模正以前所未有的速度增长，大数据时代正式到来。[1] 研究机构Gartner认为，大数据是需要新处理模式才能具有更强的决策力、洞察力、发现力和流程优化能力的海量、高增长率和多样化的信息资产。[2] 而这种新的处理模式，就是云计算。云计算在维基百科中是这样定义的：是一种基于互联网的计算，云计算微计算机和其他设备提供了其所需的共享计算机处理资源和数据。[3] 从这些描述中，我们不难看到，技术的核心在于应用。智慧科技馆的建设不是一朝一夕而成的，是随着技术的发展不断完善、进化的一个动态过程。

智慧科技馆的建设要"以人为本"，取之于人，用之于人。技术不应单纯成为展示或陈设，而应真正成为为公众服务的工具和手段，使公众在参观体验的各个环节以"润物无声"的方式体验智慧的科技馆。对于科技馆而言，智慧科技馆的建设，意味着对这些技术的掌握、分析和有效使用，例如用户

---

① 孟小峰，慈祥. 大数据管理：概念、技术与挑战 [J]. 计算机研究与发展，2013（1）：146 - 169.

② 百度百科. 大数据 [EB/OL].（2017 - 06 - 10）[2018 - 05 - 09]. http：// baike. baidu. com/link？url = 3GvVh6YaxOQx8kEGytY4BI35n5AjbWl1qEn_Cka56lRnmfSsB3wUzjye7aTztD0BxV3Ba8IyU qcqV2DHI_utOl6UJ_oco8Sz2sZp7RSoYLxcbyp8Kr9oWyRkcq - efZLV#reference - [1] - 13647476 - wrap.

③ Wikipedia. Cloud computing [EB/OL].（2017 - 06 - 13）[2018 - 05 - 09]. https：// en. wikipedia. org/wiki/Cloud_computing.

数据采集、存储、分析、改善的整个循环过程。

**（六）建设智能评估系统，为科技馆持续高效发展提供基础**

科技馆作为面向公众提供展览、展示及服务的大型科普场馆，展品完好率、公众满意度、场馆环境、客流密度、餐饮物业等诸多方面都是提升科技馆品质的重要因素。对科技馆进行评估，不仅有助于发现存在的不足、明确改进的方向，而且有利于促进我国科技馆事业全面、健康和有序发展，加强科学规范管理，增强行业自律，充分调动员工加强科技馆自身建设的积极性。

目前囿于技术发展的限制，科技场馆的评估大都针对某一方面进行，诸如展览效果、建设效益、教育模式等，且人工统计评估存在评估时间长、评估要点分类不准确和评估尺度客观性不高的因素。随着大数据、云计算、机器学习等新技术的发展，未来建设科技馆智能评估系统成为可能，智能评估系统的建设有助于科技馆客观公正地分析存在的不足，并据此进行改进，为科技馆高效有序地发展奠定基础。

**（七）建设基于慕课的在线培训系统，加强人力资源储备**

CNNIC 发布的第 40 次《中国互联网络发展状况统计报告》显示，截至 2017 年 6 月，公共服务类各细分领域应用用户规模均有所增长。其中，在线教育的用户规模达到 1.44 亿户。在线教育市场迅速发展，人工智能技术驱动产业升级。[①] 在线教育领域不断细化，用户边界不断扩大，服务朝着多样化方向发展，同时移动教育提供的个性化学习场景以及移动设备触感、语音输出等功能性优势，促使其成为在线教育主流。

传统的线下集中课程培训，不仅在人力、物力、资金等方面的投入巨大，而且最为重要的是线下培训的数量和质量都难以满足科技馆专业人才队伍建设、培养专业化人才、发掘兼职人才、建立志愿者队伍等全方位人力资源储备的需求。

慕课（MOOC），英文直译"大规模开放的在线课程"（Massive Open Online Course），是新近涌现出来的一种在线课程开发模式[②]，具有工具资源

① 第 40 次中国互联网络发展状况统计报告［EB/OL］.（2017 – 09 – 20）［2018 – 05 – 09］. http：//www. cnnic. net. cn/hlwfzyj/hlwxzbg/hlwtjbg/201708/t20170803_69444. htm.

② 百度百科. 慕课［EB/OL］.（2017 – 07 – 04）［2018 – 05 – 08］. http：//baike. baidu. com/link？url = agw3Fjqkk0fLojNpXov4xZ4xYpVCCRV9E12igiZ4fKjJkwZfKV3NbomljHeRiSZYSiXRCvkBV7v KP0_pncfK42Iux0h1OXC2_l9vaE9cv3_.

多元化、课程易于使用、课程受众面广、课程参与自主性强等特点。建设基于慕课的在线培训系统，加强种类丰富的在线教育课程，全面提升科学传播人员的科学素质和业务水平。同时建立起有效机制和相应激励措施，充分调动在职科技工作者、大学生、研究生和离退休科技、教育、传媒工作者等各界人士参加科技馆建设的积极性，发挥他们的专业和技术特长，形成一支规模宏大、素质较高的兼职人才队伍和志愿者队伍。

**（八）紧跟信息网络技术发展潮流，加强终端、平台等展现及推广渠道建设**

随着技术的发展和时代的进步，科普的过程经历了从单向推送到双向互动再到当下沉浸式体验、多角度互通的阶段。科技馆信息化不仅仅是技术、资源、服务的信息化，还包括平台、渠道等信息传播的终端的建设。科学传播的过程随着渠道建设的发展而不断演进。

Web 1.0 时代，科技馆是实实在在的一个实体，通过展览展品向公众展示并传递信息；以微博、微信、维基、直播平台等社交媒体的兴起为标志的 Web 2.0 时代，科技馆通过信息网络技术和公众之间的联系更加紧密，特别是移动互联网及智能手机的普及，科技馆的科普活动不单单局限在实体场馆，通过各种网络平台，科普的渠道得以大大拓展，以微信公众号、微博、各类视频网站专栏、虚拟科技馆等形式进行的科学传播过程，使公众得以随时随地获取信息，进行反馈，传播的效率得到极大提升。伴随着大数据发展，我们即将迎来 Web 3.0 时代，此时网络成为用户需求的理解者和提供者，网络对用户了如指掌，知道用户有什么、要什么以及他们的行为习惯，据此进行资源筛选、智能匹配，直接给用户答案。

我们在现阶段大力加强两微一端建设，借力信息网络技术，拓展传播渠道，加强传播效率。未来的技术发展，会带来愈加丰富的精彩的应用，科技馆的发展也应当紧跟时代，不断加强终端、平台的建设，以公众熟悉和便捷的方式提供资源和服务。

本节执笔人：郝倩倩

单位：中国科学技术馆

## 第四节　完善科技馆专业人才培养体系

科普人才作为沟通科学知识与普罗大众的纽带和桥梁，肩负着"激发公众科学兴趣、提高公众科学素质"的重要使命。2010 年，中国科协发布了《中国科协科普人才发展规划纲要（2010—2020 年）》（科协发普字〔2010〕20 号），其中指出"科普人才是指具备一定科学素质和科普专业技能、从事科普实践并进行创造性劳动、作出积极贡献的劳动者"，对进一步推动全国科普人才队伍的建设和发展做出了具体要求，强调要切实抓好科普人才培养，明确提出到 2020 年，科普人才总量至少比 2010 年翻一番的目标。

在建设现代科技馆体系的迫切需求下，完善全方位高层次的人才培养体系，是直接影响人才质量、关乎我国科普事业发展的重中之重；培养一支能适应科技馆未来发展需要的专业化科普人才队伍，是推进现代科技馆体系建设的关键。[①] 根据《中国科协科普人才发展规划纲要（2010—2020 年）》提出的宏观性指导意见和战略要求，科技馆专业人才培养应当基于现阶段发展需求，采取在职学习、学位学历教育、短期专业研修、馆外交流等相结合的形式，从而构建多层次、多形式、多途径的多元化人才培养体系。

### 一、强化科技馆在职人才队伍培养

在职培训是科普人才继续深造学习的最主要手段，在职培训的效果直接影响到人才质量。因此，提升科技馆专业人员的综合能力必须首先形成健全、高效的在职培训体系。

#### （一）加强在职培训，提高科技馆人才专业水平

根据自身情况的不同，各地科技馆应结合本馆的发展目标、岗位设置、工作需要，为人才队伍的长期发展制订相应的培养计划，并为员工参加学习和培训提供必要的条件和机会。一是要组织高层次的系统培训，加强科技馆高级管理人才培养；二是要组织系统集中的专业技术培训，有针对性地培养

---

① 中国科技馆课题组. 中国特色现代科技馆体系建设发展研究报告［R］. 中国科协"十三五"规划前期研究课题，2015.

科技馆不同类型的专业人才；三是要提供学术研讨机会，不断提高科技馆人才队伍的创新思维能力。

在培训形式方面，各地科技馆可以根据自身特点及能力因地制宜开展员工在职培训，如定期组织员工进行业务学习，保持员工专业技能及业务水平的不断进步；聘请国内外优秀专家来馆讲座授课，使员工及时掌握科普行业重点工作及最新动向；采用网络教学的形式开展部分课程，便于更多在职人员进行学习。各馆应当完善并建立灵活的人才培养机制，并结合实际情况及行业发展趋势不断调整完善，激发学习热情，营造积极创新的学习氛围。

**（二）提供人才进修与交流机会，学习行业先进经验**

完善人才进修与交流机制，是短期内帮助促进科技馆人才成长的重要手段。科技馆应当根据现阶段科普工作的整体要求，针对人才现状和科技馆发展目标制订合理的培训计划，选派优秀人才到优秀的科普机构交流学习，让科技馆人才在本职工作之外接触行业内发展趋势，启迪思维，全面发展。

一方面，各地科技馆可与其他科技馆或科普机构开展合作培养，选拔骨干人才外出进修、互访、挂职，学习前沿的行业动态、先进的展览展教理念，进一步开阔视野、激发创新思维、提高业务水平。另一方面，拥有更多资源的大馆应当通过网络建设科普资源平台，将优秀的教育活动、展览展项、理论研究等资源在平台上共享，促进各地科普人才之间的交流、开展自我学习。

**（三）加强科技馆人事文化建设，提高人才归属感及使命感**

科技馆作为国家的公益性科普教育阵地，担负着提高全民科学素养的重要民族使命，这就意味着培养科普人才的使命感，使优秀人才能够引得进、留得住、干得好显得尤为关键。

加强科技馆文化建设，就是要加强科技馆作为科普教育基地的使命感，通过制度设计、文化宣传、群体关怀、文化符号认同等方式，建设以人为本的人事文化环境，将个人发展与科技馆发展、个人命运与科技馆命运紧密联系在一起，增强员工的成就感及归属感，创造适合科技馆人才发展的良好和谐的环境。

首先，要营造珍惜人才、重视人才的氛围，完善"人尽其才，才尽其用"的科学用人机制，尊重人才成长规律，加强人才精神建设，保护好他们的积极性和自信心，给予所有人才以公平公正的成长环境。

其次，要注重团队文化建设，鼓励部门内部、部门之间开展多种形式的互动交流，促进人才之间的团结友爱、互帮互助、增进感情、提高团队凝聚力。

最后，要积极转变工作作风，坚持"沟通、理解、宽容"的工作方针，在制定相关政策时立足自下而上、广泛征求意见、体现员工意愿的原则；始终坚持人本导向，在全馆形成尊重人才、关心人才、培养人才、激励人才的文化自觉，营造积极创新、不断进取的文化氛围，引导科技馆人才在科普事业建设的过程中实现人生价值。

## 二、加强高校科普专门人才培养，探索馆校结合培养模式

人才是第一资源，是推动确立科技馆事业发展繁荣的强大支撑。加强专门人才培养，着力培育多层次、多元化科普人才，不仅是我国科技馆事业快速发展的迫切要求，也是提升我国科技馆专业化水平的必要途径。

### （一）加快科技馆专业人才培养，推动科普人才学科专业建设

2012 年，教育部与中国科协联合开展培养高层次科普专门人才试点工作，首批组织了清华大学、北京航空航天大学、北京师范大学、浙江大学、华东师范大学、华中科技大学六所高校及中国科技馆、上海科技馆、山东省科技馆、浙江省科技馆、湖北省科技馆、武汉科技馆和广东科学中心七家科技场馆开展了科普研究生的联合培养教育。高层次科普专门人才试点工作旨在培养具备科普场馆及相关科普行业各类展览与教育活动的设计开发、理论研究、组织实施与管理能力的高素质复合型人才。如何培养一批能满足科技馆工作需求的专业人才，是高校及科技场馆需要共同探索的方向。

1. 推动高校科普专业建设，加快科普人才培养

一要摸清全国科技馆人才队伍情况，由中国科协牵头，从我国科技馆事业长期发展的角度出发制定科普人才发展规划；二要推动教育部及有关高校加强科普人才力量的培养，通过教育部推动高校科普专业发展，扩大科普专业人才的招生规模；三要加强学科体系建设，使科普专业学生的知识体系和技能适应我国科技馆发展的实际需求，尤其要加强对学生"展示、传播、教育、公共服务"等方面技能的培养；四要加强师资力量建设，利用丰富的师资和理论创新成果推动科普人才培养工作。[①]

---

① 陆建松. 博物馆专业人才培养和学科发展 [J]. 中国博物馆，2014（2）：51－56.

2. 推动科普硕士专业课程开发及教材编撰

课程是正规教育中人才培养的重要载体，系统科学的课程设置以及合理的教材编撰是正规教育人才培养工作的基本保障。

在高校的课程开发和建设中，应首先确定科普教育人才的职业职责及具体任务，根据科技馆长期发展需求，建立胜任科普教育人员的职业素养模型，进一步指导研究生课程模块的设计以及具体的研究生课程开发和建设。科技馆可与高校联合开展"科普专业硕士课程及系列教材开发"项目，开展围绕科普展览、科学教育设计及其管理的课程设置研究，建立与高校合作、联合开发教材机制，在具体的科普工作运行过程中，让高校教师与学生参与其中，有针对性地开发、修订教材。

### （二）推进馆校合作，加强科技馆人才培养基地建设

应该加强科技馆与学校之间的合作，共创科普人才培养的良好环境，建立科技场馆与高校联合培养的人才培养新模式，在理论水平之外更加重视培养学生的素质与实践能力，紧密依托科技场馆的中长期发展需求及方向来培养适应科技场馆发展的高级应用型人才。

在馆校结合人才培养模式下，科技馆应向高校科普教育研究生提供相应的实践条件，保证学生在实践过程中的质量，配合高校共同做好实践的管理工作；根据自身场馆特色，利用丰富的科普设施资源，参与设计研究生专业课程，同时选派有经验的科普教育人员、展览设计人员等作为高校学生的实践导师，为学生实践提供必要的保障及指导，保证学生实践的顺利完成；积极与教育部门及高校进行合作，通过政策支持、项目扶持、资源整合、创新机制等手段，共同组织科普人才培养基地的建设工作，充分发挥科技场馆的主体作用；开发一种项目促实践、以实践带发展的人才培养模式，帮助科普人才实现从理论学习到实践工作的转换，促进科普人才成长。

## 三、建立科技馆从业人员职业发展机制

完善的职业发展机制有助于营造百舸争流、人人向上的文化氛围，对于科技馆选拔优秀人才、实现发展目标有着重要的推动作用。所以，建立和推行科技馆行业的职业发展机制是一项系统工程，可以从制定科技馆从业人员职业资格认证制度、建立科技馆人才职称评审体系、开辟多途径的人才晋升机制、建立多样化的激励机制等几个方面入手。

### （一）制定并实施科技馆从业人员职业资格认证制度

职业资格认证制度在我国诸多行业已经有了成功的实践。据了解，到目前为止，人力资源和社会保障部门已颁布了数百个国家就业准入的职业标准，范围涉及教育、法律、财务、医疗等行业，而科技馆乃至整个科普行业至今缺少明确的职业资格认证制度。

近年来，我国科技馆事业快速发展，而科技馆从业人员整体水平不高、专业人才缺乏等问题逐渐成为阻碍这一发展的重要因素之一。科技馆职业资格认证制度的建立与实施，有利于从源头上强化科技馆专业人才队伍，将科技馆人力资源管理逐步纳入法制轨道，必将在提升我国科技馆从业人员整体水平、优化人力资源配置、推进科技馆事业的可持续发展等方面具有深远的意义。

未来几十年，都将是我国科技馆事业快速发展的重要机遇期，为了推进我国科技馆事业的发展，实现我国科技馆体系创新，必须保证科技馆的专业水平及科技馆人才的专业素养。而建立与实施我国科技馆从业人员职业资格认证制度，有以下几个方面的重要作用。

第一，建立科技馆职业资格认证制度，是明确科技馆各个岗位职责规范和从业要求的重要推动力。

第二，建立科技馆职业资格认证制度，有助于加强有关部门对科技馆相关就业市场管理，规范管理科技馆与从业人员的雇佣关系，保障科技馆相关就业市场的有序运行。

第三，建立科技馆职业资格认证制度，有助于提升科技馆从业人员的整体水平，促使想要进入科技馆的人才按照职业资格认证的要求，不断提升自身能力。

第四，建立科技馆职业资格认证制度，有利于形成科技馆行业从业规范，尤其对于核心业务部门的人员，"持证上岗"能够在一定程度上规范科技馆日常运行工作，规避一些有损于科技馆和社会公众利益的事件发生，形成良好有序的管理运营体系。

第五，建立科技馆职业资格认证制度，是促进我国科技馆人才培养体系改革的巨大助力，一方面能够帮助高校科普相关专业明确认识科技馆行业的人才需求，促进课程体系改革；另一方面也为科技馆行业在职培训提供依据，更有针对性地帮助科技馆人才进行提升。

### （二）建立适应科技馆的人才职称评审体系

国家在专业技术人才评价方面主要采取两种方式：一是职称评审，二是职业资格制度。在职业资格制度尚未覆盖科技馆行业的情况下，职称评审成为科技馆进行人才评价的最主要手段。现阶段，随着国家财政投入及编制管理政策的推行，在事业单位中专业人才和技术职称与其个人事业发展、收入福利之间的关联日趋紧密，这就意味着主要由事业单位组成的科技馆行业，专业技术人才对职称的需求也日渐上升。

科技馆应当建立并不断完善人才职称评审体系，加强对专业技术职称评审制度的研究，探索建立适合科技馆特点的专业技术职称评审、聘任制度，建立一套综合评审机制，将专业人才的工作业绩、对馆内贡献、同行评议等纳入职称聘任的考评体系。健全的职称评审体系，有利于选拔真正的人才，鼓励其成长和发挥作用。在政策上，应当向高质量人才倾斜，在工资待遇、福利补助等方面给予支持，同时构建多层次、结构合理的人才评审体系，鼓励不同类型不同层级的科技馆人才尽快成长。

建立科技馆的人才职称评定制度，其难点在于科技馆各部门工作具有复杂多样的特点，尤其是作为科技馆员工最主要力量的展教队伍，更是面临职称评审体系缺失的窘境。根据调查，各科技馆针对本馆展教人员采用的职称系列各不相同，其中比例最大的是挂靠馆员，另外有部分工程、经济系列，而教师、研究系列很少。[①] 由于展教工作具有自身特性，完全挂靠其他职称系列进行评比使展教人员在工作评审中处于劣势，从而造成展教人员在工作上缺乏信心和动力。要想客观、公正地评价工作人员的工作水平及工作质量，改进科技馆人才评审体系是必要前提之一。建立健全适应科技馆的人才职称评审体系，推进该行业的人事制度创新，可以从以下几个方面入手。

第一，在横向的职务分类上，要尽可能地体现科技馆行业规律及特色，例如分为科技馆展览策划与设计系列、科学教育系列、管理系列、技术服务与维护系列。[②]

第二，在现有的职称系列中，发掘适合展教人员的职称类型，如教师系列、馆员系列、编辑系列等，并根据展教工作内容及特点，制定相应的展教

① 田英. 全国科技馆展教人员状况调查报告［M］. 北京：科学普及出版社，2015：47 - 48.
② 莫扬，沈群红，温超. 科技馆专业人员评价制度研究［J］. 科普研究，2013（5）：58 - 64.

人员职称评定细则。

第三，鼓励各地科技馆开发并推行适合本馆的内部评定制度，并由上级主管部门加以指导和帮助。各科技馆工作内容不尽相同，应当在规范的职称评审体系框架下，因地制宜地设计科学合理的员工评定方法，并对推行效果较好且具有普适性的案例在行业内加以推广。

### （三）开辟多途径的人才晋升机制

合理的人才晋升机制可以有效实现资源优化配置，有助于维护人才队伍的稳定，鼓励人才发挥主观能动性，提高工作质量。各地科技馆应当积极打通人才晋升通道，建立为各类专业人才提供发展空间的职业发展多渠道机制。

第一，科技馆应当帮助员工提升专业技能，打通晋升通道。相较于过去某些"只重学历、不重能力"的做法，科技馆应当为工作成果突出的人才开辟"绿色通道"，努力创造人尽其才、才尽其用的良好政策环境，构建能上能下、能进能出的科学用人机制，帮助员工发掘自身特长，引导员工进行职业生涯规划，尽可能地让每个员工的兴趣特长能与工作相结合，实现职业与事业相融合。

第二，建立明确的晋升标准与程序，构建科学完善的人才晋升机制。各地科技馆及主管单位应当构建条件合理、操作性强、程序规范的人才晋升制度，结合科技馆发展方向及各岗位需求，在晋升标准中提出明确要求，并设计合理的晋升路径，以保证人才能够通过努力工作实现晋升目的，确保人才的有效培养。

第三，拓展人才晋升途径，建立岗位交流和轮岗制度，设计人才晋升的"横向发展通道"。针对晋升通道单一的弊端，各地科技馆可以尝试在不同岗位、不同部门之间建立转换和迁移的通道，提供多元化的人才成长通道，促进员工的横向流动。通过调动、选拔和竞聘等方式实现人才的横向晋升。这种晋升机制一方面缓解了"挤独木桥"的问题，拓宽了人才的职业晋升通道，极大地激励了员工积极性；另一方面促进了科技馆内部人才的整合，降低了馆内分布的不均衡性，优化了馆内人力资源配置，有助于促进科技馆的良性发展。

### （四）创新绩效考核方法，建立多样化的激励机制

科技馆应当建立"绩效优先、兼顾公平"的考核机制，建立多样化的人才激励机制，注重物质和精神的双重激励，提高人才队伍活力。

绩效考核体系中，科学、规范地设置考核指标是关键。科技馆可以在遵循 SMART 原则〔明确性（Specific）、可衡量性（Measurable）、可达到性

（Attainable）、现实性（Realistic）、时限性（Time-bound）]① 的基础上，根据不同部门的职能划分、不同岗位的工作特点，引入关键事件考核方法。首先确定绩效考核的关键指标，例如，展览教育部门可以选择教育活动课时、观众满意度等作为部门关键绩效指标，展览设计部门可以选择展品设计开发数量作为部门关键绩效指标，展品技术部门可以选择展品完好率、更新率等作为部门关键绩效指标，然后根据不同的评估维度，积极采取信息化手段，对关键指标进行量化操作。

针对科技馆的专业技术人员，应当建立层级分明、重点突出的多元化评价体系，年度考核采取中期考核与期末考核相结合的形式，实行领导与群众相结合、定性与定量综合考核的方法。考核类别除个人考核外，还要定期进行部门考核和专项团队考核，考核结果作为岗位聘用、调整职务、培养教育、管理监督、激励约束、辞退的重要依据。②

高效的激励机制是调动科技馆人才潜能的必要条件，是吸引和留住专业人才的重要因素。科技馆应当不断完善"以岗定薪、按绩取酬、岗变薪变、动态调整"的分配机制，按照不同岗位的责任和实际贡献，综合工作环境、工作时间等因素合理确定岗位的薪酬水平。适时建立符合科技馆实情的激励奖惩机制，对在实际工作中表现突出者予以表彰，形成明确规范的奖惩体质，激发优秀人才的工作热情。

在物质激励方面，科技馆应该建立起新型薪酬制度，包含以技术职称为基础的薪酬和以绩效为基础的薪酬，可以把技术创新收入、影院票房收入、商品经营收入等，按照国家规定提取适当比例，作为科技馆优秀人才的奖励基金，通过开展"岗位明星""技术比武"等各种形式的竞赛评比，对有突出贡献的优秀人才给予奖金或外出旅游等奖励，激发员工创先争优的积极性。

在精神激励方面，要求科技馆多关注人才思想动态，充分给予员工尊重和信任，及时对表现优异的员工予以荣誉表彰，给予员工组织关怀，为员工提供受教育和成长的机会，鼓励员工在工作中多发表意见、提出看法，使科技馆的发展方向与人才的个人理想追求融为一体，形成激励他们奋发进取的内在动力。

---

① 裴利芳. 人力资源管理［M］. 北京：清华大学出版社，2013：182.
② 常羽，焦娇. 我国科技馆系统专业人才队伍建设研究——以中国科技馆为例［J］. 科普研究，2016（2）：57-64.

### 四、加强科技馆志愿者队伍建设与管理

志愿者是科技馆发展中非常重要也是极具特色的人力资源，是科技馆面向公众开展科学教育、提高全民科学素质、传播社会主义核心价值观的重要力量。根据《中国科协科普人才发展规划纲要（2010—2020年）》，2008年我国科普人才总量达176万人，其中注册科普志愿者77万人，同时也提出要大力加强科普志愿者队伍的组织建设，争取实现到2020年，全国科普人才总量达到400万人、注册科普志愿者220万人的目标。①

随着全国科技馆建设进程的不断加速，科普志愿者在社会生活中发挥的作用日渐凸显，也已成为科技馆工作，尤其是展教工作中的重要辅助力量。根据2013年《全国科技馆展教人员状况调查报告》，我国大部分科技馆（74.7%）都会使用志愿者缓解节假日人员匮乏的现状。② 科普志愿者已经成为科技馆开展日常工作、提高服务能力、沟通公众的一支重要队伍。然而，志愿者由不同的社会群体组成，在服务过程中存在不稳定因素，而且志愿者资源流失及浪费现象也十分突出。加强科技展馆志愿者队伍的建设与管理，已成为科技馆实现体系创新的一个重要途径。

### （一）设立志愿者管理组织，完善志愿者工作制度

#### 1. 建立完善的志愿者管理体系

志愿者组织是志愿者赖以存在的载体，科技馆应该理顺工作机制，明确各相关部门的职责与工作任务，成立由专职人员负责的志愿者管理组织，为志愿者提供宣传、招募、培训、考核等一系列的服务，并结合工作实际开展志愿者管理工作的研究，定期开展活动，与志愿者保持畅通的沟通。

#### 2. 建立合理的志愿者管理制度

明确而合理的管理制度是提升志愿者服务质量和效率的有效保障，科技馆应该根据自身业务制定相应的志愿者管理制度，因地制宜地探索有效管理模式，对志愿者服务形式、服务时间、出勤要求做出明确规定，在高效发挥志愿者集体智慧的同时保证志愿者管理工作有章可循、运行有序。

---

① 中国科学技术协会. 中国科协科普人才发展规划纲要（2010—2020年）［Z/OL］.（2010 – 04 – 05）［2019 – 05 – 16］. www. xyskx. gov. cn/content/？409. html.

② 田英. 全国科技馆展教人员状况调查报告［M］. 北京：科学普及出版社，2015：120.

3. 鼓励志愿者进行自主管理

在集中统一管理的同时，可以适当地鼓励志愿者进行自主管理，设立相应的志愿者工作委员会，定期选举志愿者委员，让志愿者获得一定的自主管理权利和更高的参与度。志愿者的自主管理一方面能增强团队成员的归属感，促进个体积极工作；另一方面也能更好地协调科技馆与志愿者之间的关系，更有效地开展各项工作，减轻科技馆的管理压力。

### （二）建立长效的志愿者培训机制

1. 科学制订培训计划

抓好志愿者的培训和业务学习，是提高志愿者素质的基础。科技馆需要为志愿者组织专门的培训，一方面使志愿者对科技馆的历史与概况、场馆功能、教育理念、内部设施等有所了解；另一方面让志愿者明确自身的岗位职责、工作任务、工作流程、操作规范等。重视志愿者的培训，不仅是为了提高志愿者的服务质量，也是考验其毅力和科普热情，最终能留下一批真正愿意在科技馆为公众提供服务的志愿者。

2. 加强拓展培训

在培训中，除集中组织学习科技馆相关知识外，有条件的科技馆也可以开展拓展培训，如聘请国外从事志愿管理工作的专家，学习国外先进经验，以提高志愿工作的质量和效率，为志愿者提供外出考察学习的机会，激发志愿者的服务热情。另外，随着科技馆工作重点的变化及志愿者技能及需求的变化，应及时调整相应的培训内容和培训机制。

### （三）完善激励机制

1. 保障基本权益

根据马斯洛需求层次理论，人的需求像阶梯一样从低到高，在满足了较低层次的需求以后，人们会开始追求情感和归属的需求、尊重的需求以及自我实现的需求。志愿者参与志愿服务，所追求的也是更高层次的精神需求，只有在团队中不断感受到自我价值的实现，才能激发志愿者坚定从事志愿服务的强烈意愿。除了志愿者自身在服务中获得的认同感，科技馆应该设计多种激励手段，尽可能多地为志愿者提供物质及精神方面的回报。

科技馆有义务保障志愿者的基本权益，如合理提供志愿者交通补贴、餐补、商店折扣，充分听取志愿者意见与建议，为志愿者统计服务时间，这些权益的保障往往能让志愿者感受到组织的尊重，从而激发服务热情。

2. 拓展多层次激励手段

在志愿者激励方式上要体现多元化，定期评选"优秀志愿者""志愿服务之星"，表彰先进集体与个人，积极向相关组织推荐优秀志愿者，对服务满一定时限并考核合格的志愿者给予精神和物质双重奖励，通过网络媒体对于优秀志愿者进行宣传。

3. 完善考评机制

科技馆有必要建立志愿服务的评价与反馈机制，对志愿者的出勤、工作技能、工作态度等方面进行考评，对于服务热情高、工作表现突出的志愿者，次年续聘并从中推选典型加以表彰；对于考核不合格或不能较好履行志愿者工作职责的志愿者，解除服务协议。

**（四）开展志愿文化建设，增强志愿者认同感**

良好的志愿服务氛围对于激发志愿者的服务热情有很大的促进作用。对于科技馆的志愿者队伍，个人意愿是他们参与志愿服务的重要依托，科技馆应该将志愿服务宣传和志愿精神培育纳入科技馆文化建设的总体工作之中，弘扬爱岗敬业和志愿服务精神，将志愿者队伍培育成一个长期、稳定的团队，打造有特色的科普志愿者品牌，如"志愿者之家"等，同时鼓励志愿者组织各种类型的文体活动，提高团队凝聚力，满足志愿者实现自我价值、提高人际关系水平的需求。

**（五）拓宽志愿服务种类，充分发挥志愿者才能**

现阶段，科技馆志愿者的工作内容整体上以观众服务及导览解说为主，但志愿者团队中不乏有许多具备优秀专业素养的志愿者。科技馆可适当为志愿者授权，对于一些对科技馆业务较为熟悉、本身在相关领域也是专家的志愿者，可以更多地鼓励他们参与科技馆的日常运营工作，如展厅展品的更新改造、教育活动策划，帮助他们掌握将科技成果转化为科普资源、科普创作、教学辅导等方面的技巧。此举措一方面能更加有效地开发利用志愿者资源，提高团队能力，补充科技馆的人力需求；另一方面也能提高志愿者参与科技馆服务工作的精神满足感，使他们真正成为现代科技馆的有力支撑，逐步成为一支专业化、高水平、稳定的科技馆志愿者队伍。

本节执笔人：谌璐琳

单位：中国科学技术馆

# 主要参考文献

**图书**

［1］程东红，任福君，李正风，等. 中国现代科技馆体系研究［M］. 北京：中国科学技术出版社，2014.

［2］丹尼洛夫. 科学与技术中心［M］. 中国科技馆，编译. 北京：学苑出版社，1989.

［3］亚历山大 E P，亚历山大［M］. 博物馆变迁——博物馆历史与功能读本［M］. 陈双双，译. 南京：译林出版社，2014.

［4］李大光. 科学传播简史［M］. 北京：中国科学技术出版社，2016.

［5］王渝生. 科技馆研究文选（1998—2005）［M］. 北京：中国科学技术出版社，2006.

［6］盖尔 - 洛德，拜伦 - 洛德. 博物馆管理手册［M］. 郝黎，译. 北京：北京燕山出版社，2007.

［7］刘玉花，龙金晶. 全国青少年校外科技活动场馆发展现状及对策研究［C］// 中国科普理论与实践探索——公民科学素质建设论坛暨第十八届全国科普理论研讨会论文集. 北京：科学普及出版社，2011.

［8］任福君，翟杰全. 科技传播与普及概论［M］. 北京：中国科学技术出版社，2012.

［9］任福君. 中国科普基础设施发展报告（2012—2013）［C］. 北京：社会科学文献出版社，2013.

［10］美国国家研究理事会科学、数学及技术教育中心《国家科学教育标准》科学探究附属读物编委会. 科学探究与国家科学教育标准［M］. 罗星

凯、张美琴、吴娴，等，译. 北京：科学普及出版社，2010.

[11] 单霁翔. 从"馆舍天地"走向"大千世界"——关于广义博物馆的思考 ［M］. 天津：天津大学出版社，2011.

[12] 美国科学促进会. 科学素养的基准 ［M］. 中国科学技术协会，译. 北京：科学普及出版社，2001.

[13] 郑奕. 博物馆教育活动研究 ［M］. 上海：复旦大学出版社，2015.

[14] 田英. 全国科技馆展教人员状况调查报告 ［M］. 北京：科学普及出版社，2015.

[15] 裴利芳. 人力资源管理 ［M］. 北京：清华大学出版社，2013.

**学术期刊**

[1] 朱幼文. 中国的科技馆与科学中心 ［J］. 科普研究，2009（2）：68 - 71.

[2] 希尔. 科学博物馆与科学中心——演化路径与当代趋势 ［J］. 高秋芳，译. 自然科学博物馆研究，2016（4）：79 - 89.

[3] 朱幼文. 科技博物馆教育功能"进化论" ［J］. 科普研究，2014（4）：38 - 44.

[4] 王恒. 科学技术博物馆发展简史 ［J］. 中国博物馆，1990（2）：53.

[5] 吴国盛. 走向科学博物馆 ［J］. 自然科学博物馆研究，2016（3）：62 - 69.

[6] 王恒. 科学技术博物馆发展简史 ［J］. 中国博物馆，1990（2）：48 - 54.

[7] 王恒，朱幼文. 关于科技馆的功能与展示内容 ［J］. 科技馆，1997（3）：13 - 17.

[8] 纪洪波. 美国 STEM 教育战略规划决策支持模型及其启示 ［J］. 现代教育管理，2016（11）：116 - 122.

[9] Dyasi，Bell. 透视科学中的探究及工程与技术中的问题解决——以实践、跨学科概念、核心概念的视角 ［J］. 刘润林，译. 中国科技教育，2017（1）：15 - 19.

[10] 朱幼文. 基于科学与工程实践的跨学科探究式学习——科技馆 STEM 教育相关重要概念的探讨 ［J］. 自然科学博物馆研究，2017（1）：5 - 14.

［11］张彩霞. STEM 教育核心理念与科技馆教育活动的结合和启示［J］. 自然科学博物馆研究，2017（1）：31－38.

［12］肖特. 博物馆如何帮助教师应对《新一代科学教育标准》［J］. 维度（中文版）（3），2015（6）：25.

［13］鲍贤清. 科技博物馆中的创客式学习［J］. 自然科学博物馆研究，2016（4）：61－67.

［14］克里施纳穆希. 加强合作，在课外活动中提供高质量 STEM 教育. 课外 STEM 教育［J］. 维度（中文版），2016（4）：18－22.

［15］张进宝. 浅议科技博物馆中的创客活动［J］. 自然科学博物馆研究，2017（1）：15－22.

［16］琳达·康伦，任杰. 全民的科学中心——新兴大趋势对科学中心行业未来发展的影响［J］. 自然科学博物馆研究，2016，（4）：5－10.

［17］大卫·安德森. 论"博物馆教育者"的重要作用：对博物馆领域专业化的迫切要求［J］. 符国鹏，译. 自然科学博物馆研究，2017（1）：55－61.

［18］聂春荣. 中国科学技术馆的筹建经过［J］. 科技馆，1988（3）：3－5.

［19］束为. 着力升级融合服务创新驱动 开创中国特色现代科技馆体系新局面［J］. 科技馆，2015（4）：13－21.

［20］吉尼亚. 法国自然历史博物馆展览策划及实施的启示［J］. 上海科技馆，2010（4）：34－39.

［21］谢起慧. 我国科普场馆建设的现状与思考［J］. 海峡科学，2012（3）：92－94.

［22］曾国屏，李红林. 生活科学与公民科学素质建设［J］. 科普研究，2007（5）：5－13.

［23］郑永祺. 统筹规划完善制度 全面推进社区科普馆建设创新发展［J］. 科协论坛，2014（10）：31－32.

［24］张杰，赖华. 互联网时代的数字科技馆［J］. 科技广场，2008（12）：241－243.

［25］何丹，胥彦玲. 浅析我国数字科技馆科普形式的创新［J］. 科普研究，2011（S1）：26－28，45.

［26］郭寄良，刘懿. 非正规教育视野下的科技馆教育［J］. 科协论坛，2009

(7)：43－45.

[27] 吴遵民. 关于完善现代国民教育体系和构建终身教育体系的研究［J］. 中国教育学刊，2004（4）：42.

[28] 郑奕，陆建松. 博物馆要"重展"更要"重教"［J］. 东南文化，2012（5）：101－109.

[29] 鲍贤清. 场馆学习：一个有待关注的学习形态［J］. 上海教育，2014（6）：70－71.

[30] 龙金晶，刘玉花. 世界科技博物馆教育的角色演变与发展趋势研究［J］. 自然科学博物馆研究，2016（1）：27－34.

[31] 丁邦平，罗星凯. 美国基础科学教育改革主要特点——兼谈加强我国科学教育研究［J］. 首都师范大学学报（社会科学版），2005（4）：98－103.

[32] 郑奕. 科学的博物馆教育活动组织管理模式［J］. 中国博物馆，2013（3）：64－72.

[33] 李蔚然，丁振国. 关于社会热点焦点问题及其科普需求的调研报告［J］. 科普研究，2013（2）：18－24.

[34] 陈清华，吴晨生，刘彦君. 2014 中国网络科普发展现状调查［J］. 科普研究，2015（1）：17－25.

[35] 郑念. 我国科普人才队伍存在的问题及对策研究［J］. 科普研究，2009（2）：19－22.

[36] 袁培福，翟树刚. 试析科技馆运行管理中公共关系理论的重要作用［J］. 科教前沿，2008（18）：374，396.

[37] 杨. 科学中心市场营销新时代［J］. 维度（中文版），2016（6）：24－28.

[38] 陆建松. 博物馆专业人才培养和学科发展［J］. 中国博物馆，2014（2）：51－56.

[39] 莫扬. 科技馆专业人员评价制度研究［J］. 科普研究，2013（10）：58－64.

[40] 常羽，焦娇. 我国科技馆系统专业人才队伍建设研究——以中国科技馆为例［J］. 科普研究. 2016（2）：57－64.

[41] Nonna，Richard. Managing the Crisis in Data Processing［J］. Harvard Business Review，1979，57（2）：115－126.

## 研究报告

［1］中国科技馆课题组. 中国特色现代科技馆体系建设发展研究报告［R］. 中国科协"十三五"规划前期研究课题，2015.

［2］科技馆发展研究课题组. 科技馆"十三五"规划研究专题报告［R］. 中国科技馆内部资料，2014.

［3］中国流动科技馆发展对策研究课题组. 中国流动科技馆发展对策研究报告［R］. 中国科协科普发展对策研究类项目，2011.

［4］科普大篷车"十二五"发展研究课题组. 科普大篷车"十二五"发展研究报告［R］. 中国科协"十二五"发展研究专题，2010.

［5］李志忠，叶春华，苑楠. 中国科学技术馆赴澳大利亚国家科学中心观摩"科学马戏团"项目考察报告［R］. 中国科技馆内部资料，2012.

［6］中国科技馆课题组. 科学技术馆特效影院建设标准（建议稿）［R］. 中国科协科普发展对策研究类项目，2011.

［7］中国科技馆课题组. 科技馆创新展览设计思路及发展对策研究报告［R］. 中国科协科普发展对策类研究项目，2011.

［8］李博，常娟，龙金晶. 中国科协"十三五"规划前期研究课题——"科技馆发展研究"子课题：科技馆教育活动发展研究报告［R］. 中国科技馆内部资料，2014.

［9］朱幼文. 科技馆体系下科技馆教育活动模式理论与实践研究课题：科技馆体系下科技馆教育活动模式理论与实践研究报告［R］. 中国科技馆内部资料，2015.

［10］中国科技馆. 中国科技馆教育工作思考［R］. 中国科技馆内部资料，2009.

［11］廖红. 展览营销实例研究：创造参与渴望——以"光照未来"展览为例［R］. 中国科技馆"光照未来"展览，中国科技馆内部资料，2016.

［12］中国科技馆. 中国科技馆教育活动理论研究报告［R］. 中国科技馆内部资料，2009.

［13］中国科技馆课题组. 新时期我国科技馆展览展品开发策略研究报告［R］. 中国科协"十三五"规划前期研究课题，2015.

［14］中国科技馆课题组. 创新我国科技馆科普教育活动对策研究报告［R］. 中国科协科普发展对策研究类项目，2011.